수학 좀 한다면

디딤돌 초등수학 응용 3-1

펴낸날 [초판 1쇄] 2024년 8월 30일 | **펴낸이** 이기열 | **펴낸곳** (주)디딤돌 교육 | **주소** (03972) 서울특별시 마포구 월드컵북로 122 청원선와이즈타워 | **대표전화** 02-3142-9000 | **구입문의** 02-322-8451 | **내용문의** 02-323-9166 | **팩시밀리** 02-338-3231 | **홈페이지** www.didimdol.co.kr | **등록번호** 제10-718호 | 구입한 후에는 철회되지 않으며 잘못 인쇄된 책은 바꾸어 드립니다. 이 책에 실린 모든 삽화 및 편집 형태에 대한 저작권은 (주)디딤돌 교육에 있으므로 무단으로 복사 복제할 수 없습니다. Copyright ⓒ Didimdol Co. [2502230]

내 실력에 딱!
최상위로 가는 '맞춤 학습 플랜'

STEP 1 On-line
나에게 맞는 공부법은?
맞춤 학습 가이드를 만나요.

교재 선택부터 공부법까지! 디딤돌에서 제공하는 시기별
맞춤 학습 가이드를 통해 아이에게 맞는 학습 계획을 세워 주세요.
(학습 가이드는 디딤돌 학부모카페 '맘이가'를 통해 상시 공지합니다.
cafe.naver.com/didimdolmom)

STEP 2 Book
맞춤 학습 스케줄표
계획에 따라 공부해요.

교재에 첨부된 '맞춤 학습 스케줄표'에 맞춰 공부 목표를
달성합니다.

STEP 3 On-line
이럴 땐 이렇게!
'맞춤 Q&A'로 해결해요.

궁금하거나 모르는 문제가 있다면,
'맘이가' 카페를 통해 질문을 남겨 주세요.
디딤돌 수학쌤 및 선배맘님들이 친절히 답변해 드립니다.

STEP 4 Book
다음에는 뭐 풀지?
다음 교재를 추천받아요.

학습 결과에 따라 후속 학습에 사용할 교재를 제시해 드립니다.
(교재 미지막 페이지 수록)

★ 디딤돌 플래너 만나러 가기

디딤돌 초등수학 응용 3-1

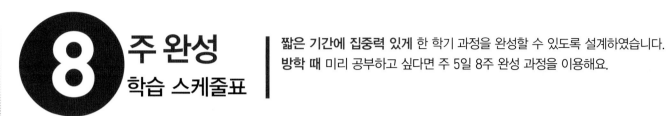

8 주 완성 학습 스케줄표

짧은 기간에 집중력 있게 한 학기 과정을 완성할 수 있도록 설계하였습니다.
방학 때 미리 공부하고 싶다면 주 5일 8주 완성 과정을 이용해요.

공부한 날짜를 쓰고 하루 분량 학습을 마친 후, 부모님께 확인 check ☑를 받으세요.

1주 · 1 덧셈과 뺄셈 / 2주

월 일	월 일	월 일	월 일	월 일	월 일	월 일
8~10쪽	11~14쪽	15~17쪽	18~21쪽	22~25쪽	26~28쪽	29~31쪽

3주 / 4주 · 3 나눗셈

월 일	월 일	월 일	월 일	월 일	월 일	월 일
44~46쪽	47~50쪽	51~53쪽	54~56쪽	60~63쪽	64~67쪽	68~71쪽

5주 · 4 곱셈 / 6주 · 5 길이

월 일	월 일	월 일	월 일	월 일	월 일	월 일
84~88쪽	89~92쪽	93~95쪽	96~99쪽	100~102쪽	103~105쪽	108~110쪽

7주 · 6 분수와 소수 / 8주

월 일	월 일	월 일	월 일	월 일	월 일	월 일
122~125쪽	126~128쪽	129~131쪽	134~138쪽	139~144쪽	145~147쪽	148~150쪽

MEMO

효과적인 수학 공부 비법

시켜서 억지로   내가 스스로

억지로 하는 일과 즐겁게 하는 일은 결과가 달라요.
목표를 가지고 스스로 즐기면 능률이 배가 돼요.

가끔 한꺼번에   매일매일 꾸준히

급하게 쌓은 실력은 무너지기 쉬워요.
조금씩이라도 매일매일 단단하게 실력을 쌓아가요.

정답을 몰래   개념을 꼼꼼히

모든 문제는 개념을 바탕으로 출제돼요.
쉽게 풀리지 않을 땐, 개념을 펼쳐 봐요.

채점하면 끝   틀린 문제는 다시

왜 틀렸는지 알아야 다시 틀리지 않겠죠?
틀린 문제와 어림짐작으로 맞힌 문제는
꼭 다시 풀어 봐요.

수학 좀 한다면

초등수학
응용

상위권 도약, 실력 완성

3
1

KB094433

개념 적용으로 실력을 높이는 공부 비법!

1 교과서 개념

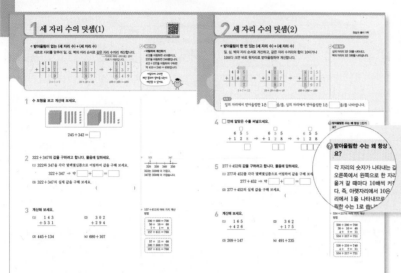

교과서 핵심 내용과 익힘책 기본 문제로 개념을 이해할 수 있도록 구성하였습니다.

> 교과서 개념 이외의 보충 개념, 연결 개념, 주의 개념을 함께 정리하여 심화 학습의 기본기를 갖출 수 있습니다.

2 기본에서 응용으로

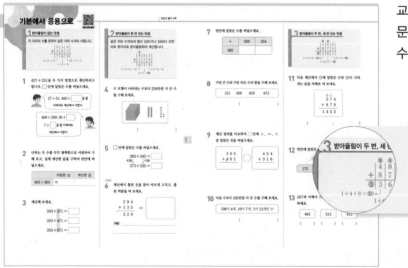

교과서·익힘책 문제와 서술형·창의형 문제를 풀면서 개념을 저절로 완성할 수 있도록 구성하였습니다.

> 차시별 핵심 개념을 정리하여 배운 내용을 복습하고, 문제 해결에 도움이 되도록 구성하였습니다.

3 응용에서 최상위로

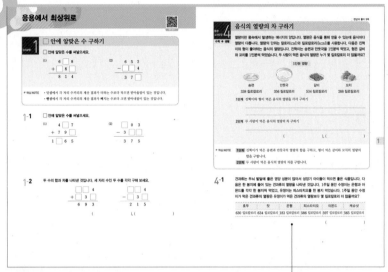

엄선된 심화 유형을 집중 학습함으로써 실력을 높이고 사고력을 향상시킬 수 있도록 구성하였습니다.

음식의 열량의 차 구하기

통합 교과유형 4
수학 + 생활

열량이란 몸속에서 발생하는 에너지의 양입니다. 열량은 음식을 통해 얻을 수 있는데 음식마다 열량이 다릅니다. 열량의 단위는 칼로리(cal)와 킬로칼로리(kcal)를 사용합니다. 다음은 진혁이와 형이 좋아하는 음식의 열량입니다. 진혁이는 송편과 만둣국을 1인분씩 먹었고, 형은 갈비와 꼬치를 1인분씩 먹었습니다. 두 사람이 먹은 음식의 열량은 누가 몇 킬로칼로리 더 많을까요?

통합 교과유형 문제를 통해 문제 해결력과 더불어 추론, 정보처리 역량까지 완성할 수 있습니다.

4 단원 평가

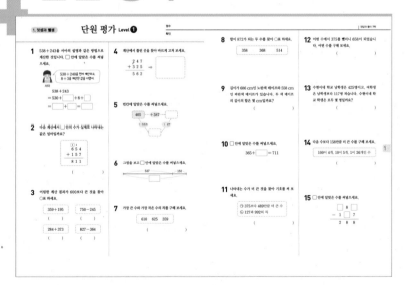

단원 학습을 마무리 할 수 있도록 기본 수준부터 응용 수준까지의 문제들로 구성하였습니다.
시험에 잘 나오는 문제들을 선별하였으므로 수시 평가 및 학교 시험 대비용으로 활용해 봅니다.

이 책의 **차례**

덧셈과 뺄셈

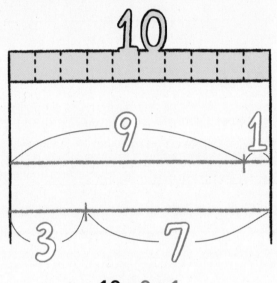

$$10 = 9 + 1$$
$$= 3 + 7$$

10씩 받아올림하거나 받아내림할 수 있어!

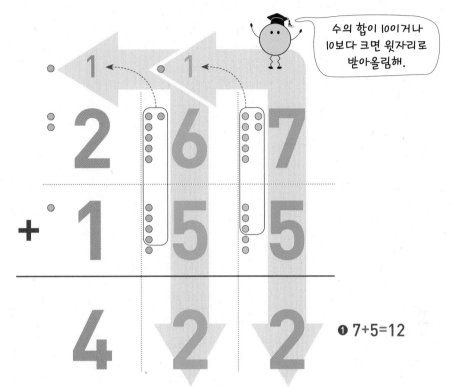

수의 합이 10이거나 10보다 크면 윗자리로 받아올림해.

❶ 7+5=12

❸ 100+200+100=400   ❷ 10+60+50=120

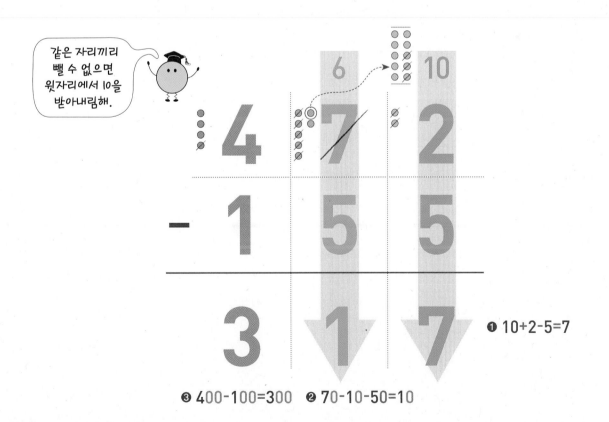

같은 자리끼리 뺄 수 없으면 윗자리에서 10을 받아내림해.

❶ 10+2-5=7

❸ 400-100=300   ❷ 70-10-50=10

1 세 자리 수의 덧셈(1)

개념 강의

● **받아올림이 없는 (세 자리 수) + (세 자리 수)**

세로로 자리를 맞추어 일, 십, 백의 자리 순서로 같은 자리 수끼리 계산합니다.

┌→ 자리에 따라 나타내는 값이
　　다르기 때문입니다.

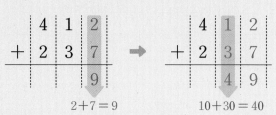
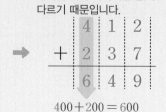

$2+7=9$　　$10+30=40$　　$400+200=600$

🔧 **실전 개념**

● **어림하여 계산하기**

412를 어림하면 410쯤이고,
237을 어림하면 240쯤입니다.
412+237을 어림하여 구하면
약 $410+240=650$입니다.

> 어림하여 구하면
> 계산 결과가 얼마쯤 되는지
> 예상할 수 있어요.

---

1 수 모형을 보고 계산해 보세요.

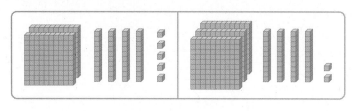

$$245+342=\boxed{}$$

2 $322+347$의 값을 구하려고 합니다. 물음에 답하세요.

(1) 322와 347을 각각 몇백몇십쯤으로 어림하여 값을 구해 보세요.

$$322+347 \Rightarrow 약 \boxed{}+\boxed{}=\boxed{}$$

(2) $322+347$의 실제 값을 구해 보세요.

(　　　　　　　)

　　　　322　　　　　　　347
320　330　340　350
322는 320에 더 가깝고,
347은 350에 더 가깝습니다.

3 계산해 보세요.

(1)　　1 4 3
　　+ 5 3 1
　　─────

(2)　　3 0 2
　　+ 2 9 4
　　─────

(3) $445+134$

(4) $680+107$

▶ $157+611$의 여러 가지 계산
방법

$$\begin{array}{r} 100+600=700 \\ 50+10=60 \\ 7+1=8 \\ \hline 157+611=768 \end{array}$$

$$\begin{array}{r} 57+11=68 \\ 100+600=700 \\ \hline 157+611=768 \end{array}$$

2 세 자리 수의 덧셈(2)

정답과 풀이 1쪽

● **받아올림이 한 번 있는 (세 자리 수)+(세 자리 수)**

일, 십, 백의 자리 순서로 계산하고, 같은 자리 수끼리의 합이 10이거나 10보다 크면 바로 윗자리로 받아올림하여 계산합니다.

$$\begin{array}{r} {\scriptstyle 1} \\ 425 \\ +\,167 \\ \hline 2 \end{array} \Rightarrow \begin{array}{r} {\scriptstyle 1} \\ 425 \\ +\,167 \\ \hline 92 \end{array} \Rightarrow \begin{array}{r} {\scriptstyle 1} \\ 425 \\ +\,167 \\ \hline 592 \end{array}$$

5+7=12　　10+20+60=90　　400+100=500

⊕ **보충 개념**

십의 자리의 1은 10을 나타내고, 백의 자리의 1은 100을 나타냅니다.

확인!

일의 자리에서 받아올림한 1은 ☐을/를, 십의 자리에서 받아올림한 1은 ☐을/를 나타냅니다.

4 ☐ 안에 알맞은 수를 써넣으세요.

$$\begin{array}{r} \square \\ 655 \\ +\,128 \\ \hline \square \end{array} \Rightarrow \begin{array}{r} \square \\ 655 \\ +\,128 \\ \hline \square\square \end{array} \Rightarrow \begin{array}{r} \square \\ 655 \\ +\,128 \\ \hline \square\square\square \end{array}$$

? 받아올림한 수는 왜 항상 1인가요?

각 자리의 숫자가 나타내는 값은 오른쪽에서 왼쪽으로 한 자리씩 옮겨 갈 때마다 10배씩 커집니다. 즉, 아랫자리에서 10은 윗자리에서 1을 나타내므로 받아올림한 수는 1로 씁니다.

$$\begin{array}{r} {\scriptstyle 1} \\ 154 \\ +\,383 \\ \hline 537 \end{array}$$

5 277+452의 값을 구하려고 합니다. 물음에 답하세요.

(1) 277과 452를 각각 몇백몇십쯤으로 어림하여 값을 구해 보세요.

277+452 ➡ 약 ☐+☐=☐

(2) 277+452의 실제 값을 구해 보세요.

(　　　　　　)

6 계산해 보세요.

(1) $\begin{array}{r} 165 \\ +\,426 \\ \hline \end{array}$　　(2) $\begin{array}{r} 362 \\ +\,175 \\ \hline \end{array}$

(3) 209+147　　(4) 491+235

▶ 534+217의 여러 가지 계산 방법

500+200=700
30+ 10= 40
4+ 7= 11
534+217=751

530+210=740
4+ 7= 11
534+217=751

3 세 자리 수의 덧셈(3)

정답과 풀이 1쪽

● **받아올림이 두 번, 세 번 있는 (세 자리 수) + (세 자리 수)**

백의 자리에서 받아올림이 있는 경우 받아올림한 수를 천의 자리에 씁니다.

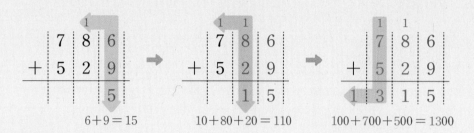

$$6+9=15$$
$$10+80+20=110$$
$$100+700+500=1300$$

연결 개념

받아올림을 이용하여 계산하면 큰 수의 덧셈도 할 수 있습니다.

```
  1 1 1
  1 7 8 6
+ 2 5 2 9
─────────
  4 3 1 5
```

```
  1 1 1
  3 1 7 8 6
+ 1 2 5 2 9
───────────
  4 4 3 1 5
```

확인!

백의 자리에서 받아올림한 1은 실제로 [   ]을/를 나타냅니다.

---

7 □ 안에 알맞은 수를 써넣으세요.

```
  135  ➡  100  +  30  +  5
+ 387  ➡  300  +  80  +  7
       [    ] ⬅ [   ] + [   ] + [   ]
```

▶ 받아올림한 수 [1]이 나타내는 수 알아보기

```
   [1][1]
   7  8  6
+  5  2  9
────────────
[1] 3  1  5
```

• 일의 자리에서 받아올림한 수
  [1] ➡ 10

• 십의 자리에서 받아올림한 수
  [1] ➡ 100

• 백의 자리에서 받아올림한 수
  [1] ➡ 1000

8 계산해 보세요.

(1)
```
    3 3 5
  + 1 9 6
```

(2)
```
    7 9 8
  + 2 7 5
```

(3) $294 + 186$

(4) $369 + 835$

9 그림을 보고 □ 안에 알맞은 수를 써넣으세요.

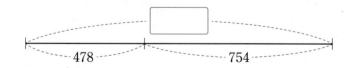

기본에서 응용으로

개념+문제 풀이

1 받아올림이 없는 덧셈

각 자리의 수를 맞추어 같은 자리 수끼리 더합니다.

$$\begin{array}{r} 5\ 1\ 6 \\ +\ 2\ 5\ 3 \\ \hline 7\ 6\ 9 \end{array}$$

5+2=7 · · · 6+3=9
1+5=6

1 427+251을 두 가지 방법으로 계산하려고 합니다. □ 안에 알맞은 수를 써넣으세요.

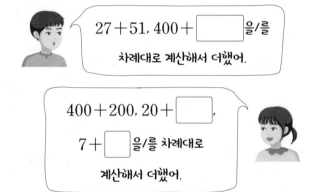

27+51, 400+□을/를 차례대로 계산해서 더했어.

400+200, 20+□, 7+□을/를 차례대로 계산해서 더했어.

2 더하는 두 수를 각각 몇백쯤으로 어림하여 구해 보고, 실제 계산한 값을 구하여 빈칸에 써넣으세요.

	어림한 값	계산한 값
402+384	약	

3 계산해 보세요.

203+371 = □

203+471 = □

203+571 = □

2 받아올림이 한 번 있는 덧셈

같은 자리 수끼리의 합이 10이거나 10보다 크면 바로 윗자리로 받아올림하여 계산합니다.

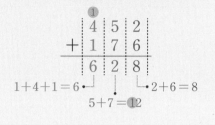

$$\begin{array}{r} {}^{①}\ \\ 4\ 5\ 2 \\ +\ 1\ 7\ 6 \\ \hline 6\ 2\ 8 \end{array}$$

1+4+1=6 · · · 2+6=8
5+7=⑫

4 수 모형이 나타내는 수보다 258만큼 더 큰 수를 구해 보세요.

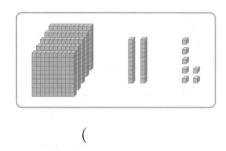

( )

5 □ 안에 알맞은 수를 써넣으세요.

263+345 = □
+10↓   −10↓
273+335 = □

서술형
6 계산에서 틀린 곳을 찾아 바르게 고치고, 틀린 까닭을 써 보세요.

$$\begin{array}{r} 2\ 9\ 4 \\ +\ 1\ 3\ 5 \\ \hline 3\ 2\ 9 \end{array}$$ →

까닭

7 빈칸에 알맞은 수를 써넣으세요.

+	209	324
585		

8 가장 큰 수와 가장 작은 수의 합을 구해 보세요.

321	309	635	672

( )

9 계산 결과를 비교하여 ◯ 안에 >, =, < 중 알맞은 것을 써넣으세요.

$$
\begin{array}{r}
2\ 9\ 5 \\
+\ 4\ 8\ 1 \\
\hline
\end{array}
$$
◯
$$
\begin{array}{r}
4\ 5\ 4 \\
+\ 3\ 1\ 6 \\
\hline
\end{array}
$$

10 다음 수보다 165만큼 더 큰 수를 구해 보세요.

100이 4개, 10이 7개, 1이 13개인 수

( )

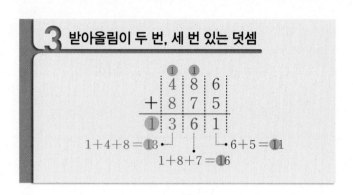

$$
\begin{array}{r}
4\ 8\ 6 \\
+\ 8\ 7\ 5 \\
\hline
1\ 3\ 6\ 1 \\
\end{array}
$$

1+4+8=**13**   •6+5=**11**
1+8+7=**16**

11 다음 계산에서 ㉠에 알맞은 수와 ㉠이 나타내는 값을 차례로 써 보세요.

$$
\begin{array}{r}
㉠\ 1 \\
5\ 7\ 4 \\
+\ 8\ 7\ 9 \\
\hline
1\ 4\ 5\ 3 \\
\end{array}
$$

(,)

12 빈칸에 알맞은 수를 써넣으세요.

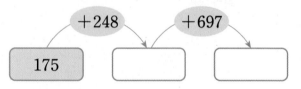

175	+248 →		+697 →	

13 287과 더해서 700이 되는 수를 찾아 ◯표 하세요.

463	513	413

( ) ( ) ( )

14 합이 1000보다 큰 것을 찾아 기호를 써 보세요.

> ㉠ 472＋519   ㉡ 739＋423

(   )

15 진영이와 선민이의 멀리뛰기 기록입니다. 두 사람이 뛴 거리의 합은 몇 cm일까요?

진영	658 cm
선민	645 cm

(   )

16 쉼터에 있는 선우는 전망대에 가려고 합니다. 가장 짧은 길을 찾아 기호를 써 보세요.

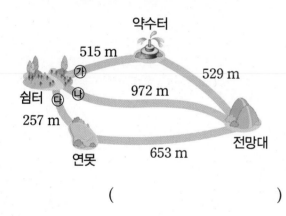

(   )

서술형
17 세 수 중 두 수를 골라 합이 가장 작은 덧셈식을 만들고 계산해 보세요.

> 578   763   189

풀이 _____

_____

_____

답 _____

---

4 덧셈의 활용

• '～보다 큰', '～보다 많은', '모두 더하여'라는 표현이 나오는 문제는 덧셈식을 이용합니다.

• 문제에 알맞은 식을 세워 계산하고, 단위를 바르게 붙여 답을 씁니다.

18 수진이네 과수원에서 사과를 어제는 269개, 오늘은 453개 땄습니다. 수진이네 과수원에서 어제와 오늘 딴 사과는 모두 몇 개일까요?

(   )

19 보람이네 학교 과학의 날 행사에서 글짓기에 참여한 학생은 183명이고, 그림 그리기에 참여한 학생은 글짓기에 참여한 학생보다 119명 더 많습니다. 그림 그리기에 참여한 학생은 몇 명일까요?

(   )

창의＋
20 한 번에 500명까지 탑승할 수 있는 배가 있습니다. 이 배를 타고 한 번에 이동할 수 있는 단체를 어림하여 찾아보고, 그 단체의 탑승객 수를 구해 보세요.

	㉮	㉯	㉰
남자 수	276명	241명	281명
여자 수	308명	267명	212명

(   ), (   )

5 약속한 기호대로 계산하기

예 257 ▲ 148의 계산

$$㉠ ▲ ㉡ = ㉠ + ㉡ + ㉠$$

❶ 주어진 약속대로 쓰기
257 ▲ 148 = 257 + 148 + 257

❷ 앞에서부터 차례로 계산하기
257 + 148 + 257 = 405 + 257
$$= 662$$

21 기호 ◉에 대하여 ㉠◉㉡ = ㉠ + ㉡ + ㉡이라고 약속할 때 다음을 계산해 보세요.

$$136 ◉ 287$$

(   )

22 기호 ▣에 대하여 ㉠▣㉡ = ㉠ + ㉠ + ㉡이라고 약속할 때 다음을 계산해 보세요.

$$369 ▣ 472$$

(   )

23 두 수 ㉠, ㉡을 입력하면 다음과 같은 규칙으로 결과가 나오는 기계가 있습니다. 589, 154를 입력하면 결과는 얼마가 나올까요?

$$㉠ ◆ ㉡ = ㉠ + ㉡ + ㉠$$

(   )

6 목표 수에 가깝게 덧셈식 만들기

예 합이 800에 가장 가까운 두 수 찾기

| 537 | 495 | 336 | 278 |

어림한 두 수의 합이 800에 가까운 두 수를 찾은 다음 실제로 계산합니다.
537 + 278 = 815, 495 + 278 = 773
➡ 합이 800에 가장 가까운 두 수: 537, 278

24 주머니에서 구슬 2개를 꺼내 구슬에 적힌 두 수의 합이 600에 가장 가까운 덧셈식을 만들어 보세요.

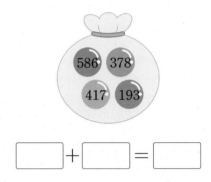

☐ + ☐ = ☐

창의+

25 상자에서 수 카드 2장을 꺼내어 수 카드에 적힌 두 수의 합에 따라 상품을 준다고 합니다. 어떤 수 카드 2장을 꺼내야 필통 1개를 받을 수 있는지 수 카드의 수를 써 보세요.

두 수의 합	상품
600~699	연필 2자루
700~799	필통 1개
800~899	동화책 1권

(   ), (   )

4 세 자리 수의 뺄셈(1)

정답과 풀이 3쪽

개념 강의

● **받아내림이 없는 (세 자리 수) − (세 자리 수)**

세로로 자리를 맞추어 일, 십, 백의 자리 순서로 계산합니다.

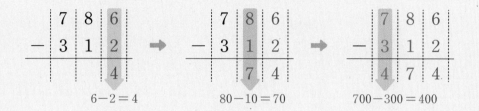

$$6-2=4 \qquad 80-10=70 \qquad 700-300=400$$

실전 개념

● **어림하여 계산하기**

786은 780과 790 중 790에 더 가깝고, 312는 310과 320 중 310에 더 가깝습니다. 786−312를 어림하여 구하면 약 790−310 = 480입니다.

---

1 수 모형이 나타내는 수보다 213만큼 더 작은 수를 구해 보세요.

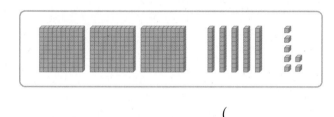

(   )

▶ 주어진 수 모형에서 213만큼 수 모형을 지워 봅니다.

---

2 579−142의 값을 구하려고 합니다. 물음에 답하세요.

(1) 579와 142를 각각 몇백몇십쯤으로 어림하여 값을 구해 보세요.

579−142 ➡ 약 [   ] − [   ] = [   ]

(2) 579−142의 실제 값을 구해 보세요.

(   )

▶

579는 580에 더 가깝고, 142는 140에 더 가깝습니다.

---

3 계산해 보세요.

(1)   6 5 7
     − 1 4 5

(2)   4 5 1
     − 2 3 1

(3) 576−413

(4) 984−603

▶ 789−316의 여러 가지 계산 방법

| 700 − 300 = 400 |
| 80 − 10 = 70 |
| 9 − 6 = 3 |
| 789 − 316 = 473 |

| 89 − 16 = 73 |
| 700 − 300 = 400 |
| 789 − 316 = 473 |

5 세 자리 수의 뺄셈(2)

● 받아내림이 한 번 있는 (세 자리 수) − (세 자리 수)

같은 자리끼리 뺄 수 없을 때에는 바로 윗자리에서 받아내림하여 계산합니다.

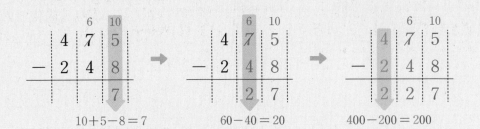

$$10+5-8=7 \qquad 60-40=20 \qquad 400-200=200$$

◀ 연결 개념

세 수의 뺄셈 또는 덧셈과 뺄셈이 섞여 있는 식은 앞에서부터 두 수씩 차례로 계산합니다.

$$827-145-259=423$$
$$682$$
$$423$$
$$545+234-197=582$$
$$779$$
$$582$$

---

4 □ 안에 알맞은 수를 써넣으세요.

$$\begin{array}{ccc} & 6 & 3 & 5 \\ - & 2 & 5 & 3 \\ \hline \end{array}$$
→
$$\begin{array}{ccc} & \cancel{6} & 3 & 5 \\ - & 2 & 5 & 3 \\ \hline \end{array}$$
→
$$\begin{array}{ccc} & \cancel{6} & 3 & 5 \\ - & 2 & 5 & 3 \\ \hline \end{array}$$

5 647−263의 값을 구하려고 합니다. 물음에 답하세요.

(1) 647과 263을 각각 몇백몇십쯤으로 어림하여 값을 구해 보세요.

647−263 ➡ 약 □ − □ = □

(2) 647−263의 실제 값을 구해 보세요.

(   )

6 계산해 보세요.

(1)
$$\begin{array}{r} 7\ 6\ 1 \\ -\ 4\ 5\ 7 \\ \hline \end{array}$$

(2)
$$\begin{array}{r} 4\ 0\ 8 \\ -\ 1\ 2\ 5 \\ \hline \end{array}$$

(3) 534−107

(4) 815−251

▶ 받아내림을 한 후 받아내림한 자리에서 반드시 1을 빼 주어야 합니다.

$$\begin{array}{r} \overset{10}{3}\ 9\ 1 \\ -\ 1\ 5\ 8 \\ \hline 2\ 4\ 3 \end{array} \times \qquad \begin{array}{r} \overset{8}{3}\ \overset{10}{9}\ 1 \\ -\ 1\ 5\ 8 \\ \hline 2\ 3\ 3 \end{array} \bigcirc$$

❓ 받아내림한 수는 왜 1이 아니라 10인가요?

각 자리의 숫자가 나타내는 값은 오른쪽에서 왼쪽으로 한 자리씩 옮겨 갈 때마다 10배씩 커집니다. 따라서 윗자리에서 1은 아랫자리에서 10이 됩니다.

$$\begin{array}{r} 5\ 2\ 6 \\ -\ 1\ 5\ 4 \\ \hline \end{array} \Rightarrow \begin{array}{r} \overset{4}{5}\ \overset{10}{2}\ 6 \\ -\ 1\ 5\ 4 \\ \hline 3\ 7\ 2 \end{array}$$

▶ 352−126의 여러 가지 계산 방법

$$\begin{array}{r} 300-100=200 \\ 52-\ 26=\ 26 \\ \hline 352-126=226 \end{array}$$

$$\begin{array}{r} 12-\ \ 6=\ \ 6 \\ 40-\ 20=\ 20 \\ 300-100=200 \\ \hline 352-126=226 \end{array}$$

6 세 자리 수의 뺄셈(3)

정답과 풀이 3쪽

● **받아내림이 두 번 있는 (세 자리 수) − (세 자리 수)**

받아내림이 연속으로 두 번 있으므로 받아내림한 수를 정확히 표시합니다.

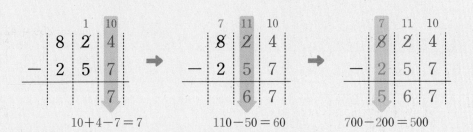

$10+4-7=7$ 　　　 $110-50=60$ 　　　 $700-200=500$

🌐 **연결 개념**

받아내림을 이용하여 계산하면 큰 수의 뺄셈도 할 수 있습니다.

$$
\begin{array}{r}
{\scriptstyle 2\ \ 14\ \ 11\ \ 10} \\
3\ 5\ 2\ 6 \\
-\ 1\ 9\ 4\ 8 \\
\hline
1\ 5\ 7\ 8
\end{array}
$$

> **확인 !**
>
> 백 모형 1개는 십 모형 ☐ 개로 바꿀 수 있습니다.
>
> 십 모형 1개는 일 모형 ☐ 개로 바꿀 수 있습니다.

---

7 652−374를 여러 가지 방법으로 계산하려고 합니다. ☐ 안에 알맞은 수를 써넣으세요.

(1)　$500-300=$ ☐

　　$152-\ 74=$ ☐

　　─────────

　　$652-374=$ ☐

(2)　$12-\ \ 4=$ ☐

　　$140-\ 70=$ ☐

　　$500-300=$ ☐

　　─────────

　　$652-374=$ ☐

8 계산해 보세요.

(1)
$$
\begin{array}{r}
6\ 3\ 7 \\
-\ 1\ 4\ 8 \\
\hline
\end{array}
$$

(2)
$$
\begin{array}{r}
7\ 4\ 3 \\
-\ 3\ 7\ 5 \\
\hline
\end{array}
$$

(3) $823-465$

(4) $415-239$

> ▶ 십의 자리에서 받아내림한 10은 실제로 10을 나타내고, 백의 자리에서 받아내림한 10은 실제로 100을 나타냅니다.

9 ☐ 안에 알맞은 수를 써넣으세요.

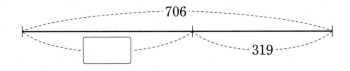

> ❓ **십의 자리 수가 0일 때 일의 자리로 받아내림은 어떻게 하나요?**
>
> 백의 자리에서 100을 십의 자리로 받아내림한 다음 90은 십의 자리에 두고 10을 다시 일의 자리로 받아내림합니다.
>
> $$
> \begin{array}{r}
> {\scriptstyle 9} \\
> {\scriptstyle 5\ \ 10\ \ 10} \\
> 6\ 0\ 4 \\
> -\ 2\ 6\ 8 \\
> \hline
> 3\ 3\ 6
> \end{array}
> \ \rightarrow\
> \begin{array}{r}
> {\scriptstyle 5\ \ 9\ \ 10} \\
> 6\ 0\ 4 \\
> -\ 2\ 6\ 8 \\
> \hline
> 3\ 3\ 6
> \end{array}
> $$

기본에서 응용으로

7 받아내림이 없는 뺄셈

각 자리의 수를 맞추어 같은 자리 수끼리 뺍니다.

5−2=3 •   • 9−5=4
            2−1=1

8 받아내림이 한 번 있는 뺄셈

같은 자리 수끼리 뺄 수 없을 때에는 바로 윗자리에서 받아내림하여 계산합니다.

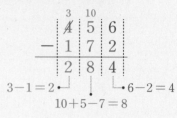

3−1=2 •   • 6−2=4
            10+5−7=8

---

26 547−315를 두 가지 방법으로 계산하려고 합니다. ☐ 안에 알맞은 수를 써넣으세요.

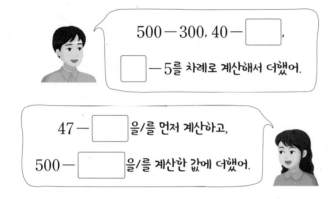

500−300, 40−☐ ,

☐ −5를 차례로 계산해서 더했어.

47−☐ 을/를 먼저 계산하고,

500−☐ 을/를 계산한 값에 더했어.

27 두 수를 각각 몇백몇십쯤으로 어림하여 구해 보고, 실제 계산한 값을 구하여 빈칸에 써넣으세요.

	어림한 값	계산한 값
847−321	약	

28 집에서 학교까지의 거리와 집에서 편의점까지의 거리는 다음과 같습니다. 집에서 학교와 편의점 중 어느 곳이 몇 m 더 멀까요?

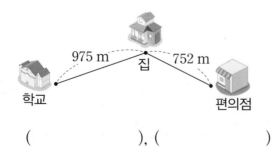

975 m   집   752 m

학교   편의점

(   ), (   )

29 빈칸에 알맞은 수를 써넣으세요.

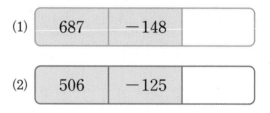

(1) 687 | −148 |

(2) 506 | −125 |

30 계산해 보세요.

765−117 = ☐

765−118 = ☐

765−119 = ☐

31 다음 수 중에서 2개를 골라 차가 257인 뺄셈식을 만들려고 합니다. ☐ 안에 알맞은 두 수를 어림하여 찾아 뺄셈식을 완성해 보세요.

329   572   586

☐ − ☐ = 257

32 ☐ 안에 알맞은 수를 써넣으세요.

$$783-146=\boxed{}$$

$$783-146<\boxed{}$$

33 계산 결과가 더 큰 것을 찾아 기호를 써 보세요.

> ㉠ 532−229
> ㉡ 429−132

(   )

34 수 카드를 한 번씩만 사용하여 만들 수 있는 가장 큰 세 자리 수와 715의 차를 구해 보세요.

 4   **5**   **2**

(   )

창의➕

35 하연이네 학교 3학년 학생 128명이 단체 관람으로 같은 영화를 보려고 합니다. 전체 입장권 수와 팔린 입장권 수를 보고 3학년 학생들이 함께 볼 수 있는 영화를 정해 보세요.

	사막여우와 나	달려라 사모예드
전체 입장권 수(장)	315	326
팔린 입장권 수(장)	191	195

(   )

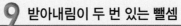

9 받아내림이 두 번 있는 뺄셈

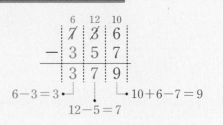

$$\begin{array}{r} \overset{6}{\cancel{7}}\ \overset{12}{\cancel{3}}\ \overset{10}{6} \\ -\ 3\ 5\ 7 \\ \hline 3\ 7\ 9 \end{array}$$

6−3=3 •───────• •──10+6−7=9
           12−5=7

36 계산해 보세요.

(1)   5 0 6
     − 1 3 9

(2)   7 4 2
     − 3 7 6

(3) 851−372

(4) 785−498

37 다음 수보다 418만큼 더 작은 수를 구해 보세요.

> 100이 9개, 1이 5개인 수

(   )

서술형
38 계산에서 틀린 곳을 찾아 바르게 고치고, 틀린 까닭을 써 보세요.

$$\begin{array}{r} 7\ 1\ 4 \\ -\ 4\ 8\ 7 \\ \hline 3\ 2\ 7 \end{array} \Rightarrow \boxed{}$$

까닭

39 빈칸에 알맞은 수를 써넣으세요.

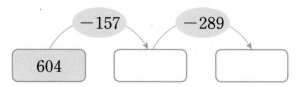

40 빈칸에 알맞은 수를 찾아 이어 보세요.

$932 - \boxed{} = 549$ •

• 375

• 383

$853 - \boxed{} = 478$ •

• 391

41 다음 수 중에서 두 수를 골라 차가 가장 큰 뺄셈식을 만들어 보세요.

| 745 | 923 | 285 | 452 |

$\boxed{} - \boxed{} = \boxed{}$

42 기호 ◈에 대하여 ㉠◈㉡=㉡-㉠이라고 약속할 때 다음을 계산해 보세요.

459 ◈ 834

( )

10 뺄셈의 활용

• '~보다 더 적은', '~보다 더 짧은', '~하고 남은 것'이라는 표현이 나오는 문제는 뺄셈식을 이용합니다.

• 문제에 알맞은 식을 세워 계산하고, 단위를 바르게 붙여 답을 씁니다.

43 박물관에 어제 입장한 사람은 812명이었고, 오늘 입장한 사람은 641명이었습니다. 어제 입장한 사람은 오늘 입장한 사람보다 몇 명 더 많았나요?

식

답

44 상자에 밤이 903개, 땅콩이 851개 들어 있습니다. 그중에서 밤을 259개, 땅콩을 266개 먹었습니다. 상자에는 밤과 땅콩 중 어느 것이 몇 개 더 많이 남았을까요?

( ), ( )

45 542-518을 이용하여 풀 수 있는 문제를 만들고 답을 구해 보세요.

문제

답

46 세 사람의 이야기를 읽고 호진이는 줄넘기를 몇 번 했는지 구해 보세요.

> 지윤: 난 줄넘기를 450번 했어.
> 하연: 난 지윤이보다 187번 적게 했어.
> 호진: 난 하연이보다 359번 더 많이 했어.

( )

---

11 겹치게 이은 두 길이의 전체 길이 구하기

두 길이를 겹치게 이었을 때 전체 길이는 두 길이의 합에서 겹쳐진 부분의 길이를 뺀 것과 같습니다.

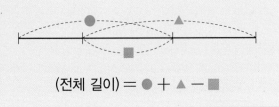

(전체 길이) = ● + ▲ − ■

47 ㉠에서 ㉣까지의 길이는 몇 m일까요?

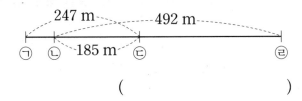

( )

48 길이가 476 cm인 색 테이프 2장을 264 cm 만큼 겹치게 이어 붙였습니다. 이어 붙인 색 테이프의 전체 길이는 몇 cm일까요?

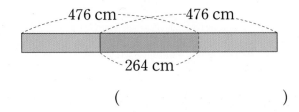

( )

---

12 어떤 수 구하기

❶ 어떤 수를 □라고 하여 식 만들기

❷ 덧셈과 뺄셈의 관계를 이용하여 어떤 수 구하기

□ + ▲ = ● ➡ □ = ● − ▲

● − □ = ▲ ➡ □ = ● − ▲

49 어떤 수에서 386을 빼야 할 것을 잘못하여 더했더니 922가 되었습니다. 바르게 계산하면 얼마일까요?

( )

50 종이 2장에 세 자리 수를 한 개씩 써 놓았는데 한 장이 찢어져서 일의 자리 수만 보입니다. 두 수의 합이 813일 때 찢어진 종이에 적힌 세 자리 수를 구해 보세요.

| 287 | 6 |

( )

서술형
51 425에 어떤 수를 더하였더니 904가 되었습니다. 어떤 수에 724를 더하면 얼마인지 풀이 과정을 쓰고 답을 구해 보세요.

풀이 _____

_____

답 _____

1 □ 안에 알맞은 수 구하기

심화유형

□ 안에 알맞은 수를 써넣으세요.

(1)
```
    6 □ 8
  + □ 8 □
  ───────
    8 1 4
```

(2)
```
    6 5 2
  - □ □ 4
  ───────
    3 7 □
```

● 핵심 NOTE
· 덧셈에서 각 자리 수끼리의 계산 결과가 더하는 수보다 작으면 받아올림이 있는 것입니다.

· 뺄셈에서 각 자리 수끼리의 계산 결과가 빼지는 수보다 크면 받아내림이 있는 것입니다.

1-1 □ 안에 알맞은 수를 써넣으세요.

(1)
```
    4 □ 7
  + 7 9 □
  ───────
  1 □ 6 5
```

(2)
```
    □ 0 3
  -   3 □ □
  ───────
    3 7 5
```

1-2 두 수의 합과 차를 나타낸 것입니다. 세 자리 수인 두 수를 각각 구해 보세요.

```
    □ □ 4
  + □ 3 □
  ───────
    6 9 3
```

```
    □ □ 4
  - □ 3 □
  ───────
    2 1 5
```

(   ), (   )

심화유형 2 수 카드로 만든 두 수의 합과 차 구하기

수 카드를 한 번씩만 사용하여 만들 수 있는 세 자리 수 중에서 가장 큰 수와 가장 작은 수의 합과 차를 각각 구해 보세요.

3　8　7

합 (　　　　　　　　　　), 차 (　　　　　　　　　　)

● 핵심 NOTE
- 가장 큰 수를 만들 때에는 높은 자리부터 큰 수를 차례로 놓습니다.
- 가장 작은 수를 만들 때에는 높은 자리부터 작은 수를 차례로 놓습니다.

2-1 수 카드를 한 번씩만 사용하여 만들 수 있는 세 자리 수 중에서 가장 큰 수와 둘째로 작은 수의 합과 차를 각각 구해 보세요.

9　4　5

합 (　　　　　　　　　　), 차 (　　　　　　　　　　)

2-2 수 카드 4장 중에서 3장을 골라 한 번씩만 사용하여 십의 자리 숫자가 0인 세 자리 수를 만들려고 합니다. 만들 수 있는 가장 큰 수와 둘째로 작은 수의 차를 구해 보세요.

5　0　7　3

(　　　　　　　　　　)

조건에 알맞은 수 구하기

□ 안에 들어갈 수 있는 수 중에서 가장 큰 세 자리 수를 구해 보세요.

$$275 + \square < 623$$

( )

● 핵심 NOTE   · ● + ■ = ▲일 때 ■ 안의 수를 구합니다.
· 위에서 구한 ■의 값보다 작아야 식이 성립합니다.

3-1 □ 안에 들어갈 수 있는 수 중에서 가장 큰 세 자리 수를 구해 보세요.

$$918 - \square > 165$$

( )

3-2 0부터 9까지의 수 중에서 □ 안에 들어갈 수 있는 수를 모두 구해 보세요.

$$64\square - 285 < 358$$

( )

음식의 열량의 차 구하기

통합 교과유형 4
수학 + 생활

열량이란 몸속에서 발생하는 에너지의 양입니다. 열량은 음식을 통해 얻을 수 있는데 음식마다 열량이 다릅니다. 열량의 단위는 칼로리(cal)와 킬로칼로리(kcal)를 사용합니다. 다음은 진혁이와 형이 좋아하는 음식의 열량입니다. 진혁이는 송편과 만둣국을 1인분씩 먹었고, 형은 갈비와 꼬치를 1인분씩 먹었습니다. 두 사람이 먹은 음식의 열량은 누가 몇 킬로칼로리 더 많을까요?

1인분 열량

송편	만둣국	갈비	꼬치
338 킬로칼로리	356 킬로칼로리	534 킬로칼로리	288 킬로칼로리

1단계 진혁이와 형이 먹은 음식의 열량을 각각 구하기

2단계 두 사람이 먹은 음식의 열량의 차 구하기

(   ), (   )

● **핵심 NOTE**　**1단계** 진혁이가 먹은 송편과 만둣국의 열량의 합을 구하고, 형이 먹은 갈비와 꼬치의 열량의 합을 구합니다.

2단계 두 사람이 먹은 음식의 열량의 차를 구합니다.

4-1 견과류는 두뇌 발달에 좋은 영양 성분이 많아서 성장기 아이들이 먹으면 좋은 식품입니다. 다음은 한 봉지에 들어 있는 견과류의 열량을 나타낸 것입니다. 1주일 동안 수정이는 은행과 아몬드를 각각 한 봉지씩 먹었고, 유정이는 피스타치오를 한 봉지 먹었습니다. 1주일 동안 수정이가 먹은 견과류의 열량은 유정이가 먹은 견과류의 열량보다 몇 킬로칼로리 더 많을까요?

호두	잣	은행	피스타치오	아몬드	캐슈넛
630 킬로칼로리	634 킬로칼로리	183 킬로칼로리	586 킬로칼로리	597 킬로칼로리	565 킬로칼로리

(   )

단원 평가 Level ❶

1 538+243을 서아의 설명과 같은 방법으로 계산한 것입니다. ☐ 안에 알맞은 수를 써넣으세요.

> 530+240을 먼저 계산하고, 8+3을 계산한 값을 더했어.

서아

$538+243$

$=530+\boxed{}+8+\boxed{}$

$=\boxed{}+\boxed{}=\boxed{}$

2 다음 계산에서 ☐ 안의 수가 실제로 나타내는 값은 얼마일까요?

$$\begin{array}{r} \boxed{1}\ 1 \\ 6\ 5\ 4 \\ +\ 1\ 5\ 7 \\ \hline 8\ 1\ 1 \end{array}$$

(   )

3 어림한 계산 결과가 600보다 큰 것을 찾아 ○표 하세요.

359+195	750-245
( )	( )

284+373	827-364
( )	( )

4 계산에서 틀린 곳을 찾아 바르게 고쳐 보세요.

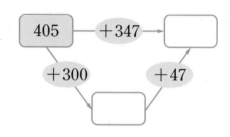

$$\begin{array}{r} 2\ 4\ 7 \\ +\ 3\ 2\ 5 \\ \hline 5\ 6\ 2 \end{array} \Rightarrow$$

5 빈칸에 알맞은 수를 써넣으세요.

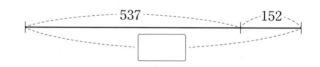

6 그림을 보고 ☐ 안에 알맞은 수를 써넣으세요.

537   152

7 가장 큰 수와 가장 작은 수의 차를 구해 보세요.

610	625	359

(   )

8 합이 872가 되는 두 수를 찾아 ○표 하세요.

| 358 | 368 | 514 |

12 어떤 수에서 375를 뺐더니 658이 되었습니다. 어떤 수를 구해 보세요.

( )

9 길이가 686 cm인 노란색 테이프와 558 cm 인 파란색 테이프가 있습니다. 두 색 테이프의 길이의 합은 몇 cm일까요?

( )

13 수현이네 학교 남학생은 425명이고, 여학생은 남학생보다 117명 적습니다. 수현이네 학교 학생은 모두 몇 명일까요?

( )

10 ☐ 안에 알맞은 수를 써넣으세요.

$$365 + \boxed{} = 711$$

14 다음 수보다 158만큼 더 큰 수를 구해 보세요.

| 100이 4개, 10이 5개, 1이 26개인 수 |

( )

11 나타내는 수가 더 큰 것을 찾아 기호를 써 보세요.

> ㉠ 375보다 489만큼 더 큰 수
> ㉡ 127과 992의 차

( )

15 ☐ 안에 알맞은 수를 써넣으세요.

$$\begin{array}{r} \boxed{}\,8\,\boxed{} \\ -\ 1\,\boxed{}\,7 \\ \hline 2\ 8\ 8 \end{array}$$

16 주머니에서 구슬 2개를 꺼내 구슬에 적힌 수
의 차가 500에 가장 가까운 뺄셈식을 만들어
보세요.

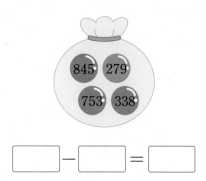

$$\boxed{} - \boxed{} = \boxed{}$$

17 같은 모양은 같은 수를 나타냅니다. ♥에 알
맞은 수를 구해 보세요.

$$642 - \bullet = 258$$
$$\heartsuit + 129 = \bullet$$

(　　　　　　)

18 집에서 학교까지 가는 길은 병원을 거쳐 가는
길과 과일 가게를 거쳐 가는 두 가지 길이 있
습니다. 집에서 학교까지 갈 때 어디를 거쳐
서 가는 길이 몇 m 더 가까울까요?

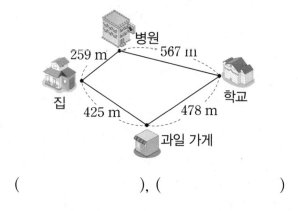

(　　　　), (　　　　)

19 ☐ 안에 들어갈 수 있는 수 중에서 가장 큰 세
자리 수는 얼마인지 풀이 과정을 쓰고 답을
구해 보세요.

$$547 - \boxed{} > 236$$

풀이 _____

_____

_____

_____

답 _____

20 수 카드를 한 번씩만 사용하여 세 자리 수를
만들려고 합니다. 만들 수 있는 가장 큰 수와
가장 작은 수의 합과 차는 각각 얼마인지 풀
이 과정을 쓰고 답을 구해 보세요.

$$\boxed{5} \quad \boxed{4} \quad \boxed{7}$$

풀이 _____

_____

_____

_____

답 합: 　　　　　 , 차:

단원 평가 Level ❷

1 681−139를 계산한 것입니다. □ 안에 알맞은 수를 써넣으세요.

$$600-100=\boxed{}$$
$$81-\ 39=\boxed{}$$
$$681-139=\boxed{}$$

2 다음 계산에서 □ 안의 수 12가 실제로 나타내는 값은 얼마일까요?

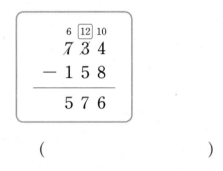

( )

3 계산해 보세요.

$$208+472=\boxed{}$$

$+2 \downarrow \qquad \downarrow -2$

$$210+470=\boxed{}$$

4 계산에서 틀린 곳을 찾아 바르게 고쳐 보세요.

$$\begin{array}{r} 8\ 1\ 9 \\ -\ 4\ 8\ 7 \\ \hline 4\ 3\ 2 \end{array}$$ ➡

5 수 모형이 나타내는 수보다 238만큼 더 작은 수를 구해 보세요.

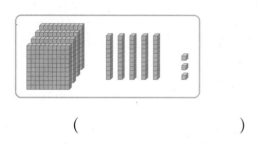

( )

6 빈칸에 알맞은 수를 써넣으세요.

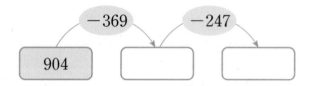

7 ○ 안에 >, =, < 중 알맞은 것을 써넣으세요.

$$732-286 \ \bigcirc \ 456$$

8 빵 가게에서 매일 식빵을 400개씩 만듭니다. 오전에 식빵 159개를 팔았다면 앞으로 더 팔 수 있는 식빵은 몇 개일까요?

( )

[9~10] 지난 주말에 박물관을 방문한 사람 수입니다. 물음에 답하세요.

	토요일	일요일
남자	157명	182명
여자	174명	191명

9 토요일과 일요일에 박물관을 방문한 사람은 각각 몇 명쯤 되는지 몇백몇십쯤으로 어림하여 구해 보세요.

토요일 (약)
일요일 (약)

10 토요일과 일요일에 박물관을 방문한 사람은 각각 몇 명인지 구해 보세요.

토요일 ( )
일요일 ( )

11 □ 안에 알맞은 수를 써넣으세요.

$642-\square=176$

12 ㉠과 ㉡의 차를 구해 보세요.

㉠ 100이 5개, 10이 15개, 1이 8개인 수
㉡ 243에서 10씩 4번 뛰어 센 수

( )

13 기호 ♥에 대하여 ㉠♥㉡=㉠−㉡+㉠이라고 약속할 때 다음을 계산해 보세요.

327 ♥ 159

( )

14 종이 2장에 세 자리 수를 한 개씩 써 놓았는데 한 장이 찢어져서 백의 자리 수만 보입니다. 두 수의 합이 731일 때 찢어진 종이에 적힌 세 자리 수를 구해 보세요.

258　　4

( )

15 다음 식은 받아올림이 3번 있습니다. 1부터 9까지의 수 중에서 □ 안에 들어갈 수 있는 수를 모두 구해 보세요.

$$\begin{array}{r} 3\,7\,5 \\ +\square\,6\,8 \\ \hline \end{array}$$

( )

16 집에서 약국을 거쳐 도서관까지 가는 길은 집에서 세탁소를 거쳐 도서관까지 가는 길과 거리가 같습니다. 세탁소에서 도서관까지의 거리는 몇 m일까요?

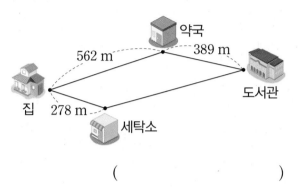

( )

17 길이가 347 cm인 색 테이프 2장을 135 cm 만큼 겹치게 이어 붙였습니다. 이어 붙인 색 테이프의 전체 길이는 몇 cm일까요?

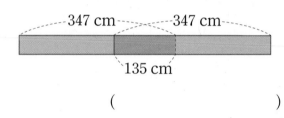

( )

18 두 수의 합과 차를 나타낸 것입니다. ☐ 안에 알맞은 수를 써넣으세요.

```
   ☐ 5 ☐              ☐ 5 ☐
 + 2 ☐ 7            - 2 ☐ 7
 ─────────          ─────────
   8 ☐ 3              ☐ 6 9
```

19 어떤 수에 398을 더해야 할 것을 잘못하여 뺐더니 547이 되었습니다. 바르게 계산한 값은 얼마인지 풀이 과정을 쓰고 답을 구해 보세요.

풀이

답

20 ㉠은 몇 cm인지 풀이 과정을 쓰고 답을 구해 보세요.

```
 ⟵···· 374 cm ····⟶⟵···· 569 cm ····⟶
 ├───────────────┼──────────────┤
         ⟵········ ㉠ ········⟶   172 cm
```

풀이

답

1

2 평면도형

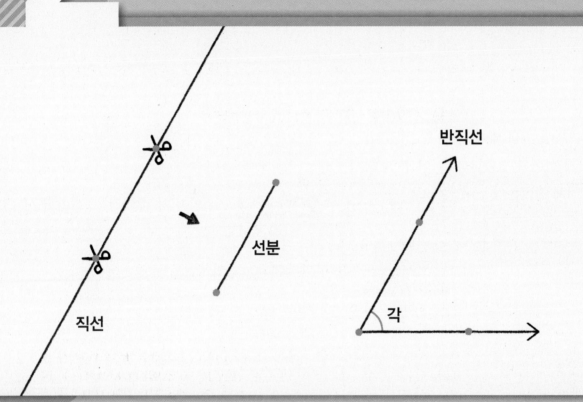

직선

선분

반직선

각

직각이 들어간 도형은?

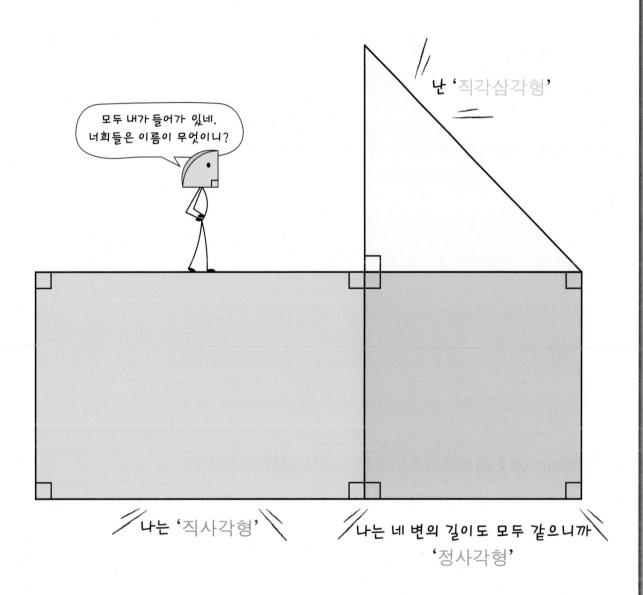

1 선의 종류

● **선분**: 두 점을 곧게 이은 선

ㄱ ————————— ㄴ ➡ 선분 ㄱㄴ 또는 선분 ㄴㄱ

● **직선**: 선분을 양쪽으로 끝없이 늘인 곧은 선

 ➡ 직선 ㄱㄴ 또는 직선 ㄴㄱ

● **반직선**: 한 점에서 시작하여 한쪽으로 끝없이 늘인 곧은 선

ㄱ ————— ㄴ ➡ 반직선 ㄱㄴ   ㄱ ————— ㄴ ➡ 반직선 ㄴㄱ

시작하는 점부터 읽습니다.

보충 개념

● 선분과 직선

선분	두 점 사이의 길이가 정해진 선입니다.
직선	양쪽 끝이 정해지지 않은 선입니다.

● 반직선과 직선

반직선	시작점이 있고, 한쪽으로만 늘어납니다.
직선	시작점이 없고, 양쪽으로 늘어납니다.

확인 !

두 점 사이의 가장 짧은 선은 (선분 , 직선)입니다.

양쪽 끝이 정해지지 않은 선은 (직선 , 반직선)이고, 한쪽 끝이 정해진 선은 (직선 , 반직선)입니다.

---

1 직선에 ○표, 반직선에 △표 하세요.

▶ 선분, 반직선, 직선은 모두 곧은 선입니다.

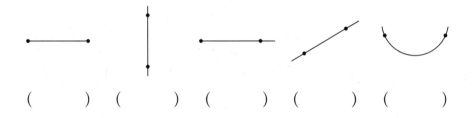

(   ) (   ) (   ) (   ) (   )

2 도형의 이름을 써 보세요.

(1) ㄱ ————— ㄴ

(2) ㄷ ————— ㄹ

(   ) (   )

? 반직선 ㄱㄴ을 반직선 ㄴㄱ이라고 할 수 있나요?

[반직선 ㄱㄴ]

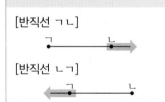

[반직선 ㄴㄱ]

반직선 ㄱㄴ은 점 ㄱ에서 시작하여 점 ㄴ을 지나는 반직선이고, 반직선 ㄴㄱ은 점 ㄴ에서 시작하여 점 ㄱ을 지나는 반직선입니다. 따라서 반직선 ㄱㄴ을 반직선 ㄴㄱ으로 읽으면 안 됩니다.

3 점을 이용하여 선분, 직선, 반직선을 그어 보세요.

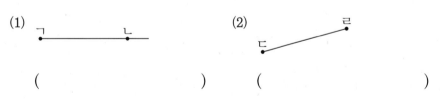

선분 ㄱㄴ	직선 ㄷㄹ	반직선 ㅁㅂ

2 각

● **각**: 한 점에서 그은 두 반직선으로 이루어진 도형

각의 이름	각 ㄱㄴㄷ 또는 각 ㄷㄴㄱ
각의 꼭짓점	점 ㄴ
각의 변	변 ㄴㄱ과 변 ㄴㄷ

└ • 반직선 ㄴㄱ과 반직선 ㄴㄷ을 각의 변이라고 합니다.

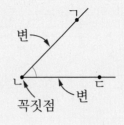
변 / ㄱ / ㄴ / ㄷ / 꼭짓점 / 변

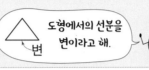
도형에서의 선분을 변이라고 해. / 변

⚡ 주의 개념

● **각 읽기**
각을 읽을 때에는 각의 꼭짓점이 가운데 오도록 읽습니다.

각의 꼭짓점은 반직선이 시작되는 점

➡ 각 ㄱㄴㄷ 또는 각 ㄷㄴㄱ

확인 !

· 각을 읽을 때에는 각의 □이/가 가운데 오도록 읽습니다.

· 각에는 꼭짓점이 □개, 변이 □개 있습니다.

---

4 각을 모두 찾아 ○표 하세요.

(   ) (   ) (   ) (   ) (   )

▶ 뾰족한 부분이 있다고 해서 모두 각인 것은 아닙니다.

---

5 각과 변을 읽어 보세요.

(1)
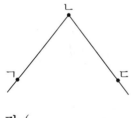

각 (   )
변 (   )

(2)
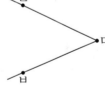

각 (   )
변 (   )

❓ 각을 그릴 때 주의할 점은 무엇인가요?

각은 두 반직선이 반드시 한 점에서 만나야 합니다. 두 반직선이 한 점에서 만나지 않거나 곧은 선이 아닌 굽은 선으로 이루어진 도형은 각이 아닙니다.

---

6 각 ㄴㄱㄷ을 완성해 보세요.

(1)

ㄱ / ㄴ / ㄷ

(2)
ㄱ
ㄷ
ㄴ

3 직각

● **직각**: 그림과 같이 종이를 반듯하게 두 번 접었을 때 생기는 각

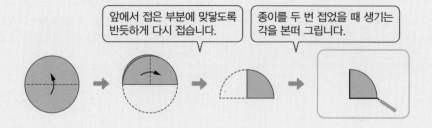

앞에서 접은 부분에 맞닿도록 반듯하게 다시 접습니다.

종이를 두 번 접었을 때 생기는 각을 본떠 그립니다.

심화 개념

● **삼각자로 직각 그리기**
[삼각자 1개 이용하기]

[삼각자 2개 이용하기]

직각 ㄱㄴㄷ을 나타낼 때에는 꼭짓점 ㄴ에 ⌐ 표시를 합니다.

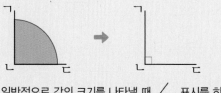

일반적으로 각의 크기를 나타낼 때 ╱ 표시를 하지만

특별히 직각을 나타낼 때 ⌐ 표시를 합니다.

확인!

삼각자의 직각인 부분을 대었을 때 꼭 맞게 겹쳐지는 각을 [　　] (이)라고 합니다.

---

7 도형에서 직각을 모두 찾아 ⌐ 로 표시해 보세요.

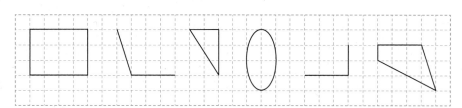

8 삼각자를 사용하여 점 ㄱ을 꼭짓점으로 하는 직각을 그려 보세요.

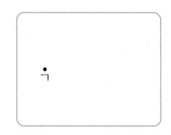

? 직각은 어떻게 그리나요?

삼각자에서 직각을 이루는 한 변을 직선에 꼭 맞춘 후 직각을 이루는 다른 한 변을 따라 선을 그으면 직각을 그릴 수 있습니다.

9 도형에서 직각을 찾아 ⌐ 로 표시하고 직각이 모두 몇 개인지 써 보세요.

(1)　　　　　　　　　　　(2)

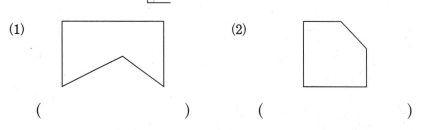

(　　　　　　　)　　　(　　　　　　　)

기본에서 응용으로

1 선의 종류

- **선분**: 두 점을 곧게 이은 선

- **직선**: 선분을 양쪽으로 끝없이 늘인 곧은 선

- **반직선**: 한 점에서 시작하여 한쪽으로 끝없이 늘인 곧은 선

1 도형의 이름을 찾아 이어 보세요.

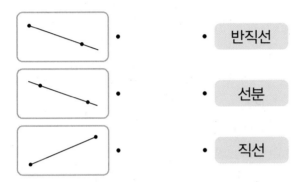

- 반직선
- 선분
- 직선

2 반직선을 찾아 이름을 써 보세요.

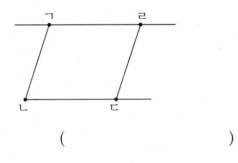

( )

3 도형에서 찾을 수 있는 선분은 모두 몇 개일까요?

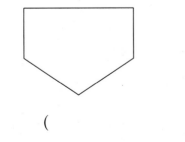

( )

4 선분, 반직선, 직선에 대해 잘못 말한 사람은 누구일까요?

> 수영: 선분은 길이가 정해진 두 점 사이의 곧은 선이야.
> 영민: 반직선은 한쪽 끝이 정해져 있고 다른 쪽 끝은 정해져 있지 않은 곧은 선이야.
> 태하: 직선은 양쪽 끝이 정해져 있어.

( )

서술형
5 다음 도형은 직선 ㄱㄴ이 아닙니다. 그 까닭을 쓰고 도형의 이름을 써 보세요.

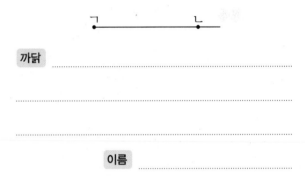

까닭 ....

....

....

이름 ....

6 3개의 점 중에서 2개의 점을 이어 그을 수 있는 반직선은 모두 몇 개일까요?

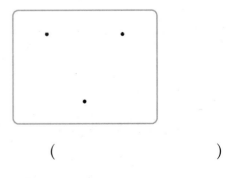

( )

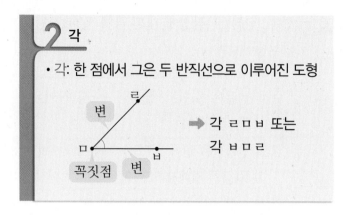

2 각

• 각: 한 점에서 그은 두 반직선으로 이루어진 도형

➡ 각 ㄹㅁㅂ 또는
   각 ㅂㅁㄹ

7 각이 없는 도형은 어느 것일까요? (   )

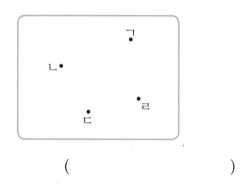

8 점들을 선분으로 모두 연결하여 사각형을 만들었을 때 찾을 수 있는 각은 모두 몇 개일까요?

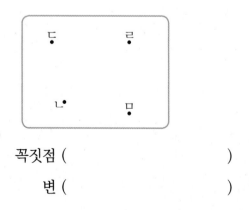

(   )

9 각을 1개 그리고, 그린 각의 꼭짓점과 변을 써 보세요.

꼭짓점 (   )

변 (   )

10 각의 수가 가장 많은 도형은 어느 것일까요?

(   )

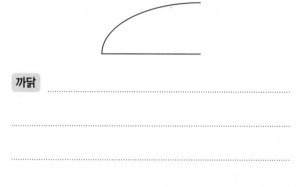

서술형
11 다음 도형이 각이 아닌 까닭을 써 보세요.

까닭 _____

_____

_____

12 도형에서 점 ㄴ을 꼭짓점으로 하는 각을 모두 찾아 써 보세요.

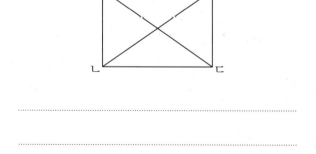

_____

_____

3 직각

• 직각: 종이를 반듯하게 두 번 접었을 때 생기는 각

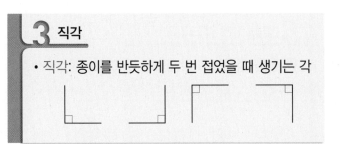

13 도형에서 직각을 모두 찾아 └─ 로 표시해 보세요.

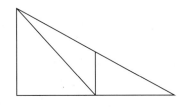

14 도형에서 직각이 많은 것부터 차례로 기호를 써 보세요.

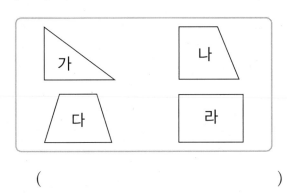

(   )

15 직각을 모두 찾아 읽어 보세요.

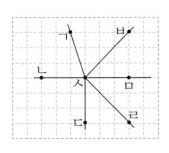

16 주어진 점을 꼭짓점으로 하는 직각을 그려 보세요.

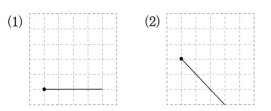

17 시계의 긴바늘과 짧은바늘이 이루는 작은 쪽의 각이 직각인 경우를 모두 찾아 기호를 써 보세요.

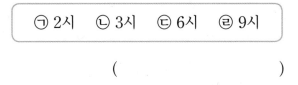

(   )

18 오른쪽 글자에서 찾을 수 있는 직각은 모두 몇 개일까요?

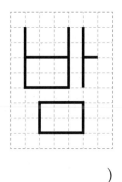

(   )

창의➕

19 로봇 청소기는 다음 점으로 이동할 때 이동한 방향과 직각이 되는 방향으로 갑니다. 출발점부터 도착점까지 모든 점을 이어 보세요.

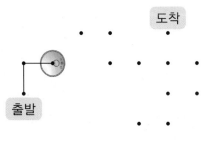

4 크고 작은 각의 수 구하기

 도형에서 찾을 수 있는 크고 작은 각의 수 구하기

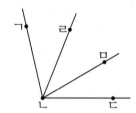

작은 각 1개짜리: 2개
작은 각 2개짜리: 1개
➡ (크고 작은 각의 수)
$= 2 + 1 = 3$(개)

20 도형에서 찾을 수 있는 크고 작은 각은 모두 몇 개인지 구하려고 합니다. 물음에 답하세요.

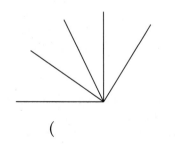

(1) 작은 각 1개, 2개, 3개로 이루어진 각은 각각 몇 개일까요?

작은 각 1개 ( )
작은 각 2개 ( )
작은 각 3개 ( )

(2) 찾을 수 있는 크고 작은 각은 모두 몇 개일까요?

( )

21 도형에서 찾을 수 있는 크고 작은 각은 모두 몇 개인지 구해 보세요.

( )

5 점을 이어 각 그리기

한 점을 기준으로 두 반직선을 그으면 각이 생깁니다.

22 점 3개를 이용하여 그릴 수 있는 각은 모두 몇 개일까요?

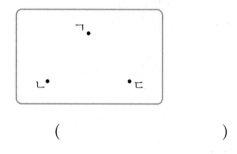

( )

23 점 5개 중에서 3개를 이용하여 각을 그릴 때 점 ㄷ을 꼭짓점으로 하는 각은 모두 몇 개일까요?

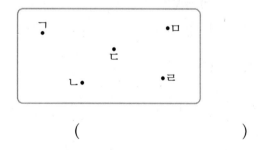

( )

24 점 4개 중에서 3개를 이용하여 그릴 수 있는 각은 모두 몇 개일까요?

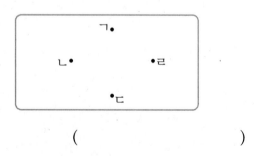

( )

4 직각삼각형

정답과 풀이 11쪽

개념 강의

● **직각삼각형:** 한 각이 직각인 삼각형

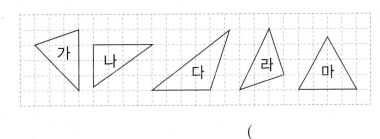

① 변, 각, 꼭짓점이 각각 3개씩 있습니다.
② 세 각 중 한 각이 직각입니다.
└•나머지 두 각은 직각이 아닙니다.

⊕ 보충 개념

● 색종이를 잘라서 직각삼각형 만들기

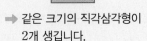

➡ 같은 크기의 직각삼각형이 2개 생깁니다.

확인 !

직각삼각형은 변, 각, 꼭짓점이 각각 ☐개씩 있습니다.

직각삼각형에는 직각이 (1 , 2 , 3)개 있습니다.

---

1 직각삼각형을 모두 찾아 기호를 써 보세요.

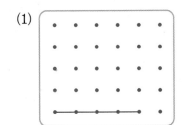

(   )

▶ 변의 길이에 관계없이 직각이 있으면 직각삼각형입니다.

2 점 종이에 주어진 선분을 한 변으로 하는 직각삼각형을 그리고 직각인 부분을 찾아 └ 로 표시해 보세요.

(1)
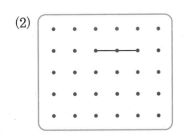

(2)
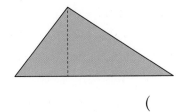

3 종이를 점선을 따라 자르면 직각삼각형은 모두 몇 개가 될까요?

(   )

❓ 직각삼각형에서 직각은 왜 한 개일까요?

직각이 두 개이면 두 선분이 서로 만나지 않아서 삼각형을 만들 수 없습니다. 따라서 직각삼각형에는 직각이 한 개뿐입니다.

5 직사각형

● **직사각형:** 네 각이 모두 직각인 사각형

① 꼭짓점, 변, 각이 각각 4개씩 있습니다.
② 네 각이 모두 직각입니다.
③ 마주 보는 두 변의 길이가 같습니다.

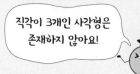
직각이 3개인 사각형은 존재하지 않아요!

🔧 **실전 개념**
직사각형은 마주 보는 두 변의 길이가 같습니다.

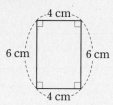

[4~5] 도형을 보고 물음에 답하세요.

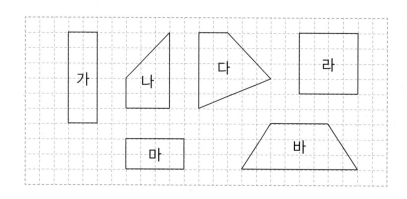

4 직각의 수에 따라 사각형을 분류해 보세요.

직각의 수	0개	1개	2개	4개
기호				

5 직사각형을 모두 찾아 기호를 써 보세요.

(   )

▶ 직사각형은 직각삼각형과 달리 한 각이 아닌 네 각이 모두 직각이어야 합니다.

6 점 종이에 주어진 선분을 변으로 하는 직사각형을 그려 보세요.

(1)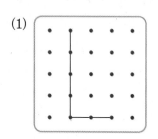

(2)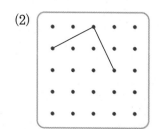

❓ **직삼각형, 직각사각형이라고 부르지는 않나요?**

국어사전에 한 각이 직각인 삼각형은 직각삼각형, 직삼각형이라고 되어 있고, 네 각이 모두 직각인 사각형은 직각사각형, 직사각형이라고 되어 있습니다. 다만 수학 시간에는 직각삼각형, 직사각형이라고 부르기로 약속합니다.

6 정사각형

정답과 풀이 11쪽

● **정사각형**: 네 각이 모두 직각이고 네 변의 길이가 모두 같은 사각형

① 꼭짓점, 변, 각이 각각 4개씩 있습니다.
② 네 각이 모두 직각입니다.
③ 네 변의 길이가 모두 같습니다.
➡ 직사각형 중에서 네 변의 길이가 모두 같은 사각형을 정사각형이라고 합니다.

심화 개념

• 정사각형은 네 각이 모두 직각이므로 직사각형이라고 할 수 있습니다.
정사각형 ➖➤ 직사각형

• 직사각형은 네 변의 길이가 모두 같지 않은 것도 있으므로 정사각형이라고 할 수 없습니다.
직사각형 ✖➤ 정사각형

[7~9] 도형을 보고 물음에 답하세요.

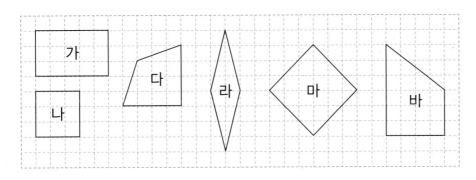

▶ 모양과 크기가 달라도 네 각이 모두 직각이고 네 변의 길이가 모두 같은 사각형은 정사각형입니다.

7 네 각이 모두 직각인 사각형을 모두 찾아 기호를 써 보세요.

( )

8 네 변의 길이가 모두 같은 사각형을 모두 찾아 기호를 써 보세요.

( )

9 네 각이 모두 직각이고 네 변의 길이가 모두 같은 사각형을 모두 찾아 기호를 써 보세요.

( )

❓ 네 변의 길이가 모두 같으면 정사각형이라고 할 수 있나요?

정사각형이라고 할 수 없습니다. 네 변의 길이가 모두 같으면서 네 각이 모두 직각이어야 정사각형입니다.

위의 사각형은 네 변의 길이는 모두 같지만 네 각이 직각이 아니므로 정사각형이 아닙니다.

10 점 종이에 주어진 선분을 한 변으로 하는 정사각형을 그려 보세요.

(1)
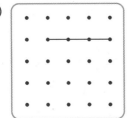

(2)
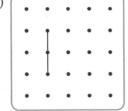

기본에서 응용으로

6 직각삼각형

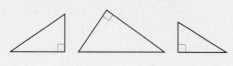

• 직각삼각형: 한 각이 직각인 삼각형

25 선을 따라 잘랐을 때, 직각삼각형인 것을 모두 찾아 기호를 써 보세요.

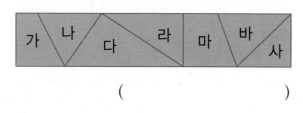

(   )

26 모눈종이에 모양과 크기가 다른 직각삼각형을 2개 그려 보세요.

27 점 종이에 그려진 삼각형의 한 꼭짓점을 옮겨서 직각삼각형이 되도록 그려 보세요.

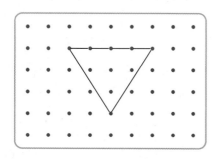

서술형
28 다음 도형이 직각삼각형이 아닌 까닭을 써 보세요.

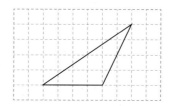

까닭 _____

_____

_____

29 직각삼각형 4개가 만들어지도록 종이 위에 선분을 그어 보세요.

7 직사각형

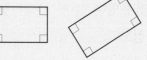

• 직사각형: 네 각이 모두 직각인 사각형

30 모눈종이에 모양과 크기가 다른 직사각형을 2개 그려 보세요.

31 도형을 한 번만 잘라서 가장 큰 직사각형을 만들려고 합니다. 잘라야 하는 곳에 선분을 그어 보세요.

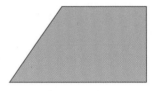

32 직각삼각형과 직사각형에 있는 직각의 수는 모두 몇 개일까요?

( )

33 직사각형의 □ 안에 알맞은 수를 써넣으세요.

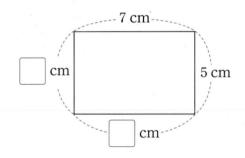

창의+

34 유미와 엄마가 땅을 네 부분으로 나누어 네 종류의 꽃을 심으려고 합니다. 대화를 읽고 유미와 엄마의 생각대로 선을 따라 땅을 나누어 보세요.

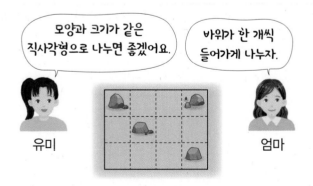

8 정사각형

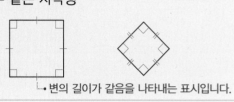

• 정사각형: 네 각이 모두 직각이고 네 변의 길이가 모두 같은 사각형

[35~36] 도형을 보고 물음에 답하세요.

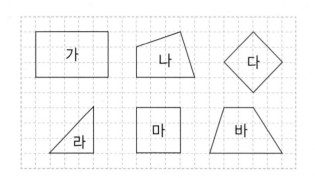

35 직사각형을 모두 찾아 기호를 써 보세요.

( )

36 정사각형을 모두 찾아 기호를 써 보세요.

( )

37 점 종이에 정사각형을 그리려고 합니다. 두 선분을 어느 점과 이어야 할까요?

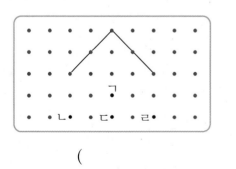

( )

서술형

38 도형판에 만든 도형이 정사각형인지 아닌지 ◯표 하고 그 까닭을 써 보세요.

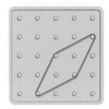

(정사각형입니다 , 정사각형이 아닙니다).

까닭 ....

....

....

....

39 다음 중 옳은 설명을 찾아 기호를 써 보세요.

> ㉠ 정사각형은 직각이 2개입니다.
>
> ㉡ 정사각형은 직사각형이라고 할 수 있습니다.
>
> ㉢ 정사각형의 각의 수와 꼭짓점의 수를 더하면 6개입니다.

(   )

40 직사각형 모양의 종이를 그림과 같이 접고 자른 후 펼쳤습니다. 펼친 도형의 한 변의 길이는 몇 cm일까요?

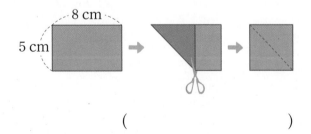

(   )

9 도형의 변의 길이 구하기

㉾ 정사각형의 네 변의 길이의 합이 8 cm일 때 한 변의 길이 구하기

➡ 정사각형은 네 변의 길이가 모두 같고, $2 + 2 + 2 + 2 = 8$이므로 한 변의 길이는 2 cm입니다.

41 직사각형의 네 변의 길이의 합이 28 cm일 때 ☐ 안에 알맞은 수를 써넣으세요.

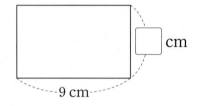

42 정사각형의 네 변의 길이의 합이 24 cm일 때 ☐ 안에 알맞은 수를 써넣으세요.

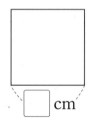

43 다음 도형은 정사각형과 직각삼각형을 겹치지 않게 이어 붙인 것입니다. 정사각형의 네 변의 길이의 합이 20 cm일 때 직각삼각형의 세 변의 길이의 합은 몇 cm일까요?

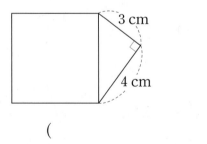

(   )

응용에서 최상위로

 심화유형 1

색종이를 잘라 도형 만들기

2. 평면도형

직사각형 모양의 색종이를 잘라 가장 큰 정사각형 1개와 직각삼각형 2개를 만들려고 합니다. 어떻게 잘라야 하는지 선분을 그어 보세요.

● **핵심 NOTE** • 가장 큰 정사각형이 되려면 정사각형의 한 변은 직사각형의 짧은 변이 되어야 합니다.

1-1 정사각형 모양의 색종이를 잘라 직사각형 1개와 정사각형 2개를 만들려고 합니다. 어떻게 잘라야 하는지 선분을 그어 보세요.

1-2 정사각형 모양의 색종이를 잘라 똑같은 직사각형 6개를 만들려고 합니다. 어떻게 잘라야 하는지 선분을 그어 보세요.

크고 작은 도형의 수 구하기

도형에서 찾을 수 있는 크고 작은 직사각형은 모두 몇 개일까요?

(   )

● 핵심 NOTE   • 직사각형은 네 각이 모두 직각인 사각형입니다.

• 작은 직사각형이 모여서 큰 직사각형을 만들 수 있습니다.

2-1   도형에서 찾을 수 있는 크고 작은 직사각형은 모두 몇 개일까요?

(   )

2-2   도형에서 찾을 수 있는 크고 작은 정사각형은 모두 몇 개일까요?

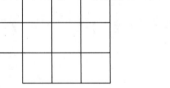

(   )

심화유형 3 도형의 변의 길이 구하기

직사각형 가와 정사각형 나의 네 변의 길이의 합이 같을 때 정사각형 나의 한 변의 길이를 구해
보세요.

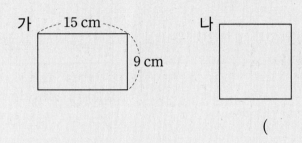

(   )

● 핵심 **NOTE**   • 먼저 직사각형 가의 네 변의 길이의 합을 구합니다.

3-1 철사를 겹치지 않게 모두 사용하여 정사각형 가를 만들었습니다. 이 철사를 펴서 다시 겹치지
않게 모두 사용하여 직사각형 나를 만들었을 때 □ 안에 알맞은 수를 구해 보세요.

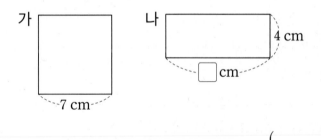

(   )

3-2 끈을 겹치지 않게 사용하여 다음과 같은 도형을 만들려고 합니다. 필요한 끈의 길이를 구해 보
세요.

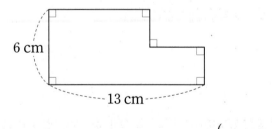

(   )

칠교 조각에서 직각삼각형 찾기

칠교놀이는 정사각형 모양을 잘라 만든 7개의 조각을 이용한 놀이입니다. 중국에서 처음 시작되었으며 탱그램이란 이름으로 불리기도 합니다. 이 칠교 조각으로 여러 가지 사물뿐 아니라 동물, 다양한 동작의 사람까지 만들 수 있습니다. 다음 칠교 조각에서 찾을 수 있는 크고 작은 직각삼각형은 모두 몇 개인지 구해 보세요. (단, 아래의 칠교 조각을 이동시킬 수는 없습니다.)

1단계 칠교 조각 7개 중 직각삼각형의 수 구하기

2단계 칠교 조각을 붙여서 만들 수 있는 직각삼각형의 수 구하기

3단계 크고 작은 직각삼각형의 수 구하기

(   )

● **핵심 NOTE**　**1단계** 칠교 조각 7개 중에서 직각삼각형을 찾습니다.

2단계 칠교 조각을 붙여서 만들 수 있는 직각삼각형을 찾습니다.

3단계 크고 작은 직각삼각형의 수를 구합니다.

4-1 호진이가 칠교 조각으로 만든 삼각형입니다. 찾을 수 있는 크고 작은 직각삼각형은 모두 몇 개인지 구해 보세요. (단, 아래의 칠교 조각을 이동시킬 수는 없습니다.)

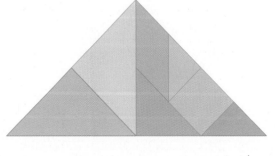

(   )

단원 평가 Level ❶

점수

확인

1 선분은 어느 것일까요? (   )

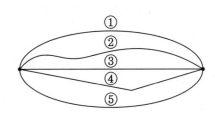

2 도형의 이름을 써 보세요.

(1) ㄱ ——————— ㄴ

(   )

(2) —— ㄷ   ㄹ ——

(   )

(3) —— ㅅ   ㅇ ——

(   )

3 각이 있는 도형은 모두 몇 개일까요?

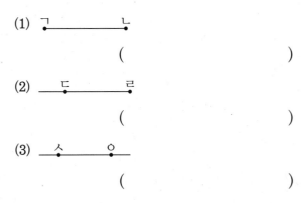

(   )

4 두 도형에는 각이 모두 몇 개 있을까요?

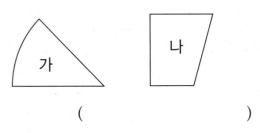

(   )

5 선분 ㄱㄴ이 직선 ㄱㄴ이 되도록 선을 그어 보세요.

6 오른쪽 도형에 대해 바르게 설명한 것을 모두 고르세요. (   )

① 각의 변은 3개입니다.

② 점 ㄴ을 각의 꼭짓점이라고 합니다.

③ 각 ㄴㄱㄷ이라고 읽습니다.

④ 각 ㄷㄴㄱ이라고 읽습니다.

⑤ 각의 꼭짓점은 2개입니다.

7 설명하는 도형의 이름을 써 보세요.

- 꼭짓점이 3개입니다.
- 세 변으로 이루어진 도형입니다.
- 직각이 있습니다.

(   )

8 점 ㄹ을 꼭짓점으로 하는 각을 그리고, 각의 이름을 써 보세요.

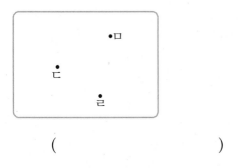

(   )

9 직사각형을 모두 찾아 기호를 써 보세요.

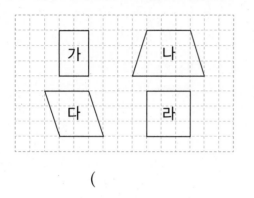

( )

10 도형에서 찾을 수 있는 직각은 모두 몇 개일까요?

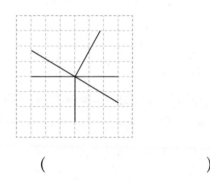

( )

11 도형에 대해 잘못 말한 사람은 누구일까요?

이서: 네 각이 모두 직각이니까 직사각형이야.
민수: 네 각이 모두 직각이니까 정사각형이야.

( )

12 주어진 사각형의 안쪽에 선분을 한 개만 그어 정사각형 1개를 만들어 보세요.

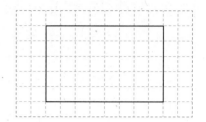

13 직사각형의 네 변의 길이의 합은 몇 cm일까요?

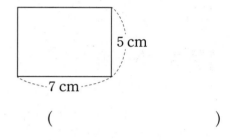

( )

14 4개의 점 중에서 2개의 점을 이어 그을 수 있는 반직선은 직선보다 몇 개 더 많을까요?

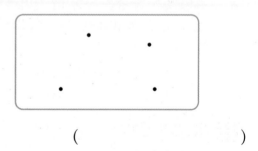

( )

15 도형에서 찾을 수 있는 크고 작은 각은 모두 몇 개일까요?

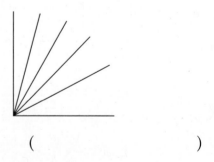

( )

16 철사를 겹치지 않게 사용하여 다음과 같은 정사각형을 만들었더니 7 cm가 남았습니다. 처음 철사의 길이는 몇 cm일까요?

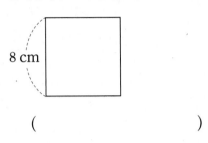

8 cm

( )

17 도형에서 찾을 수 있는 크고 작은 정사각형은 모두 몇 개일까요?

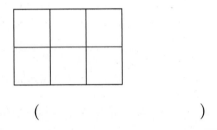

( )

18 한 변의 길이가 4 cm인 정사각형 2개로 그림과 같은 직사각형을 만들었습니다. 이 직사각형의 네 변의 길이의 합은 몇 cm일까요?

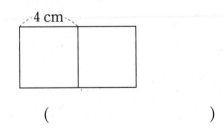

4 cm

( )

19 다음 도형이 직사각형이 아닌 까닭을 써 보세요.

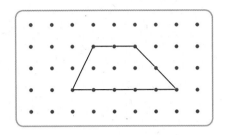

까닭 _____

_____

_____

20 직사각형의 네 변의 길이의 합이 30 cm일 때 ☐ 안에 알맞은 수는 얼마인지 풀이 과정을 쓰고 답을 구해 보세요.

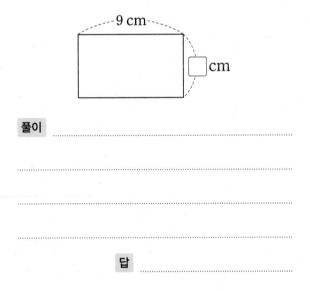

9 cm

☐ cm

풀이 _____

_____

_____

답 _____

단원 평가 Level ❷

1 도형에서 찾을 수 있는 선분은 모두 몇 개일까요?

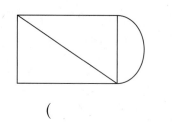

( )

2 두 점을 지나는 반직선은 몇 개 그을 수 있을까요?

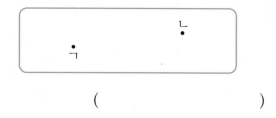

( )

3 도형에서 각은 모두 몇 개 있을까요?

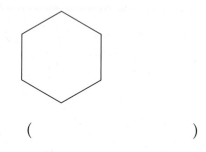

( )

4 도형에 대한 설명으로 잘못 말한 사람은 누구일까요?

은희: 양쪽 끝이 정해져 있지 않은 직선이야.
유미: 직선 ㄱㄴ과 직선 ㄴㄱ은 달라.
선우: 두 점을 지나는 직선은 한 개뿐이야.

( )

5 각이 많은 도형부터 차례로 기호를 써 보세요.

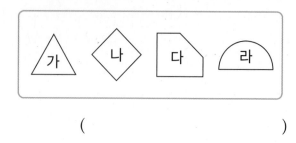

( )

6 직각이 있는 도형을 모두 찾아 기호를 써 보세요.

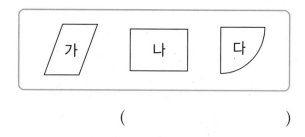

( )

7 오른쪽 도형이 직사각형이 아닌 까닭으로 알맞은 것은 어느 것일까요? ( )

① 각이 4개입니다.
② 네 변의 길이가 모두 다릅니다.
③ 꼭짓점이 4개입니다.
④ 네 각이 모두 직각이 아닙니다.
⑤ 마주 보는 변의 길이가 같습니다.

8 점 종이에 그려진 삼각형의 한 꼭짓점을 옮겨서 직각삼각형이 되도록 그려 보세요.

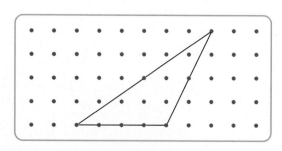

9 다음 삼각형에 대한 설명으로 옳지 않은 것은 어느 것일까요? (   )

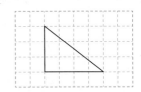

① 변이 3개입니다.
② 직각삼각형입니다.
③ 직각이 1개입니다.
④ 꼭짓점이 3개입니다.
⑤ 직각이 2개입니다.

10 주어진 선분을 한 변으로 하는 정사각형을 그려 보세요.

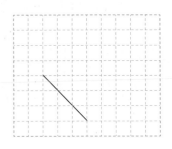

11 4개의 점 중에서 2개의 점을 이어 그을 수 있는 선분은 모두 몇 개일까요?

(   )

12 도형에서 찾을 수 있는 직각은 모두 몇 개일까요?

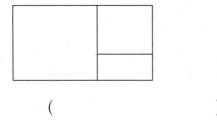

(   )

13 오른쪽 도형의 이름으로 옳은 것을 모두 고르세요.

(   )

① 직사각형   ② 사각형
③ 정사각형   ④ 삼각형
⑤ 직각삼각형

14 직사각형과 정사각형의 공통점이 아닌 것을 찾아 기호를 써 보세요.

┌─────────────────────────────┐
│ ㉠ 각이 4개, 변이 4개, 꼭짓점이 4개입니다. │
│ ㉡ 마주 보는 두 변의 길이가 같습니다.   │
│ ㉢ 네 변의 길이가 모두 같습니다.   │
│ ㉣ 네 각이 모두 직각입니다.   │
└─────────────────────────────┘

(   )

15 도형에서 찾을 수 있는 크고 작은 직각삼각형은 모두 몇 개일까요?

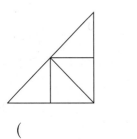

(   )

16 정사각형의 네 변의 길이의 합이 44 cm일 때 □ 안에 알맞은 수를 써넣으세요.

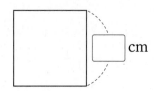

17 직사각형 모양의 종이를 잘라서 가장 큰 정사각형을 만들려고 합니다. 만든 정사각형의 네 변의 길이의 합은 몇 cm일까요?

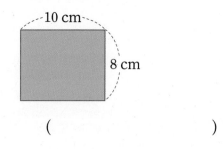

(   )

18 도형에서 찾을 수 있는 크고 작은 직사각형은 모두 몇 개일까요?

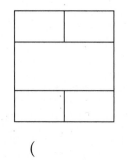

(   )

19 다음 도형이 각이 아닌 까닭을 써 보세요.

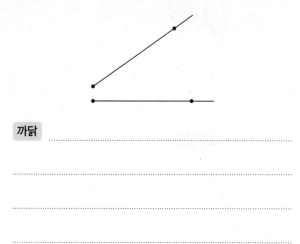

까닭 _____

_____

_____

_____

20 한 변의 길이가 9 cm인 정사각형을 만든 철사를 다시 펴서 겹치지 않게 모두 사용하여 오른쪽 직사각형을 만들었습니다. □ 안에 알맞은 수는 얼마인지 풀이 과정을 쓰고 답을 구해 보세요.

풀이 _____

_____

_____

_____

답 _____

사고력이 반짝

풍선 터트리기

● 화살로 풍선을 터트리려고 합니다. 화살촉 방향으로 직선을 그어 풍선을 터트릴 때 터지지 않고 남는 풍선에 ◯표 하세요.

3

나눗셈

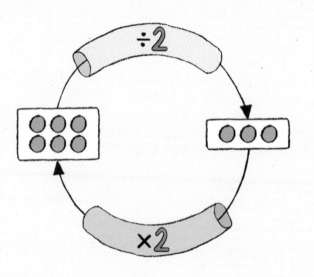

나눗셈은 결국 뺄셈을 간단히 한 거야!

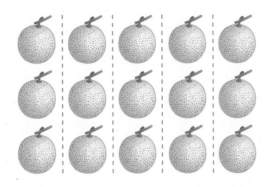

15개를 5군데로 똑같이 나누면 3개씩 놓입니다.

$$15 \div 5 = 3$$

15개를 5개씩 덜어 내려면 3묶음으로 묶어야 합니다.

$$15 - 5 - 5 - 5 = 0 \rightarrow 15 \div 5 = 3$$

1 똑같이 나누기(1)

● 달걀 **8개**를 접시 **2개**에 똑같이 나누어 담기

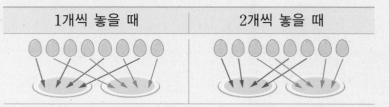

1개씩 놓을 때	2개씩 놓을 때

달걀 8개를 접시 2개에 똑같이 나누면 접시 한 개에 4개씩 담을 수 있습니다.

➡ **나눗셈식** $8 \div 2 = 4$ **읽기** 8 나누기 2는 4와 같습니다.

$$8 \div 2 = 4$$
나누어지는 수 나누는 수 몫

🔍 **실전 개념**

● **나눗셈식에서 각각의 수의 의미**

$$8 \div 2 = 4$$
전체 ┘ │ └ 한 접시의
달걀의 수 접시의 수 달걀 수

곱하면 ×로, 나누면 ÷로 나타내는 거야.

---

1 사과 12개를 접시 4개에 똑같이 나누어 담으려고 합니다. 접시 한 개에 몇 개씩 담을 수 있는지 접시 위에 ○를 그려 보세요.

▶ **막대로 나눗셈 해결하기**

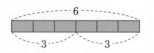

6칸을 2묶음으로 똑같이 나누면 한 묶음은 3칸입니다.

➡ $6 \div 2 = 3$

---

2 초콜릿 16개를 8명에게 똑같이 나누어 주려고 합니다. 한 명에게 몇 개씩 나누어 줄 수 있을까요?

나눗셈식 .... 답 ....

---

3 호두파이 28개를 상자 7개에 똑같이 나누어 담으려고 합니다. 상자 한 개에 몇 개씩 담을 수 있을까요?

나눗셈식 .... 답 ....

▶ 호두파이를 2개씩, 3개씩, 4개씩, ... 묶어 보고 7묶음이 될 때를 찾아봅니다.

2 똑같이 나누기(2)

● 야구공 **10개**를 한 명에게 **2개씩** 나누어 주기

빼셈식으로 알아보기	묶어서 알아보기
 2개씩 5번 덜어 내면 0이 되므로 5명에게 나누어 줄 수 있습니다. ➡ $10-2-2-2-2-2=0$ <u>5번</u> ➡ $10÷2=5$	 2개씩 묶으면 5묶음이 되므로 5명에게 나누어 줄 수 있습니다. ➡ $10÷2=5$

> **보충 개념**
> • 나눗셈에서 묶은 나누는 수를 뺀 횟수와 같습니다.
> $6÷2=3$ ← 몫
> ➡ $6-2-2-2=0$
> <u>3번</u>

> **확인!**
> 빼셈식 $15-5-5-5=0$을 나눗셈식으로 나타내면 $15÷\boxed{}=\boxed{}$입니다.

---

4 도넛 18개를 한 명에게 3개씩 나누어 주려고 합니다. 몇 명에게 나누어 줄 수 있는지 구해 보세요.

○○○○○○○○○○
○○○○○○○○○○

(   )

> ▶ **막대로 나눗셈 해결하기**
>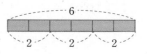
> 6칸을 2칸씩 나누면 3묶음입니다.
> ➡ $6÷2=3$

5 고등어 12마리를 한 봉지에 6마리씩 담으려고 합니다. 봉지는 몇 개 필요할까요?

나눗셈식 .... **답** ....

> ② **덧셈과 곱셈, 빼셈과 나눗셈은 어떤 관계가 있나요?**
>
> 여러 번 더하는 덧셈은 곱셈으로 여러 번 빼는 빼셈은 나눗셈으로 간단히 나타낼 수 있습니다.
> $2+2+2+2=8$
> ➡ $2×4=8$
> $8-2-2-2-2=0$
> ➡ $8÷2=4$

6 나눗셈식 $24÷6=4$를 빼셈식으로 바르게 나타낸 것에 ○표 하세요.

$24-4-4-4-4-4-4=0$	$24-6-6-6-6=0$
( )	( )

3 곱셈과 나눗셈의 관계

● 곱셈식을 나눗셈식으로, 나눗셈식을 곱셈식으로 나타내기

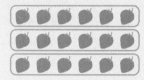

· 딸기를 6개씩 묶으면 3묶음입니다.
➡ $6 \times 3 = 18$
➡ $18 \div 6 = 3$

· 딸기를 3개씩 묶으면 6묶음입니다.
➡ $3 \times 6 = 18$
➡ $18 \div 3 = 6$

$6 \times 3 = 18$ 〈 $\begin{matrix} 18 \div 6 = 3 \\ 18 \div 3 = 6 \end{matrix}$ $18 \div 6 = 3$ 〈 $\begin{matrix} 6 \times 3 = 18 \\ 3 \times 6 = 18 \end{matrix}$

➕ 보충 개념

· 하나의 곱셈식을 2개의 나눗셈식으로 나타낼 수 있습니다.

$3 \times 5 = 15$ 〈 $\begin{matrix} 15 \div 3 = 5 \\ 15 \div 5 = 3 \end{matrix}$

· 하나의 나눗셈식을 2개의 곱셈식으로 나타낼 수 있습니다.

$15 \div 3 = 5$ 〈 $\begin{matrix} 3 \times 5 = 15 \\ 5 \times 3 = 15 \end{matrix}$

7 그림을 보고 물음에 답하세요.

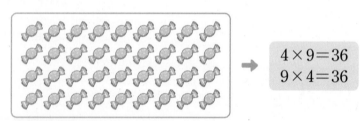

➡ $4 \times 9 = 36$
   $9 \times 4 = 36$

(1) 사탕 36개를 상자 4개에 똑같이 나누어 담으려고 합니다. 상자 한 개에 사탕을 몇 개씩 담아야 할까요?

$\boxed{} \div \boxed{} = \boxed{}$ (   )

(2) 사탕 36개를 상자 9개에 똑같이 나누어 담으려고 합니다. 상자 한 개에 사탕을 몇 개씩 담아야 할까요?

$\boxed{} \div \boxed{} = \boxed{}$ (   )

8 곱셈식을 나눗셈식으로, 나눗셈식을 곱셈식으로 나타내 보세요.

(1) $\boxed{4 \times 8 = 32}$ 〈 $\begin{matrix} 32 \div 4 = \boxed{} \\ 32 \div \boxed{} = \boxed{} \end{matrix}$

(2) $\boxed{56 \div 7 = 8}$ 〈 $\begin{matrix} 7 \times \boxed{} = \boxed{} \\ 8 \times \boxed{} = \boxed{} \end{matrix}$

▶ 세 수를 이용하여 곱셈식과 나눗셈식 만들기

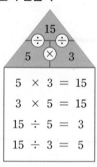

5	×	3	=	15
3	×	5	=	15
15	÷	5	=	3
15	÷	3	=	5

▶ ◆ × ★ = ▲ 〈 $\begin{matrix} ▲ \div ◆ = ★ \\ ▲ \div ★ = ◆ \end{matrix}$

♥ ÷ ● = ■ 〈 $\begin{matrix} ● × ■ = ♥ \\ ■ × ● = ♥ \end{matrix}$

● **나눗셈의 몫을 곱셈식으로 구하기**

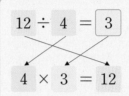

① 구슬 12개를 4명이 똑같이 나누어 가질 때 한 명이 가질 수 있는 구슬의 수를 구하는 나눗셈식은 12÷4입니다.

② 나눗셈 12÷4의 몫은

$4 × \square = 12$에서 $\square$의 값과 같습니다.

③ $4 × 3 = 12$이므로 12÷4의 몫은 3입니다.

➡ 한 명이 가질 수 있는 구슬은 3개입니다.

$$12 ÷ 4 = 3$$
$$4 × 3 = 12$$

➕ 보충 개념

· 곱셈식을 이용하여 나눗셈의 몫 구하기

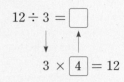

$$12 ÷ 3 = \square$$
$$3 × 4 = 12$$

➡ 12÷3의 몫은 4입니다.

➡ 12÷3 = 4

---

9 그림을 보고 나눗셈의 몫을 곱셈식을 이용하여 구해 보세요.

$$15 ÷ 3 = \square$$
$$3 × \square = 15$$

▶ 곱셈식에서 곱하는 수와 곱해지는 수를 찾아 나눗셈의 몫을 구할 수 있습니다.

---

10 지우개가 24개 있습니다. 4명에게 똑같이 나누어 주면 한 명에게 몇 개씩 나누어 줄 수 있는지 구해 보세요.

나눗셈식 $24 ÷ 4 = \square$

곱셈식 $4 × \square = 24$

답 _____

❓ 0÷10, 10÷0의 몫도 구할 수 있나요?

· 0÷10은 10과 곱해서 0이 되는 수를 찾으면 $10 × 0 = 0$이므로 몫은 0입니다.

· 10÷0은 0과 곱해서 10이 되는 수는 없으므로 몫을 구할 수 없습니다.

➡ 어떤 수를 0으로 나눌 수 없습니다.

---

11 나눗셈의 몫을 곱셈식을 이용하여 구해 보세요.

(1) $40 ÷ 8 = \square$

$8 × \square = 40$

(2) $63 ÷ 9 = \square$

$9 × \square = 63$

5 나눗셈의 몫을 곱셈구구로 구하기

정답과 풀이 **17**쪽

● **곱셈표를 이용하여 24÷6의 몫 구하기**

① 나누는 수가 6이므로 6단 곱셈구구를 이용합니다.

② 나누어지는 수가 24이므로 6단 곱셈구구에서 곱이 24인 곱셈식을 찾습니다.
  ➡ $6 \times 4 = 24$

③ 곱하는 수는 4이므로 24÷6의 몫은 4입니다.

×	3	4	5	6
3	9	12	15	18
4	12	16	20	24
5	15	20	25	30
6	18	24	30	36

🔧 **실전 개념**

• **몫이 나타내는 것 알기**

공이 12개 있습니다.
① 한 명에게 4개씩 주면?
  ➡ 몫은 공을 받는 사람 수
② 4명에게 똑같이 나누어 주면?
  ➡ 몫은 한 명이 받는 공의 수

확인!

20÷4의 몫은 ☐단 곱셈구구를 이용하여 구합니다.

☐×☐=20이므로 20÷4=☐입니다.

[12~13] 곱셈표를 이용하여 나눗셈의 몫을 구하려고 합니다. 물음에 답하세요.

×	1	2	3	4	5	6	7	8	9
1	1	2	3	4	5	6	7	8	9
2	2	4	6	8	10	12	14	16	18
3	3	6	9	12	15	18	21	24	27
4	4	8	12	16	20	24	28	32	36
5	5	10	15	20	25	30	35	40	45
6	6	12	18	24	30	36	42	48	54
7	7	14	21	28	35	42	49	56	63
8	8	16	24	32	40	48	56	64	72
9	9	18	27	36	45	54	63	72	81

▶ **곱셈표를 이용하여 나눗셈의 몫 구하기**

15÷3

×	1	2	3	4	5	6
1	1	2	3	4	5	6
2	2	4	6	8	10	12
3	3	6	9	12	15	18
4	4	8	12	16	20	24
5	5	10	15	20	25	30
6	6	12	18	24	30	36

➡ 곱셈표에서 가로 3이나 세로 3 중 한 곳을 선택해서 15를 찾습니다.

➡ $15 \div 3 = 5$

12 옥수수 35개를 바구니 5개에 똑같이 나누어 담으려고 합니다. 바구니 한 개에 옥수수를 몇 개씩 담을 수 있을까요?

나눗셈식 _____ 답 _____

13 색연필이 42자루를 한 명에게 7자루씩 나누어 주면 몇 명에게 나누어 줄 수 있을까요?

나눗셈식 _____ 답 _____

기본에서 응용으로

1 똑같이 나누기(1)

개념+문제 풀이

예 귤 6개를 접시 3개에 똑같이 나누어 담기

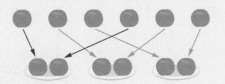

나눗셈식 $6 \div 3 = 2$ → 몫

읽기 6 나누기 3은 2와 같습니다.

1 만두 10개를 희수와 동생이 똑같이 나누어 먹으려고 합니다. 물음에 답하세요.

(1) 희수와 동생이 만두를 나누는 방법을 그림으로 그려 보세요.

희수	동생

(2) ☐ 안에 알맞은 수를 써넣으세요.

$10 \div 2 = $ ☐ 이므로 ☐ 개씩 먹으면 됩니다.

2 나눗셈식을 읽어 보세요.

$$21 \div 7 = 3$$

읽기

3 금붕어 12마리를 어항 3개에 똑같이 넣으려고 합니다. 어항 한 개에 몇 마리씩 넣어야 할까요?

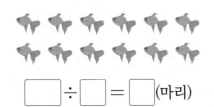

☐ $\div$ ☐ $=$ ☐ (마리)

4 연필 20자루를 필통 4개에 똑같이 나누어 담으면 필통 한 개에 몇 자루씩 담을 수 있을까요?

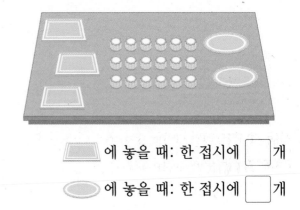

나눗셈식

답

5 공깃돌을 모양이 같은 접시에 똑같이 나누어 놓으려고 합니다. 접시의 모양에 따라 공깃돌을 몇 개씩 놓을 수 있는지 구해 보세요.

▭ 에 놓을 때: 한 접시에 ☐ 개

⬭ 에 놓을 때: 한 접시에 ☐ 개

서술형
6 사과 16개를 바구니 2개에 똑같이 나누어 담고, 한 바구니에 담은 사과를 접시 4개에 똑같이 나누어 담았습니다. 접시 한 개에 사과를 몇 개씩 담았는지 풀이 과정을 쓰고 답을 구해 보세요.

풀이

답

2 똑같이 나누기(2)

예 사탕 8개를 2개씩 나누기

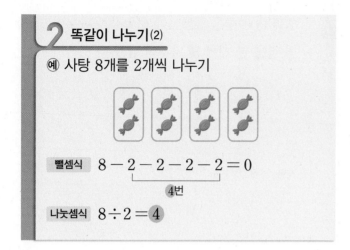

뺄셈식 $8 - 2 - 2 - 2 - 2 = 0$

4번

나눗셈식 $8 \div 2 = 4$

---

7 ☐ 안에 알맞은 수를 써넣으세요.

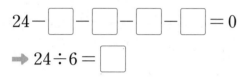

$24 - \square - \square - \square - \square = 0$

➡ $24 \div 6 = \square$

---

8 $12 \div 3$의 몫을 **뺄셈식**을 이용하여 구해 보세요.

뺄셈식 ......

답 ......

---

9 귤 20개를 한 봉지에 4개씩 담으려고 합니다. 물음에 답하세요.

(1) 20에서 4를 몇 번 빼면 0이 될까요?

( )

(2) 나눗셈식으로 나타내 보세요.

나눗셈식 ......

---

10 붙임딱지 32장을 한 명에게 4장씩 나누어 주려고 합니다. 몇 명에게 나누어 줄 수 있을까요?

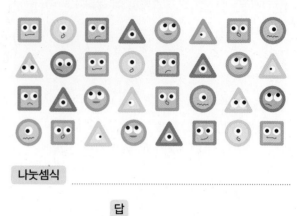

나눗셈식 ......

답 ......

---

11 축구공 30개를 한 상자에 5개씩 담으려고 합니다. 몇 상자가 필요한지 두 가지 방법으로 구해 보세요.

뺄셈식 ......

나눗셈식 ......

( )

---

12 연화는 54쪽짜리 동화책을 하루에 6쪽씩 읽으려고 합니다. 이 동화책을 다 읽는 데 며칠이 걸릴까요?

나눗셈식 ......

답 ......

3 곱셈과 나눗셈의 관계

• 곱셈식으로 나눗셈식 만들기

$$6 \times 2 = 12 \begin{cases} 12 \div 6 = 2 \\ 12 \div 2 = 6 \end{cases}$$

• 나눗셈식으로 곱셈식 만들기

$$12 \div 6 \begin{cases} 6 \times 2 = 12 \\ 2 \times 6 = 12 \end{cases}$$

13 그림을 보고 □ 안에 알맞은 수를 써넣으세요.

(1) 도넛 28개를 7명에게 똑같이 나누어 주면 한 명에게 □개씩 나누어 줄 수 있습니다.

$$28 \div 7 = \boxed{}$$

(2) 도넛 28개를 한 명에게 □개씩 나누어 주면 7명에게 나누어 줄 수 있습니다.

$$28 \div \boxed{} = 7$$

14 곱셈식을 보고 □ 안에 알맞은 수를 써넣으세요.

(1) $8 \times 6 = 48$ ➡ $48 \div 8 = \boxed{}$

(2) $4 \times 9 = 36$ ➡ $36 \div \boxed{} = 4$

15 그림을 보고 곱셈식과 나눗셈식을 각각 2개씩 만들어 보세요.

곱셈식 _____ ,

나눗셈식 _____ ,

16 곱셈식과 나눗셈식에 알맞은 문장을 나타낸 것입니다. □ 안에 알맞은 수를 써넣으세요.

(1) $4 \times 6 = 24$

상자에 찹쌀떡이 4개씩 □줄로 모두 □개 들어 있습니다.

(2) $24 \div 6 = 4$

찹쌀떡 24개를 6줄로 똑같이 나누어 담으려면 한 줄에 □개씩 놓아야 합니다.

17 꽃병 7개에 장미가 3송이씩 꽂혀 있습니다. 이 장미를 꽃병 3개에 똑같이 나누어 꽂는다면 꽃병 한 개에 몇 송이씩 꽂아야 할까요?

$$7 \times 3 = \boxed{} \ ➡ \ \boxed{} \div 3 = \boxed{}$$

( )

3

18 ☐ 안에 알맞은 수를 써넣으세요.

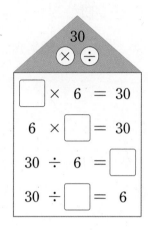

30
× ÷

☐ × 6 = 30

6 × ☐ = 30

30 ÷ 6 = ☐

30 ÷ ☐ = 6

19 수 카드를 한 번씩 사용하여 곱셈식과 나눗셈식을 각각 2개씩 만들어 보세요.

42 6 7

곱셈식 _____ , _____

나눗셈식 _____ , _____

4 나눗셈의 몫을 곱셈식으로 구하기

18 ÷ 6 = ③ ➡ 6 × ③ = 18

72 ÷ 9 = ⑧ ➡ 9 × ⑧ = 72

20 그림을 보고 나눗셈의 몫을 곱셈식으로 구해 보세요.

나눗셈식 20 ÷ 5 = ☐

곱셈식 5 × ☐ = ☐

몫 _____

21 곱셈식을 이용하여 56÷7의 몫을 구하는 방법을 설명한 것입니다. ☐ 안에 알맞은 수를 써넣으세요.

지아: 7과 곱해서 ☐이/가 되는 수를 찾으면 되겠어.

수현: 맞아. 곱셈식으로 나타내면

7 × ☐ = ☐ (이)니까 56÷7의

몫은 ☐ (이)야.

22 24÷3의 몫을 구할 때 필요한 곱셈식을 찾아 ○표 하세요.

4×6=24   3×9=27   3×8=24

(   )   (   )   (   )

23 ☐ 안에 알맞은 수를 써넣으세요.

(1) 54÷6 = ☐ ⬅ 6 × ☐ = 54

(2) 64÷8 = ☐ ⬅ ☐ × 8 = 64

24 사탕 32개를 친구들에게 4개씩 나누어 주려고 합니다. 몇 명에게 사탕을 나누어 줄 수 있는지 곱셈식을 이용하여 풀이 과정을 쓰고 답을 구해 보세요.

풀이 _____

_____

답 _____

25 지원이는 귤 5묶음을 샀습니다. 지원이가 산 귤이 모두 40개일 때 한 묶음에 몇 개씩 들어 있는지 나눗셈식으로 나타내고 몫을 곱셈식으로 구해 보세요.

$$40 \div \boxed{} = \boxed{} \leftarrow \boxed{} \times \boxed{} = 40$$

(   )

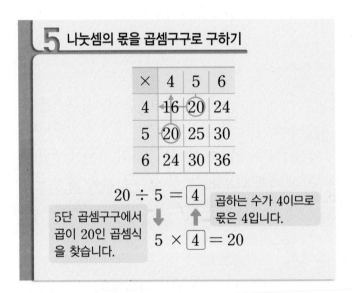

5 나눗셈의 몫을 곱셈구구로 구하기

×	4	5	6
4	16	20	24
5	20	25	30
6	24	30	36

$$20 \div 5 = \boxed{4}$$

5단 곱셈구구에서 곱이 20인 곱셈식을 찾습니다.

곱하는 수가 4이므로 몫은 4입니다.

$$5 \times \boxed{4} = 20$$

26 곱셈표를 이용하여 나눗셈의 몫을 구해 보세요.

×	1	2	3	4	5	6	7	8	9
1	1	2	3	4	5	6	7	8	9
2	2	4	6	8	10	12	14	16	18
3	3	6	9	12	15	18	21	24	27
4	4	8	12	16	20	24	28	32	36
5	5	10	15	20	25	30	35	40	45
6	6	12	18	24	30	36	42	48	54
7	7	14	21	28	35	42	49	56	63
8	8	16	24	32	40	48	56	64	72
9	9	18	27	36	45	54	63	72	81

(1) $35 \div 5 = \boxed{}$ (2) $63 \div 7 = \boxed{}$

27 나눗셈의 몫의 크기를 비교하여 ○ 안에 >, =, < 중 알맞은 것을 써넣으세요.

$$16 \div 4 \bigcirc 32 \div 8$$

28 젤리 30개를 한 봉지에 5개씩 나누어 담으면 봉지는 몇 개 필요한지 곱셈표를 이용하여 구해 보세요.

×	1	2	3	4	5	6
1	1	2	3	4	5	6
2	2	4	6	8	10	12
3	3	6	9	12	15	18
4	4	8	12	16	20	24
5	5	10	15	20	25	30
6	6	12	18	24	30	36

나눗셈식 ....

답 ....

29 몫이 다른 하나를 찾아 ○표 하세요.

$63 \div 9$	$56 \div 7$	$40 \div 5$

(   )   (   )   (   )

30 나눗셈표를 만든 것입니다. 빈칸에 알맞은 수를 써넣으세요.

●	6	12	18	24
● ÷ 1		12		
● ÷ 3	2	4		8
● ÷ 6	1			

3

31 ☐ 안에 2부터 9까지의 수 중 같은 수를 써넣어 계산하려고 합니다. 두 수를 모두 나눌 수 있는 수를 모두 구해 보세요.

(1)
$$12 \div \boxed{} \qquad 15 \div \boxed{}$$

( )

(2)
$$8 \div \boxed{} \qquad 16 \div \boxed{}$$

( )

6 나눗셈의 활용

예 구슬 54개를 한 주머니에 9개씩 나누어 담을 때 필요한 주머니 수
→ (주머니 수)
 = (전체 구슬 수) ÷ (한 주머니에 담는 구슬 수)
 = 54 ÷ 9 = 6(개)

창의+

32 문제를 풀고 물음에 답하세요.

용기 내 주세요!
용기를 가지고 오시면 쿠키를
3개씩 담아 드립니다.

(1) 용기를 가지고 온 사람에게 쿠키 27개를 3개씩 나누어 주려고 합니다. 몇 명에게 나누어 줄 수 있을까요?

나눗셈식 _____

답 _____

(2) 35 ÷ 7을 이용하여 풀 수 있는 문제를 만들고 답을 구해 보세요.

문제 _____

답 _____

33 진영이의 엄마는 매일 건강주스를 만들어 주십니다. 블루베리 72개로 만들 수 있는 건강주스는 몇 잔인지 구해 보세요.

건강주스를 한 잔 만드는 데 필요한 재료

| 토마토 | 블루베리 | 꿀 | 요구르트 |
| 1개 | 9개 | 2스푼 | 1병 |

( )

서술형
34 지우개가 한 상자에 8개씩 3상자 있습니다. 이 지우개를 한 명에게 4개씩 나누어 주면 몇 명에게 나누어 줄 수 있는지 풀이 과정을 쓰고 답을 구해 보세요.

풀이 _____

_____

_____

답 _____

35 수 카드 6, 2, 4 를 한 번씩만 사용하여 몫이 가장 작은 나눗셈식을 만들고 몫을 구해 보세요.

$$\boxed{}\boxed{} \div \boxed{}$$

( )

7 나눗셈식에서 □ 안의 수 구하기

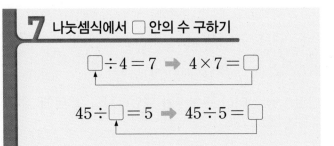

$$\square \div 4 = 7 \Rightarrow 4 \times 7 = \square$$

$$45 \div \square = 5 \Rightarrow 45 \div 5 = \square$$

36 □ 안에 알맞은 수를 써넣으세요.

$$42 \div \square = 6$$

37 빈칸에 알맞은 수를 써넣으세요.

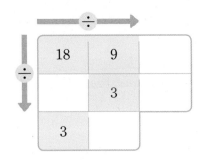

38 □ 안에 알맞은 수를 써넣으세요.

$$36 \div 4 = \square \div 3$$

39 □ 안에 알맞은 수가 가장 작은 것을 찾아 기호를 써 보세요.

㉠ $14 \div \square = 7$	㉡ $\square \div 2 = 9$
㉢ $36 \div 6 = \square$	㉣ $21 \div \square = 7$

( )

40 어떤 수를 □라고 하여 나눗셈식으로 나타내고, 어떤 수를 구해 보세요.

(1) 28을 어떤 수로 나누면 7과 같습니다.

_____ , _____

(2) 어떤 수를 5로 나누면 3과 같습니다.

_____ , _____

41 준호네 반 학생들을 몇 개의 모둠으로 똑같이 나누었더니 한 모둠에 4명이 되었습니다. 학생이 모두 28명이라면 모둠은 모두 몇 개인지 □를 사용하여 나눗셈식을 쓰고 답을 구해 보세요.

나눗셈식 _____

답 _____

42 달걀 30개를 매일 똑같이 몇 개씩 먹으면 6일이 걸립니다. 하루에 먹은 달걀은 몇 개인지 □를 사용하여 나눗셈식을 쓰고 답을 구해 보세요.

나눗셈식 _____

답 _____

43 (두 자리 수)÷(한 자리 수)의 나눗셈에서 몫이 될 수 있는 가장 큰 수는 얼마일까요?

$$1\square \div 3$$

( )

심화유형 1 어떤 수 구하고 바르게 계산하기

어떤 수를 3으로 나누어야 할 것을 잘못하여 2로 나누었더니 몫이 9가 되었습니다. 바르게 계산하면 몫은 얼마일까요?

( )

● 핵심 NOTE
- 어떤 수를 □로 놓고 잘못 계산한 식을 세웁니다.
- 잘못 계산한 식을 이용하여 □의 값을 구합니다.
- □의 값을 이용하여 바르게 계산한 몫을 구합니다.

1-1 어떤 수를 4로 나누어야 할 것을 잘못하여 2로 나누었더니 몫이 8이 되었습니다. 바르게 계산하면 몫은 얼마일까요?

( )

1-2 어떤 수를 5로 나눈 몫을 다시 2로 나누었더니 몫이 4가 되었습니다. 어떤 수를 구해 보세요.

( )

심화유형 2 수 카드로 나누어지는 수 만들기

수 카드 1 , 4 , 6 중에서 2장을 골라 한 번씩만 사용하여 만들 수 있는 두 자리 수 중에서 8로 나누어지는 수를 모두 써 보세요.

( )

● 핵심 NOTE
• ▲로 나누어지는 수는 ▲단 곱셈구구의 곱입니다.
• 만들 수 있는 두 자리 수를 모두 만들고 ▲단 곱셈구구의 곱을 구합니다.

2-1 수 카드 3 , 6 , 8 중에서 2장을 골라 한 번씩만 사용하여 만들 수 있는 두 자리 수 중에서 9로 나누어지는 수를 모두 써 보세요.

( )

2-2 수 카드 0 , 1 , 2 , 3 중에서 2장을 골라 한 번씩만 사용하여 만들 수 있는 두 자리 수 중에서 4로 나누어지는 수는 모두 몇 개일까요?

( )

3

3 똑같은 간격으로 나누기

심화유형

길이가 45 m인 도로의 한쪽에 처음부터 끝까지 9 m 간격으로 나무를 심으려고 합니다. 나무는 모두 몇 그루 필요한지 구해 보세요. (단, 나무의 두께는 생각하지 않습니다.)

(   )

● **핵심 NOTE**

• 그림을 그려 생각해 보면 필요한 나무 수는 전체 길이를 간격으로 나눈 다음 1을 더한 것과 같습니다.

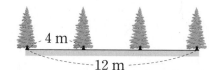

(간격 수)＝(전체 길이)÷(간격)＝12÷4＝3(군데)

➡ (필요한 나무 수)＝(간격 수)＋1＝3＋1＝4(그루)

3-1 길이가 64 m인 도로의 양쪽에 처음부터 끝까지 8 m 간격으로 가로등을 세우려고 합니다. 가로등은 모두 몇 개 필요한지 구해 보세요. (단, 가로등의 두께는 생각하지 않습니다.)

(   )

3-2 길이가 35 m인 다리의 한쪽에 처음부터 끝까지 일정한 간격으로 깃발을 8개 꽂았습니다. 깃발 사이의 간격은 몇 m인지 구해 보세요. (단, 깃발의 두께는 생각하지 않습니다.)

(   )

물건의 수를 나타내는 단위를 이용하여 나눗셈하기

통합 교과유형 4
수학 ✚ 사회

우리가 현재 사용하고 있는 cm, m 등은 물건의 길이를 재는 데 쓰이는 표준 단위입니다. 물건의 길이를 나타내는 단위 외에 물건의 수를 나타내는 단위도 있습니다. 연필 1타는 12자루를 말하는데 이때 '타'라는 단위가 사용됩니다. 다음은 예로부터 우리나라에서 물건의 수를 나타내는 단위입니다. 오징어 1축과 북어 2쾌를 사서 보관 용기 5개에 각각 똑같이 나누어 담는다면 보관 용기 한 개에 오징어와 북어는 각각 몇 마리씩 담을 수 있을까요?

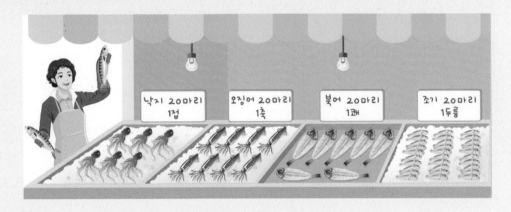

1단계 오징어 1축과 북어 2쾌가 각각 몇 마리인지 구하기

_____

_____

2단계 오징어와 북어를 각각 몇 마리씩 담을 수 있는지 구하기

_____

오징어 (   ), 북어 (   )

● **핵심 NOTE**   **1단계** 오징어 1축과 북어 2쾌가 각각 몇 마리인지 알아봅니다.
                    2단계 오징어와 북어의 수를 각각 5로 나눕니다.

4-1 바늘을 세는 단위로는 '쌈'이 있습니다. 바늘 1쌈은 24개를 말합니다. 바늘 2쌈을 보관함 6개에 똑같이 나누어 담는다면 보관함 한 개에 바늘을 몇 개씩 담아야 할까요?

(   )

단원 평가 Level ❶

1 연필 18자루를 연필꽂이 3개에 똑같이 나누어 꽂으려고 합니다. 연필꽂이 한 개에 연필을 몇 자루씩 꽂아야 할까요?

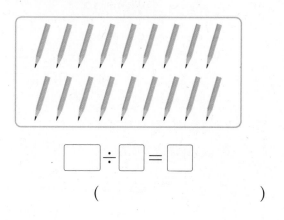

$$\boxed{} \div \boxed{} = \boxed{}$$

(   )

2 뺄셈식을 나눗셈식으로 바르게 나타낸 것에 ○표 하세요.

$$21 - 7 - 7 - 7 = 0$$

$21 \div 3 = 7$	$21 \div 7 = 3$
( )	( )

3 그림을 보고 □ 안에 알맞은 수를 써넣으세요.

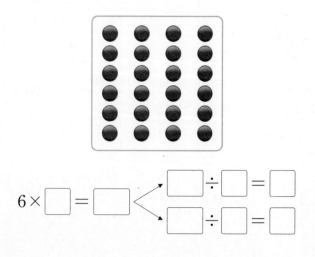

$$6 \times \boxed{} = \boxed{} \begin{cases} \boxed{} \div \boxed{} = \boxed{} \\ \boxed{} \div \boxed{} = \boxed{} \end{cases}$$

4 다음을 만족시키는 ●의 값을 구해 보세요.

$$40 - ● - ● - ● - ● - ● = 0$$

(   )

5 □ 안에 알맞은 수를 써넣으세요.

(1) $20 \div 4 = \boxed{} \leftarrow \boxed{} \times 4 = 20$

(2) $63 \div 7 = \boxed{} \leftarrow 7 \times \boxed{} = 63$

6 나눗셈의 몫을 구한 다음 나눗셈식을 곱셈식 2개로 나타내 보세요.

나눗셈식 $21 \div 3 = \boxed{}$

곱셈식   _____ , _____

7 □ 안에 알맞은 수를 써넣으세요.

35 cm

$\boxed{}$ cm

8 공깃돌 48개를 주머니 8개에 똑같이 나누어 담으려고 합니다. 주머니 한 개에 공깃돌을 몇 개씩 담을 수 있을까요?

나눗셈식 _____

답 _____

9 나눗셈의 몫의 크기를 비교하여 ○ 안에 >, =, < 중 알맞은 것을 써넣으세요.

(1) $16 \div 2$ ◯ $36 \div 6$

(2) $56 \div 7$ ◯ $40 \div 5$

10 몫이 작은 것부터 차례로 기호를 써 보세요.

㉠ $48 \div 6$ ㉡ $12 \div 6$ ㉢ $30 \div 5$

(_____)

11 나눗셈식의 ㉠, ㉡에 알맞은 수를 구하려고 합니다. ☐ 안에 알맞은 수를 써넣으세요.

(1) $㉠ \div 4 = 7$

➡ ☐ × ☐ = ㉠, ㉠ = ☐

(2) $54 \div ㉡ = 6$

➡ ☐ ÷ ☐ = ㉡, ㉡ = ☐

12 어떤 수를 ☐라고 하여 나눗셈식으로 나타내고, 어떤 수 ☐를 구해 보세요.

49를 어떤 수로 나누면 7과 같습니다.

나눗셈식 _____

답 _____

13 막대 사탕을 사서 7명이 남김없이 똑같이 나누어 먹으려고 합니다. 막대 사탕을 몇 개 사야 할지 찾아 기호를 써 보세요.

㉠ 12개   ㉡ 24개
㉢ 21개   ㉣ 16개

(_____)

14 ☐ 안에 알맞은 수를 써넣으세요.

$81 \div 9 = 54 \div$ ☐

15 나눗셈식의 몫을 가장 크게 만들려고 합니다. ☐ 안에 알맞은 수에 ○표 하세요.

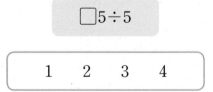

☐$5 \div 5$

1   2   3   4

16 방울토마토가 50개 있습니다. 지현이가 5개를 먹고 남은 방울토마토를 한 접시에 9개씩 담으려고 합니다. 접시는 몇 개 필요할까요?

( )

17 같은 모양은 같은 수를 나타냅니다. ●에 알맞은 수를 구해 보세요.

$$54 \div ♥ = 6$$
$$♥ \div 3 = ●$$

( )

18 길이가 49 m인 도로의 양쪽에 처음부터 끝까지 7 m 간격으로 가로등을 설치하였습니다. 설치한 가로등은 모두 몇 개일까요? (단, 가로등의 두께는 생각하지 않습니다.)

( )

19 어떤 수를 8로 나누어야 할 것을 잘못하여 6으로 나누었더니 몫이 4가 되었습니다. 바르게 계산하면 몫은 얼마인지 풀이 과정을 쓰고 답을 구해 보세요.

풀이

답

20 영모네 과수원에서 오전에 딴 사과 32개와 오후에 딴 사과 24개를 봉지에 똑같이 나누어 담아서 모두 포장하였더니 7봉지였습니다. 한 봉지에 몇 개씩 담았는지 풀이 과정을 쓰고 답을 구해 보세요.

풀이

답

단원 평가 Level ❷

1 그림을 보고 □ 안에 알맞은 수를 써넣으세요.

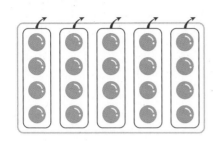

$20-\boxed{}-\boxed{}-\boxed{}-\boxed{}-\boxed{}=\boxed{}$

➡ $20 \div 4 = \boxed{}$

2 나눗셈식으로 나타내 보세요.

> 15 나누기 3은 5와 같습니다.

나눗셈식 _____

3 나눗셈식 $36 \div 9 = 4$를 문장으로 나타낸 것입니다. □ 안에 알맞은 수를 써넣으세요.

> 사과 □ 개를 한 봉지에 □ 개씩 담으면 □ 봉지가 됩니다.

4 나눗셈식을 곱셈식 2개로 나타내 보세요.

$42 \div 6 = 7$ ⟨ □
□

5 $18 \div 2$의 몫을 구하는 곱셈식으로 알맞은 것을 찾아 기호를 써 보세요.

> ㉠ 3×6 ㉡ 2×8
>
> ㉢ 2×9 ㉣ 9×3

(   )

6 몫이 같은 나눗셈식을 찾아 모두 ○표 하세요.

| $24 \div 8$ | $36 \div 6$ | $15 \div 5$ |

(   )   (   )   (   )

7 채소 가게에서 배추 27포기를 3포기씩 묶어서 팔려고 합니다. 배추 몇 묶음을 팔 수 있을까요?

나눗셈식 _____

답 _____

8 길이가 24 cm인 철사를 이용하여 가장 큰 정사각형을 만들었습니다. 만든 정사각형의 한 변의 길이는 몇 cm일까요?

(   )

3

9 ☐ 안에 알맞은 수를 써넣으세요.

$$\boxed{} \div 8 = 5$$

10 수 카드 5장 중에서 3장을 골라 한 번씩만 사용하여 곱셈식과 나눗셈식을 각각 2개씩 만들어 보세요.

| 5 | 4 | 35 | 7 | 32 |

곱셈식 .... ,

나눗셈식 .... ,

11 1부터 9까지의 수 중에서 ☐ 안에 공통으로 들어갈 수를 구해 보세요.

$$\boxed{4\square \div \square = 6}$$

(   )

12 나눗셈의 몫이 가장 큰 것을 찾아 기호를 써보세요.

| ㉠ 63÷9 | ㉡ 30÷6 |
| ㉢ 42÷7 | ㉣ 24÷3 |

(   )

13 빈칸에 알맞은 수를 써넣으세요.

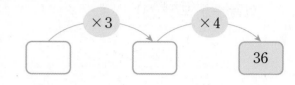

14 같은 모양은 같은 수를 나타냅니다. ◆와 ●에 알맞은 수를 각각 구해 보세요.

$$20 - ◆ - ◆ - ◆ - ◆ = 0$$
$$● \div 6 = ◆$$

◆ (   ), ● (   )

15 토끼 20마리를 우리에 똑같이 나누어 키우려고 합니다. 은서와 동생의 방법으로 키울 때 우리는 각각 몇 개씩 필요한지 구해 보세요.

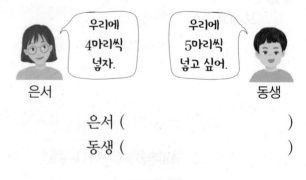

은서 (   )

동생 (   )

16 1부터 9까지의 수 중에서 □ 안에 들어갈 수 있는 수를 모두 구해 보세요.

$$28 \div 7 > \square$$

(   )

17 어떤 수를 9로 나누어야 할 것을 잘못하여 6으로 나누었더니 몫이 6이 되었습니다. 바르게 계산하면 몫은 얼마일까요?

(   )

18 다음을 만족시키는 ㉠, ㉡의 값을 각각 구해 보세요.

$$㉠ + ㉡ = 20 \qquad ㉠ \div ㉡ = 4$$

㉠ (   ), ㉡ (   )

서술형 문제

19 진우는 구슬 32개를 주머니 4개에 똑같이 나누어 담고, 한 개의 주머니에 든 구슬을 친구 2명에게 똑같이 나누어 주었습니다. 진우가 친구 한 명에게 나누어 준 구슬은 몇 개인지 풀이 과정을 쓰고 답을 구해 보세요.

풀이 _____

_____

_____

_____

답 _____

20 수 카드 3장 중에서 2장을 골라 한 번씩만 사용하여 만들 수 있는 두 자리 수 중에서 6으로 나누어지는 수는 모두 몇 개인지 풀이 과정을 쓰고 답을 구해 보세요.

2   4   5

풀이 _____

_____

_____

_____

답 _____

4 곱셈

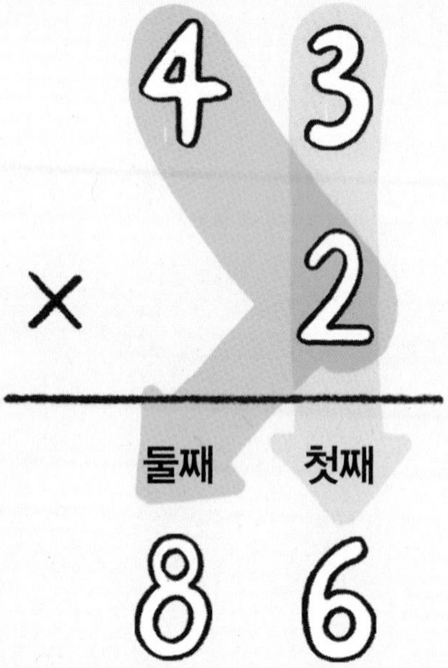

$$
\begin{array}{r}
4\,3 \\
\times \quad 2 \\
\hline
8\,6
\end{array}
$$

둘째　　첫째

큰 수의 곱셈도 결국은 덧셈을 간단히 한 거야!

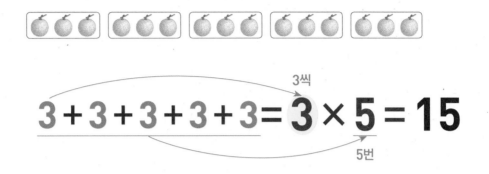

$$3 + 3 + 3 + 3 + 3 = 3 \times 5 = 15$$

10배

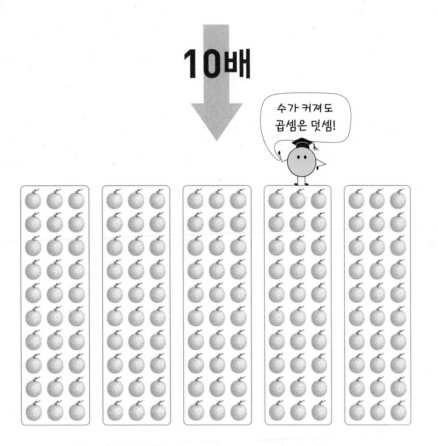

수가 커져도 곱셈은 덧셈!

$$30 + 30 + 30 + 30 + 30 = 30 \times 5 = 150$$

1 (몇십)×(몇)

개념 강의

● (몇십)×(몇)

• 20×3의 계산 원리

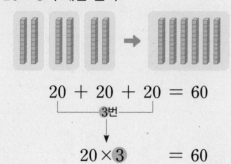

$$20 + 20 + 20 = 60$$
3번

$$20 \times 3 = 60$$

• 20×3의 계산 방법

$$2 \times 3 = 6$$
10배   10배
$$20 \times 3 = 60$$

곱해지는 수가 10배가 되면 곱도 10배가 됩니다.

● 보충 개념

• 곱하는 두 수 중 한 수가 10배가 되면 곱도 10배가 됩니다.

$$20 \times 3 = 60$$
10배   10배
$$2 \times 3 = 6$$
10배   10배
$$2 \times 30 = 60$$

확인 !

20×3은 2×3의 [ ] 배입니다.

---

1 수 모형을 보고 ☐ 안에 알맞은 수를 써넣으세요.

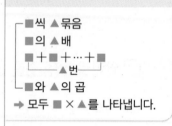

$$10+10+10+10+10 = \boxed{}$$

➡ $10 \times \boxed{} = \boxed{}$

? ■ × ▲ 가 나타내는 것은 무엇인가요?

┌ ■씩 ▲묶음
│ ■의 ▲배
│ ■+■+…+■
│   ▲번
└ ■와 ▲의 곱
➡ 모두 ■×▲를 나타냅니다.

2 ☐ 안에 알맞은 수를 써넣으세요.

(1) $1 \times 8 = \boxed{}$
   10배   10배
   $10 \times 8 = \boxed{}$

(2) $7 \times 6 = \boxed{}$
   10배   10배
   $70 \times 6 = \boxed{}$

3 ☐ 안에 알맞은 수를 써넣으세요.

$$40 \times 9 = 4 \times 10 \times 9 = \boxed{} \times 10 = \boxed{}$$

▶ 곱셈에서는 곱하는 수의 순서를 바꾸어도 결과가 같습니다.
$$2 \times 4 = 4 \times 2 = 8$$
$$2 \times 4 \times 3 = 4 \times 3 \times 2 = 24$$

4 계산해 보세요.

(1) 10×4
               (2) 20×7

● **올림이 없는 (몇십몇)×(몇)**

• 12×3의 계산 원리

$$12 + 12 + 12 = 36$$
3번

$$12 \times 3 = 36$$

• 12×3의 계산 방법

12를 10과 2로 나누어 곱한 후 두 곱을 더합니다.

$$12 \begin{cases} 10 \\ 2 \end{cases}$$

→
$$10 \times 3 = 30$$
$$2 \times 3 = 6$$
$$12 \times 3 = 36$$

$$\begin{array}{r} 1\ 2 \\ \times\ \ 3 \\ \hline 6 \end{array} \leftarrow 2 \times 3$$
$$3\ 0 \leftarrow 10 \times 3$$
$$\begin{array}{r} \hline 3\ 6 \end{array}$$

→
$$\begin{array}{r} 1\ 2 \\ \times\ \ 3 \\ \hline 3\ 6 \end{array}$$

➕ **보충 개념**

• 12를 3번 더하면 10이 3개,
  1이 6개가 됩니다.

$$\begin{array}{r} 1\ 2 \\ 1\ 2 \\ +\ 1\ 2 \\ \hline 3\ 6 \end{array}$$

• 곱하는 수를 가르기하여 각각 곱
  한 후 더해도 결과가 같습니다.

$$6 \times 5 = 30$$
$$2 \times 5 = 10$$
$$8 \times 5 = 40$$

> 일의 자리 수와의 곱은 일의 자리에,
> 십의 자리 수와의 곱은 십의 자리에 써.

---

5 ☐ 안에 알맞은 수를 써넣으세요.

(1) $10 \times 2 = \boxed{}$

   $3 \times 2 = \boxed{}$

   $13 \times 2 = \boxed{}$

(2) $30 \times 2 = \boxed{}$

   $1 \times 2 = \boxed{}$

   $31 \times 2 = \boxed{}$

6 ☐ 안에 알맞은 수를 써넣으세요.

$$23 + 23 + 23 = 23 \times \boxed{} = \boxed{}$$

> 같은 수를 더한 횟수가 곱하는 수
> 가 됩니다.

7 계산해 보세요.

(1) $\begin{array}{r} 4\ 2 \\ \times\ \ 2 \\ \hline \end{array}$

(2) $\begin{array}{r} 3\ 2 \\ \times\ \ 3 \\ \hline \end{array}$

(3) 11×4

(4) 21×3

> 세로로 계산할 때에는 자리를 맞
> 추어 답을 씁니다.

십	일
1	2
× 2	2
2	4

3 (몇십몇)×(몇)(2)

십의 자리에서 올림이 있는 (몇십몇)×(몇)

• 42×3의 계산 방법

42를 40과 2로 나누어 곱한 후 두 곱을 더합니다.

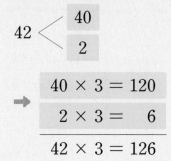

$$42 \begin{cases} 40 \\ 2 \end{cases}$$

$$\Rightarrow \begin{array}{l} 40 \times 3 = 120 \\ 2 \times 3 = 6 \\ \hline 42 \times 3 = 126 \end{array}$$

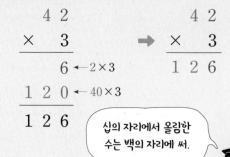

$$\begin{array}{r} 4\,2 \\ \times\ \ 3 \\ \hline 6 \leftarrow 2 \times 3 \\ 1\,2\,0 \leftarrow 40 \times 3 \\ \hline 1\,2\,6 \end{array} \Rightarrow \begin{array}{r} 4\,2 \\ \times\ \ 3 \\ \hline 1\,2\,6 \end{array}$$

십의 자리에서 올림한 수는 백의 자리에 써.

➕ 보충 개념

• 42×3을 여러 가지 방법으로 계산하기

① 더하기로 계산하기
➡ 42+42+42=126

② 42를 40과 2의 합으로 생각하여 계산하기
➡ 42×3
= 40×3+2×3
= 120+6
= 126

---

8 □ 안에 알맞은 수를 써넣으세요.

(1)
$$\begin{array}{l} 60 \times 2 = \boxed{} \\ 4 \times 2 = \boxed{} \\ \hline 64 \times 2 = \boxed{} \end{array}$$

(2)
$$\begin{array}{l} 30 \times 7 = \boxed{} \\ 1 \times 7 = \boxed{} \\ \hline 31 \times 7 = \boxed{} \end{array}$$

▶ 곱해지는 수를 십의 자리와 일의 자리로 나누어 곱한 후 두 곱을 더합니다.

9 □ 안에 알맞은 수를 써넣으세요.

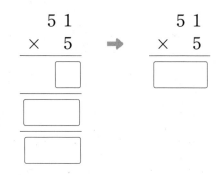

$$\begin{array}{r} 5\,1 \\ \times\ \ 5 \\ \hline \boxed{} \\ \boxed{} \\ \hline \boxed{} \end{array} \Rightarrow \begin{array}{r} 5\,1 \\ \times\ \ 5 \\ \hline \boxed{} \end{array}$$

❓ (몇십몇)×(몇)에서 십의 자리에서 올림한 수를 어디에 쓰나요?

십의 자리에서 올림한 수는 십의 자리의 왼쪽인 백의 자리에 씁니다.

백	십	일
	7	1
×		5
③	5	5

10 계산해 보세요.

(1)
$$\begin{array}{r} 7\,2 \\ \times\ \ 4 \\ \hline \end{array}$$

(2)
$$\begin{array}{r} 8\,3 \\ \times\ \ 2 \\ \hline \end{array}$$

(3) 63×3

(4) 41×6

4 (몇십몇)×(몇)(3)

● 일의 자리에서 올림이 있는 (몇십몇)×(몇)

• 15×3의 계산 방법

15를 10과 5로 나누어 곱한 후 두 곱을 더합니다.

$$15 \begin{cases} 10 \\ 5 \end{cases}$$

$$\Rightarrow \boxed{\begin{array}{l} 10 \times 3 = 30 \\ 5 \times 3 = 15 \end{array}}$$

$$15 \times 3 = 45$$

•일의 자리에서 올림한 수는 십의 자리 위에 작게 씁니다.

$$\begin{array}{r} 1 \; 5 \\ \times \quad 3 \\ \hline 1 \; 5 \leftarrow 5 \times 3 \\ 3 \; 0 \leftarrow 10 \times 3 \\ \hline 4 \; 5 \end{array} \Rightarrow \begin{array}{r} {}^{1} \; \\ 1 \; 5 \\ \times \quad 3 \\ \hline 4 \; 5 \end{array}$$

> 일의 자리에서 올림한 수는 십의 자리의 곱에 더해.

보충 개념

• 15×3을 여러 가지 방법으로 계산하기

① 더하기로 계산하기
  ➡ 15+15+15 = 45

② 15를 10과 5의 합으로 생각하여 계산하기
  ➡ 15×3
    = 10×3+5×3
    = 30+15
    = 45

확인 !

14×6은 10× $\boxed{}$ 와/과 $\boxed{}$ ×6의 곱을 더하여 구합니다.

---

11 □ 안에 알맞은 수를 써넣으세요.

(1)
$$\begin{array}{l} 10 \times 5 = \boxed{} \\ 4 \times 5 = \boxed{} \\ \hline 14 \times 5 = \boxed{} \end{array}$$

(2)
$$\begin{array}{l} 10 \times 7 = \boxed{} \\ 2 \times 7 = \boxed{} \\ \hline 12 \times 7 = \boxed{} \end{array}$$

12 □ 안에 알맞은 수를 써넣으세요.

$$\begin{array}{r} 3 \; 6 \\ + \; 3 \; 6 \\ \hline \boxed{} \end{array} \Rightarrow \begin{array}{r} 3 \; 6 \\ \times \quad 2 \\ \hline \boxed{} \end{array}$$

> ■를 ▲번 더한 것은 ■×▲로 나타낼 수 있습니다.

13 계산해 보세요.

(1)
$$\begin{array}{r} 4 \; 9 \\ \times \quad 2 \\ \hline \end{array}$$

(2)
$$\begin{array}{r} 2 \; 4 \\ \times \quad 3 \\ \hline \end{array}$$

(3) 16×4

(4) 27×3

> 일의 자리에서 올림이 있는 곱을 세로로 계산할 때에는 십의 자리 위에 작게 씁니다.
>
> $$\begin{array}{r} {}^{2} \\ 1 \; 7 \\ \times \quad 4 \\ \hline 6 \; 8 \end{array}$$
> $$\llcorner 1 \times 4 + 2 = 6$$

● 십의 자리와 일의 자리에서 올림이 있는 (몇십몇)×(몇)

● 38×4의 계산 방법

38을 30과 8로 나누어 곱한 후 두 곱을 더합니다.

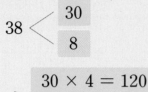

$$30 \times 4 = 120$$
$$8 \times 4 = 32$$
$$38 \times 4 = 152$$

일의 자리에서 올림한 수

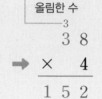

$$
\begin{array}{r}
3\ 8 \\
\times\quad 4 \\
\hline
3\ 2 \leftarrow 8\times4 \\
1\ 2\ 0 \leftarrow 30\times4 \\
\hline
1\ 5\ 2
\end{array}
$$

$$
\begin{array}{r}
3\ 8 \\
\times\quad 4 \\
\hline
1\ 5\ 2
\end{array}
$$

● **실전 개념**

● 어림하여 곱 예상하기

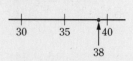

38을 어림하면 40쯤이므로 38×4를 어림하여 구하면 약 40×4 = 160입니다.

> 일의 자리에서 올림한 수는 십의 자리의 곱에 더하고 십의 자리에서 올림한 수는 백의 자리에 써.

---

14 ☐ 안에 알맞은 수를 써넣으세요.

(1) $20 \times 6 = \boxed{}$
   $6 \times 6 = \boxed{}$
   $26 \times 6 = \boxed{}$

(2) $40 \times 8 = \boxed{}$
   $7 \times 8 = \boxed{}$
   $47 \times 8 = \boxed{}$

15 58×7을 어림하여 구하려고 합니다. 58을 어림한 수에 ○표 하고, ☐ 안에 알맞은 수를 써넣으세요.

> 58을 어림하면 ☐ 쯤이므로 58×7을 어림하여 구하면 약 ☐ $\times 7 = $ ☐ 입니다.

? 어림을 왜 하나요?

암산으로 계산하기 어려운 경우 몇십쯤으로 어림하여 계산하면 실제 곱이 얼마쯤 되는지 금방 알 수 있기 때문입니다. 예를 들어 47개씩 4상자에 있는 물건이 몇 개쯤일지 생각할 때 약 50개씩 4상자로 생각하면 '200개는 넘지 않는구나.'로 물건의 수를 예상할 수 있습니다.

16 계산해 보세요.

(1)
$$
\begin{array}{r}
5\ 2 \\
\times\quad 6 \\
\hline
\end{array}
$$

(2)
$$
\begin{array}{r}
9\ 5 \\
\times\quad 3 \\
\hline
\end{array}
$$

(3) 45×5

(4) 64×8

기본에서 응용으로

개념+문제 풀이

1 (몇십)×(몇)

㉠ 50 × 3의 계산

5 × 3의 계산 결과에 0을 한 개 붙입니다.

$$50 \times 3 = 150$$

$5 \times 3 = 15$

1 곱셈식으로 나타내고 곱을 구해 보세요.

(1) 30씩 3묶음

➡ (   )

(2) 20 + 20 + 20 + 20 + 20

➡ (   )

2 과자가 한 상자에 30개씩 4상자 있습니다. ☐ 안에 알맞은 수를 써넣으세요.

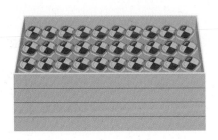

$30 \times \boxed{} = \boxed{}$ (개)

3 ☐ 안에 알맞은 수를 써넣으세요.

$20 \times 4 = \boxed{}$

3배 ↓   3배 ↓

$60 \times 4 = \boxed{}$

4 ☐ 안에 알맞은 수를 써넣으세요.

$160 = 20 \times \boxed{}$

$160 = 40 \times \boxed{}$

$160 = \boxed{} \times 2$

5 민지네 아파트는 한 동에 80채의 집이 있습니다. 아파트 5개 동에는 모두 몇 채의 집이 있을까요?

식 _____

답 _____

6 ☐ 안에 알맞은 수를 써넣으세요.

$130 = 13 \times \boxed{}$

$= 13 \times 2 \times \boxed{}$

7 도윤이가 가지고 있는 구슬은 몇 개일까요?

주원: 나는 구슬을 10개 가지고 있어.

민영: 나는 주원이가 가지고 있는 구슬 수의 3배를 가지고 있어.

도윤: 나는 민영이가 가지고 있는 구슬 수의 3배를 가지고 있어.

(   )

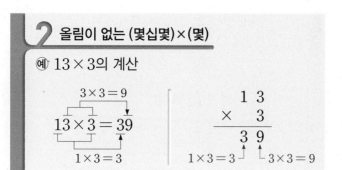

예 13×3의 계산

8 수직선을 보고 ☐ 안에 알맞은 수를 써넣으세요.

$13 \times \boxed{} = \boxed{}$

9 ☐ 안에 알맞은 수를 써넣으세요.

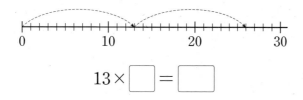

$32 \times 3 = 30 \times 3 + \boxed{} \times 3$

$= \boxed{} + \boxed{}$

$= \boxed{}$

10 ☐ 안에 알맞은 수를 써넣으세요.

$11 \times 8 = \boxed{}$

$\times 2 \downarrow \quad \uparrow \times 2$

$22 \times 4 = \boxed{}$

11 계산 결과를 찾아 이어 보세요.

41×2	•		•	93
23×2	•		•	82
31×3	•		•	46

12 상우 누나는 12살이고, 상우 어머니의 나이는 누나의 나이의 4배입니다. 어머니의 나이는 몇 살인지 구해 보세요.

식 _____

답 _____

13 한 변의 길이가 21 cm인 정사각형의 네 변의 길이의 합은 몇 cm일까요?

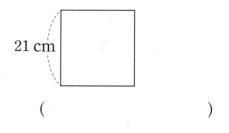

21 cm

( )

14 하루 동안 종이배를 진호는 11개, 미주는 24개 만듭니다. 두 사람이 이틀 동안 만든 종이배는 모두 몇 개일까요?

( )

3 십의 자리에서 올림이 있는 (몇십몇)×(몇)

예 51×4의 계산

$1×4=4$

$51×4=204$

$5×4=20$

```
   5 1
 ×   4
 2 0 4
```

↳ 십의 자리에서 올림한 수는 백의 자리에 씁니다.

15 ☐ 안에 알맞은 수를 써넣으세요.

$3×83 = 83× \boxed{}$

$= \boxed{}$

16 ☐ 안에 알맞은 수를 써넣으세요.

$62×3 = 62×2 + \boxed{}$

17 91×4와 계산 결과가 다른 것을 찾아 기호를 써 보세요.

> ㉠ 91＋91＋91＋91
>
> ㉡ 91×3＋91
>
> ㉢ 91×5－4
>
> ㉣ 90＋90＋90＋90＋1＋1＋1＋1

(   )

18 ☐ 안에 알맞은 수를 써넣으세요.

```
   4 1          4 2          4 3
 ×   3    →   ×   3    →   ×   3
 ┌─────┐      ┌─────┐      ┌─────┐
 └─────┘      └─────┘      └─────┘
```

19 경미는 매일 줄넘기를 72번씩 합니다. 경미가 4일 동안 줄넘기를 모두 몇 번 했을까요?

식 ....

답 ....

20 공원에 소나무, 벚나무, 단풍나무, 은행나무 4종류의 나무를 32그루씩 심었습니다. 공원에 심은 나무는 약 몇 그루인지 어림하여 구해 보세요.

> 32를 어림하면 ☐ 쯤이므로 32×4를 어림하여 구하면 약 ☐ ×4 = ☐ 입니다. 따라서 공원에 심은 나무는 약 ☐ 그루입니다.

4

서술형

21 한 상자에 43개씩 포장된 사과 3상자와 21개씩 포장된 배 5상자가 있습니다. 사과와 배 중에서 어느 것이 더 많은지 풀이 과정을 쓰고 답을 구해 보세요.

풀이 ....

....

....

답 ....

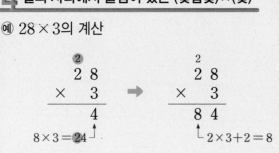

㉠ 28 × 3의 계산

$$\begin{array}{r} \overset{\mathbf{2}}{2\,8} \\ \times 3 \\ \hline 4 \end{array} \Rightarrow \begin{array}{r} \overset{2}{2\,8} \\ \times 3 \\ \hline 8\,4 \end{array}$$

$8 \times 3 = 24$ $2 \times 3 + 2 = 8$

22 오른쪽 곱셈식에서 □ 안의 숫자 3이 실제로 나타내는 값은 얼마일까요?

$$\begin{array}{r} \boxed{3} \\ 1\,8 \\ \times 4 \\ \hline 7\,2 \end{array}$$

(   )

23 보기 와 같은 방법으로 계산해 보세요.

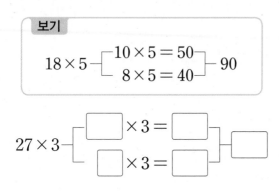

보기

$$18 \times 5 \left\{ \begin{array}{l} 10 \times 5 = 50 \\ 8 \times 5 = 40 \end{array} \right\} 90$$

$$27 \times 3 \left\{ \begin{array}{l} \boxed{} \times 3 = \boxed{} \\ \boxed{} \times 3 = \boxed{} \end{array} \right\} \boxed{}$$

24 □ 안에 알맞은 수를 써넣으세요.

$$13 \times 2 = \boxed{}$$

2배 ↓   2배 ↓

$$26 \times 2 = \boxed{}$$

25 빈칸에 알맞은 수를 써넣으세요.

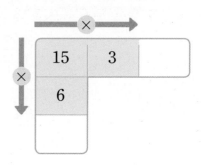

	×	
15	3	
6		

26 계산 결과를 비교하여 ○ 안에 >, =, < 중 알맞은 것을 써넣으세요.

(1) 25×2 ◯ 14×4

(2) 16×6 ◯ 46×2

27 □ 안에 알맞은 수를 써넣으세요.

(1) $23 \times 4 = 80 + \boxed{} = \boxed{}$

(2) $17 \times 5 = 50 + \boxed{} = \boxed{}$

28 길이가 19 cm인 막대 3개를 겹치지 않게 이어 붙였습니다. 이어 붙인 막대의 전체 길이는 몇 cm일까요?

19 cm   19 cm   19 cm

(   )

서술형
29 규리는 매일 수학 문제를 14문제씩 풉니다. 6일 동안 수학 문제를 모두 몇 문제 풀 수 있는지 2가지 방법으로 구해 보세요.

방법 1

방법 2

30 의자를 한 줄에 8개씩 12줄로 놓으려고 합니다. 의자가 150개 있다면 남는 의자는 몇 개일까요?

(   )

창의 +
31 대화를 읽고 서아와 은희 중 누가 젤리를 몇 개 더 많이 담았는지 구해 보세요.

젤리를 한 봉지에 13개씩 담았더니 6봉지가 되었어.
서아

나는 한 봉지에 18개씩 담았더니 4봉지가 되었어.

은희

(   ), (   )

---

5 십의 자리와 일의 자리에서 올림이 있는 (몇십몇)×(몇)

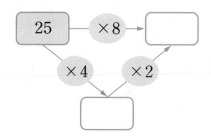
예 32×7의 계산

32 ☐ 안에 알맞은 수를 써넣으세요.

$$39 \times 6 = 30 \times \boxed{} + 9 \times \boxed{}$$

$$= \boxed{} + \boxed{}$$

$$= \boxed{}$$

33 빈칸에 알맞은 수를 써넣으세요.

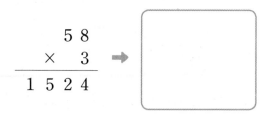

34 계산이 틀린 부분을 찾아 바르게 계산해 보세요.

$$\begin{array}{r} 5\ 8 \\ \times\quad 3 \\ \hline 1\ 5\ 2\ 4 \end{array} \Rightarrow$$

35 야구공을 한 바구니에 27개씩 담았더니 7바구니가 되었습니다. 바구니에 담은 야구공은 모두 몇 개일까요?

(   )

36 당근이 38개씩 4묶음 있습니다. 당근의 수를 어림하여 당근을 모두 넣을 수 있는 상자를 찾아 기호를 쓰고, 어림한 방법을 써 보세요.

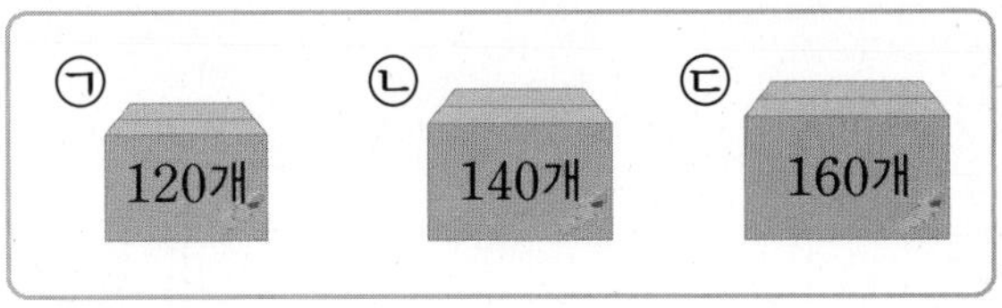

㉠	㉡	㉢
120개	140개	160개

(   )

어림한 방법 _____

_____

37 수 카드 7 , 4 를 한 번씩만 사용하여 곱이 가장 큰 (몇십몇) × (몇)의 곱셈식을 만들고 계산해 보세요.

$$\boxed{}\,3 \times \boxed{} = \boxed{}$$

38 파란색 리본은 35 cm이고, 초록색 리본은 46 cm입니다. 파란색 리본 5개와 초록색 리본 4개를 겹치지 않게 이어 붙였을 때 이어 붙인 리본의 전체 길이는 몇 cm일까요?

(   )

39 계산 결과가 500에 가장 가깝게 되도록 □ 안에 알맞은 수를 구해 보세요.

$$83 \times \boxed{}$$

(   )

6 곱이 같은 식 만들기

$$30 \times 8 = 40 \times \boxed{}$$

① $30 \times 8 = 240$

② $40 \times \boxed{} = 240$에서 $4 \times \boxed{} = 24$이므로 $\boxed{} = 6$입니다.

40 □ 안에 알맞은 수를 써넣으세요.

$$90 \times 2 = 60 \times \boxed{}$$

41 □ 안에 알맞은 수를 써넣으세요.

$$21 \times \boxed{} = 42 \times 2$$

42 한 봉지에 16개씩 들어 있는 감이 5봉지 있습니다. 이 감을 한 상자에 20개씩 담으면 몇 상자가 될까요?

(   )

7 □ 안에 알맞은 수 구하기

$$\begin{array}{r} 2\,\square \\ \times\ \ 3 \\ \hline 7\ 2 \end{array}$$

① □×3의 일의 자리 수가 2가 되는 경우는 4×3 = 12입니다.

② ①에서 찾은 수를 □ 안에 넣어 곱이 72가 맞는지 확인합니다.

➡ 24×3 = 72 (○)

43 □ 안에 알맞은 수를 써넣으세요.

$$\begin{array}{r} 1\ \square \\ \times\ \ \ 4 \\ \hline 6\ \ 4 \end{array}$$

44 □ 안에 알맞은 수를 써넣으세요.

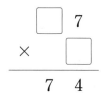

$$\begin{array}{r} \square\ 7 \\ \times\ \square \\ \hline 7\ \ 4 \end{array}$$

45 □ 안에 알맞은 두 자리 수를 구해 보세요.

$$\boxed{\ \square \times 8 = 232\ }$$

(   )

8 어떤 수를 구하여 바르게 계산하기

예 어떤 수에 5를 곱해야 할 것을 잘못하여 더하였더니 35가 되었을 때 바르게 계산한 값 구하기

① 어떤 수를 □라고 하면 □ + 5 = 35

② □ = 35 − 5, □ = 30

③ (바르게 계산한 값) = 30×5 = 150

46 어떤 수에 3을 곱해야 할 것을 잘못하여 더하였더니 31이 되었습니다. 바르게 계산하면 얼마일까요?

(   )

서술형
47 어떤 수에 7을 곱해야 할 것을 잘못하여 뺐더니 26이 되었습니다. 바르게 계산하면 얼마인지 풀이 과정을 쓰고 답을 구해 보세요.

풀이 ....

....

....

답 ....

48 어떤 수에 6을 곱해야 할 것을 잘못하여 나누었더니 몫이 7이 되었습니다. 바르게 계산하면 얼마일까요?

(   )

4

문제 풀이

1 색 테이프의 길이 구하기

심화유형

길이가 30 cm인 색 테이프 8장을 8 cm씩 겹치게 이어 붙였습니다. 이어 붙인 색 테이프의 전체 길이는 몇 cm일까요?

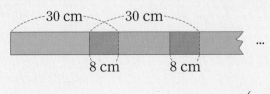

(   )

● 핵심 NOTE　• 이어 붙인 색 테이프의 전체 길이 구하기

　① 색 테이프 ■장의 길이의 합을 구합니다.

　② 겹친 부분의 수를 구합니다. ➡ (■ −1)군데

　③ 색 테이프 ■장의 길이의 합에서 겹친 부분의 길이의 합을 뺍니다.

1-1 길이가 20 cm인 색 테이프 9장을 7 cm씩 겹치게 이어 붙였습니다. 이어 붙인 색 테이프의 전체 길이는 몇 cm일까요?

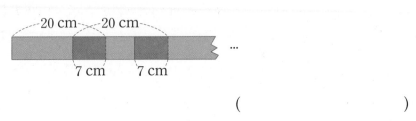

(   )

1-2 미술 시간에 수영이는 길이가 28 cm인 색 테이프 5장을 5 cm씩 겹치게 이어 붙였습니다. 이어 붙인 색 테이프를 똑같은 길이로 나누어 장식 4개를 만들었습니다. 장식 한 개를 만드는 데 사용한 색 테이프는 몇 cm일까요?

(   )

심화유형 2 □ 안에 들어갈 수 있는 수 구하기

1부터 9까지의 수 중에서 □ 안에 들어갈 수 있는 수를 모두 구해 보세요.

$$13 \times \square < 50$$

( )

● 핵심 NOTE
• □ 안에 1부터 순서대로 수를 넣어 보고 주어진 조건에 맞는 수를 모두 찾을 수도 있지만 13을 10쯤으로 어림하여 □ 안에 들어갈 수 있는 수를 찾습니다.

2-1 1부터 9까지의 수 중에서 □ 안에 들어갈 수 있는 수를 모두 구해 보세요.

$$23 \times \square < 128$$

( )

2-2 1부터 9까지의 수 중에서 □ 안에 들어갈 수 있는 수를 모두 구해 보세요.

$$38 \times 2 > 19 \times \square$$

( )

4

수 카드로 조건에 맞는 곱셈식 만들기

수 카드 5 , 1 , 3 을 한 번씩만 사용하여 (몇십몇)×(몇)의 곱셈식을 만들려고 합니다. 곱이 가장 큰 곱셈식을 만들어 보세요.

● 핵심 NOTE

· 곱이 가장 큰 곱셈식 만들기

②③ 큰 수부터 ①, ②, ③의 순서
× ① 로 놓습니다.

· 곱이 가장 작은 곱셈식 만들기

②③ 작은 수부터 ①, ②, ③의 순
× ① 서로 놓습니다.

3-1 수 카드 2 , 7 , 3 을 한 번씩만 사용하여 (몇십몇)×(몇)의 곱셈식을 만들려고 합니다. 곱이 가장 큰 곱셈식을 만들어 보세요.

□□ × □ = □

3-2 수 카드 2 , 4 , 5 , 8 중에서 3장을 골라 한 번씩만 사용하여 (몇십몇)×(몇)의 곱셈식을 만들려고 합니다. 곱이 가장 큰 곱셈식과 가장 작은 곱셈식을 각각 만들어 보세요.

곱이 가장 큰 곱셈식: □□ × □ = □
곱이 가장 작은 곱셈식: □□ × □ = □

곱셈의 활용

통합 교과유형 4
수학 + 과학

작년 여름에는 폭염이 지속되어 전력량이 이전보다 크게 치솟았습니다. 특히 갑작스런 전력 사용으로 인해 정전이 되는 등 불편함도 많았습니다. 전기 소비를 줄이려면 외출할 때는 사용하지 않는 콘센트를 뽑고 에어컨은 선풍기와 함께 사용하는 것이 좋습니다. 다음은 영우네 집에 있는 가전제품의 시간당 소비 전력과 하루 동안의 사용 시간입니다. 표의 빈칸에 알맞은 수를 써넣고, 로봇청소기와 공기청정기의 하루 전기 소비량의 합은 몇 *와트시(Wh)인지 구해 보세요. (단, 하루 전기 소비량은 가전제품의 시간당 소비 전력에 하루 사용 시간을 곱합니다.)

	선풍기	로봇청소기	공기청정기
시간당 소비전력(와트시)	60	70	34
하루 사용 시간(시간)	3	2	8
하루 전기 소비량(와트시)	180		

*와트시(Wh) : 전력의 단위로 1시간 동안 소비하는 전기 에너지

1단계 로봇청소기와 공기청정기의 하루 전기 소비량을 각각 구하기

_____

_____

2단계 로봇청소기와 공기청정기의 하루 전기 소비량의 합 구하기

_____

_____

(   )

● **핵심 NOTE**   **1단계** (시간당 소비 전력) × (하루 사용 시간)을 각각 계산하여 로봇청소기와 공기청정기의 하루 전기 소비량을 구합니다.
        2단계 로봇청소기와 공기청정기의 하루 전기 소비량의 합을 구합니다.

4-1 오른쪽은 서하네 집에 있는 가전제품의 시간당 소비 전력과 하루 동안의 사용 시간입니다. 책상 조명과 가습기의 하루 전기 소비량의 합은 몇 와트시인지 구해 보세요.

(   )

	책상 조명	가습기
시간당 소비 전력 (와트시)	25	48
하루 사용 시간 (시간)	3	8

4. 곱셈 **99**

단원 평가 Level ❶

1 곱셈식으로 나타내고 곱을 구해 보세요.

$$80+80+80+80+80+80+80$$

➡ ( )

2 ☐ 안에 알맞은 수를 써넣으세요.

$$26 \times 3 \begin{cases} 20 \times 3 = \boxed{} \\ 6 \times 3 = \boxed{} \end{cases} \boxed{}$$

3 계산해 보세요.

(1) $\begin{array}{r} 5\ 1 \\ \times\ \ \ 6 \\ \hline \end{array}$

(2) $\begin{array}{r} 1\ 8 \\ \times\ \ \ 4 \\ \hline \end{array}$

(3) 30×7

(4) 47×2

4 계산 결과가 다른 하나를 찾아 기호를 써 보세요.

> ㉠ 28의 4배
> ㉡ $28 \times 3 + 28$
> ㉢ $28 + 28 + 28 + 28$
> ㉣ $20 + 20 + 20 + 20 + 4 + 4 + 4 + 4$

( )

5 계산 결과가 같은 것끼리 이어 보세요.

| 11×6 | • | | • | 26×3 |

| 13×6 | • | | • | 22×3 |

| 12×4 | • | | • | 24×2 |

6 계산에서 틀린 곳을 찾아 바르게 계산해 보세요.

$$\begin{array}{r} 5\ 3 \\ \times\ \ \ 7 \\ \hline 3\ 5\ 2\ 1 \end{array} \ \rightarrow \ \boxed{}$$

7 ☐ 안에 알맞은 수를 써넣으세요.

$$39 \times 9 = 39 \times 10 - \boxed{}$$

8 빈칸에 알맞은 수를 써넣으세요.

$\times$	4	5	6
21	84		

9 ☐ 안에 알맞은 수를 써넣으세요.

$$60 \times 6 = 90 \times \boxed{}$$

10 길이가 24 cm인 막대 3개를 겹치지 않게 이 어 붙였습니다. 이어 붙인 막대의 전체 길이 는 몇 cm일까요?

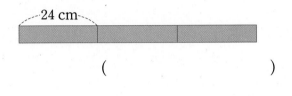

(   )

11 곱이 가장 큰 것을 찾아 기호를 써 보세요.

> ㉠ 37 × 2   ㉡ 72 × 3   ㉢ 73 × 2

(   )

12 칭찬 붙임딱지 37장을 모으면 연필 한 자루 를 받을 수 있습니다. 승훈이가 연필을 4자루 받았다면 승훈이가 모은 칭찬 붙임딱지는 모 두 몇 장일까요?

(   )

13 어떤 수에 9를 곱해야 할 것을 잘못하여 나누 었더니 몫이 8이 되었습니다. 어떤 수와 6의 곱은 얼마일까요?

(   )

14 같은 모양은 같은 수를 나타냅니다. ♥에 알 맞은 수는 얼마일까요?

> $6 \times 7 = \blacklozenge$
> $\blacklozenge \times 3 = \heartsuit$

(   )

15 ☐ 안에 알맞은 수를 구해 보세요.

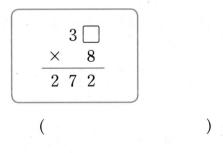

(   )

16 과일 가게에 자두가 한 상자에 32개씩 8상자 있습니다. 각 상자에서 자두를 6개씩 꺼내서 팔았다면 남아 있는 자두는 모두 몇 개일까요?

( )

17 1부터 9까지의 수 중에서 ☐ 안에 들어갈 수 있는 가장 작은 수를 구해 보세요.

$$15 \times 4 < 13 \times \square$$

( )

18 조건을 만족시키는 두 자리 수를 모두 구해 보세요.

- 십의 자리 수와 일의 자리 수의 합은 9입니다.
- 십의 자리 수가 일의 자리 수보다 더 큽니다.
- 이 수를 4배 한 값은 300보다 큽니다.

( )

19 진주는 동화책을 하루에 28쪽씩 5일 동안 읽었고, 수혁이는 하루에 23쪽씩 일주일 동안 읽었습니다. 누가 동화책을 몇 쪽 더 많이 읽었는지 풀이 과정을 쓰고 답을 구해 보세요.

풀이

답 ,

20 수 카드를 한 번씩만 사용하여 만들 수 있는 가장 큰 몇십몇과 남은 수의 곱은 얼마인지 풀이 과정을 쓰고 답을 구해 보세요.

5 7 3

풀이

답

단원 평가 Level ❷

점수

확인

1 주어진 곱셈식을 어림하여 구할 때 알맞은 식에 ○표 하세요.

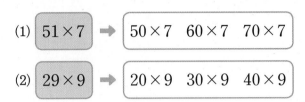

(1) 51×7 ➡ 50×7 60×7 70×7

(2) 29×9 ➡ 20×9 30×9 40×9

2 □ 안에 알맞은 수를 써넣으세요.

$$31 \times \boxed{} = 30 \times 7 + 1 \times 7$$

$$= \boxed{} + \boxed{}$$

$$= \boxed{}$$

3 14×2와 계산 결과가 다른 것을 찾아 기호를 써 보세요.

> ㉠ 14+14
> ㉡ 14×3−14
> ㉢ 10×2와 4×4의 합
> ㉣ 10+10+4+4

( )

4 □ 안에 알맞은 수를 써넣으세요.

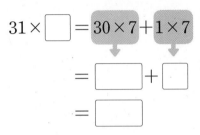

18 × 6 = □

×2 ↓   ↑ ×2

36 × 3 = □

5 빈칸에 알맞은 수를 써넣으세요.

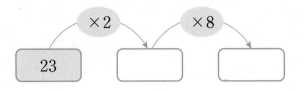

23 →×2→ □ →×8→ □

6 계산 결과를 비교하여 ○ 안에 >, =, < 중 알맞은 것을 써넣으세요.

$$56 \times 4 \bigcirc 73 \times 3$$

7 계산에서 틀린 곳을 찾아 바르게 고쳐 보세요.

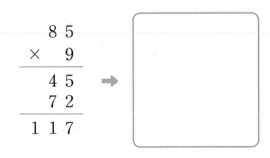

```
    8 5
  ×   9
    4 5
    7 2
  1 1 7
```
➡

8 가장 큰 수와 가장 작은 수의 곱을 구해 보세요.

| 7 | 34 | 45 | 9 |

( )

9 ☐안에 알맞은 수를 써넣으세요.

$$240 = 40 \times \boxed{}$$

$$240 = 60 \times \boxed{}$$

$$240 = \boxed{} \times 8$$

10 승합차 15대가 있습니다. 한 대에 9명씩 탔다면 승합차에 탄 사람은 모두 몇 명일까요?

(   )

11 사과 80개를 한 상자에 19개씩 4상자에 담았습니다. 상자에 담고 남은 사과는 몇 개일까요?

(   )

12 정사각형의 네 변의 길이의 합은 몇 cm인지 구해 보세요.

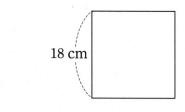

18 cm

식 ....

답 ....

13 지호가 두 종류의 모양 조각을 각각 12개씩 사용하여 만든 무늬입니다. 지호가 이 무늬를 4개 만들었다면 사용한 모양 조각은 모두 몇 개일까요?

(   )

14 ㉠과 ㉡의 차를 구해 보세요.

> ㉠ 26의 7배
>
> ㉡ 34+34+34+34

(   )

15 공기 정화 식물은 공기 속에 있는 오염물질을 없애 실내 환경을 쾌적하게 하는 식물입니다. 문화센터에서 공기 정화 식물을 140개 준비하여 한 강의실에 15개씩 7개의 강의실에 두었다면 남은 공기 정화 식물은 몇 개일까요?

(   )

16 ☐ 안에 알맞은 수를 써넣으세요.

$$
\begin{array}{r}
2\,\square \\
\times\quad\ 8 \\
\hline
\square\,1\ 6
\end{array}
$$

17 길이가 25 cm인 색 테이프 6장을 8 cm씩 겹치게 이어 붙였습니다. 이어 붙인 색 테이프의 전체 길이는 몇 cm일까요?

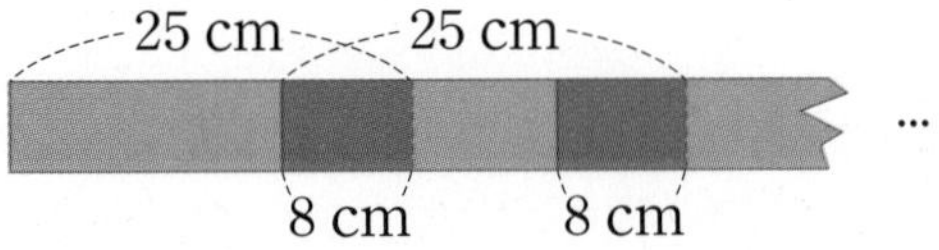

( )

18 수 카드 4장 중에서 3장을 골라 한 번씩만 사용하여 (몇십몇)×(몇)의 곱셈식을 만들어 곱을 구하려고 합니다. 가장 큰 곱을 구해 보세요.

| 2 | 8 | 5 | 3 |

( )

19 어떤 수에 5를 곱해야 할 것을 잘못하여 뺐더니 33이 되었습니다. 바르게 계산한 값은 얼마인지 풀이 과정을 쓰고 답을 구해 보세요.

풀이 _____

_____

_____

_____

답 _____

20 도로 한쪽에 처음부터 끝까지 9 m 간격으로 나무를 심었습니다. 도로 한쪽에 심은 나무가 54그루라면 도로의 길이는 몇 m인지 풀이 과정을 쓰고 답을 구해 보세요.

풀이 _____

_____

_____

_____

답 _____

5 길이와 시간

1	cm	10 mm
	m	100 cm
	km	1000 m

1	분	60 초
	시간	분

길이와 시간에 따라 알맞은 단위가 필요해!

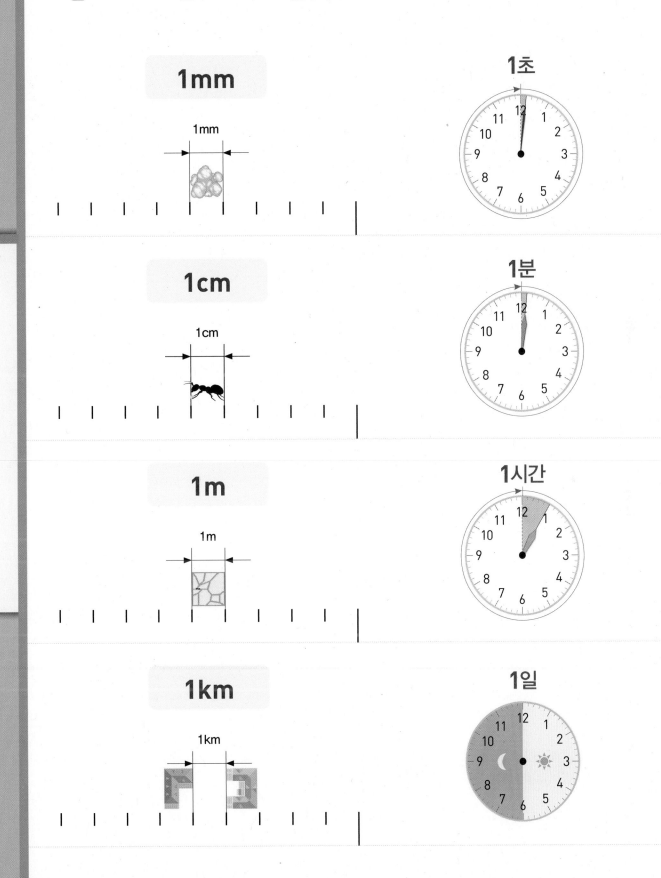

1mm

1mm

1cm

1cm

1m

1m

1km

1km

1초

1분

1시간

1일

1 1 cm보다 작은 단위

 개념 강의

● 1 mm 알아보기

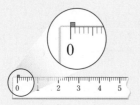

1 cm를 10칸으로 똑같이 나누었을 때 작은 눈금 한 칸의 길이를 **1 mm**라 쓰고 **1 밀리미터**라고 읽습니다.

$$1\,cm = 10\,mm$$

● 몇 cm 몇 mm 알아보기

15 cm보다 7 mm 더 긴 것을 **15 cm 7 mm**라 쓰고 **15 센티미터 7 밀리미터**라고 읽습니다.

$$15\,cm\ 7\,mm = 157\,mm$$

└ 15 cm 7 mm
$$= 150\,mm + 7\,mm$$
$$= 157\,mm$$

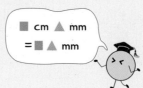
■ cm ▲ mm
= ■ ▲ mm

➕ 보충 개념

· 1 mm 쓰는 방법

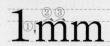
①②③
1mm

· 1 cm보다 작은 길이를 잴 때는 mm 단위로 재어야 정확합니다.

---

1 주어진 길이만큼 자로 선을 긋고 읽어 보세요.

(1) 　9 mm 　➡ ├ - - - - - - - - - - - - - - - - - -

　　　　　　　 읽기 (　　　　　　　　　　　)

(2) 　6 cm 3 mm 　➡ ├ - - - - - - - - - - - - - - - -

　　　　　　　 읽기 (　　　　　　　　　　　)

2 ☐ 안에 mm, cm 중 알맞은 단위를 써넣으세요.

(1) $34\,mm = 30\,\boxed{} + 4\,mm = 3\,\boxed{}\ 4\,mm$

(2) $7\,cm\ 8\,mm = 70\,\boxed{} + 8\,mm = 78\,\boxed{}$

3 자석의 길이를 써 보세요.

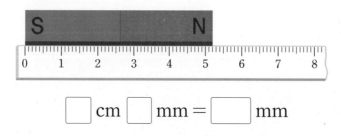

$\boxed{}\,cm\ \boxed{}\,mm = \boxed{}\,mm$

❓ mm보다 작은 단위는 없나요?

미세먼지나 초미세먼지처럼 아주 작은 크기를 나타내는 단위로 마이크로미터(㎛)를 사용합니다. 마이크로미터보다 더 작은 단위로는 나노미터(nm)도 있습니다.

▶ 왼쪽 끝을 자의 눈금 0에 맞추고 오른쪽 끝에 있는 자의 눈금을 읽습니다.

2 1 m보다 큰 단위

정답과 풀이 28쪽

● **1 km 알아보기**

1000 m를 **1 km**라 쓰고
1 킬로미터라고 읽습니다.

$$1000\,m = 1\,km$$

└→ 1 km는 1 m를 1000개
이은 길이입니다.

● **몇 km 몇 m 알아보기**

1 km보다 200 m 더 긴 것을
1 km 200 m라 쓰고
1 킬로미터 200 미터라고 읽습니다.

$$1\,km\ 200\,m = 1200\,m$$

└→ 1 km 200 m
= 1000 m + 200 m
= 1200 m

➕ **보충 개념**

• **1 km 쓰는 방법**

• **길이 단위 사이의 관계**

$1\,km = 1000\,m$
$= 100000\,cm$
$= 1000000\,mm$

확인 !

1 km 50 m는 (150 m , 1500 m , 1050 m)입니다.

1 km 5 m는 (15 m , 1005 m , 1500 m)입니다.

---

4 3 km보다 100 m 더 먼 거리를 쓰고 읽어 보세요.

쓰기 (   )

읽기 (   )

❓ **왜 큰 단위를 쓰나요?**

긴 길이나 거리를 작은 단위로
나타내면 단위 앞에 쓰는 수가
커집니다.
20000 m = 20 km와 같이
큰 단위를 쓰면 작은 수로도 긴
거리를 나타낼 수 있습니다.

5 ☐ 안에 알맞은 수를 써넣으세요.

1 km	1 km	1 km	1 km	500 m

☐ km ☐ m

6 ☐ 안에 알맞은 수를 써넣으세요.

(1) 9 km = ☐ m   (2) 6000 m = ☐ km

(3) 7 km 800 m = ☐ m   (4) 5900 m = ☐ km ☐ m

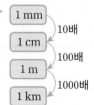

7 두 길이를 모아 1 km를 만들려고 합니다. 빈칸에 알맞은 길이는 몇 m
인지 써넣으시오.

(1)

1 km

300 m	

(2)

1 km

600 m	

3 길이와 거리를 어림하고 재어 보기

● **물건의 길이 어림하고 재어 보기**

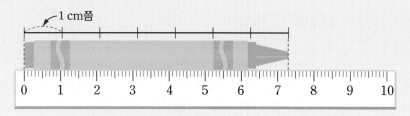

물건	어림한 길이	잰 길이
크레파스	약 7 cm	7 cm 3 mm

↳ 1 cm가 7번쯤이므로 약 7 cm로 어림합니다.

● **알맞은 단위 선택하기**

단위의 크기를 생각하여 알맞은 단위를 선택합니다.

연필심의 길이	약 3 mm	나무의 높이	약 3 m
클립 긴 쪽의 길이	약 3 cm	등산로의 길이	약 3 km

🔧 **실전 개념**

• **거리 어림하기**

학교에서 서점까지의 거리는 학교에서 편의점까지의 거리의 2배쯤 되므로 약 1 km입니다.

---

8 과자의 길이를 어림하고 자로 재어 보세요.

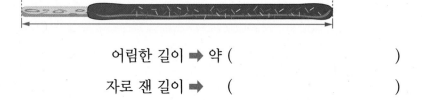

어림한 길이 ➡ 약 (   )

자로 잰 길이 ➡   (   )

▶ 길이를 알고 있는 신체의 일부나 물건을 이용하여 길이를 어림해 봅니다.

9 ☐ 안에 cm, mm, km 중 알맞은 단위를 써넣으세요.

(1) 빨대의 길이는 약 15 ☐ 입니다.

(2) 과자상자의 높이는 약 62 ☐ 입니다.

(3) 우리 집에서 공원까지의 거리는 약 2 ☐ 입니다.

▶ 1 cm = 10 mm,
1 m = 100 cm,
1 km = 1000 m임을 이용하여 알맞은 단위를 선택합니다.

10 길이가 1 km보다 더 긴 것을 찾아 기호를 써 보세요.

㉠ 박물관의 높이	㉡ 농구 골대의 높이
㉢ 한라산의 높이	㉣ 버스의 길이

(   )

기본에서 응용으로

1 1 mm 알아보기

・1 mm: ┌1 cm를 10으로 나눈 길이

$1 \text{ cm} = 10 \text{ mm}$

・3 cm보다 5 mm 더 긴 것

쓰기 $3 \text{ cm } 5 \text{ mm} = 35 \text{ mm}$

읽기 3 센티미터 5 밀리미터

1 클립 짧은 쪽의 길이를 나타내기에 가장 알맞은 단위에 ○표 하세요.

(mm , cm , m)

2 못의 길이를 자로 재어 보세요.

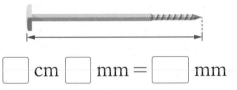

☐ cm ☐ mm = ☐ mm

3 빈칸에 알맞게 써넣으세요.

	cm	mm
(1)	5 cm	
(2)		100 mm
(3)		120 mm

4 ☐ 안에 알맞은 수를 써넣으세요.

(1) $10 \text{ mm} + \boxed{} \text{ mm} = 2 \text{ cm}$

(2) $25 \text{ mm} + \boxed{} \text{ mm} = 5 \text{ cm}$

5 같은 길이끼리 이어 보세요.

403 mm	・		・	43 cm
430 mm	・		・	40 cm 3 mm
43 mm	・		・	4 cm 3 mm

6 한 걸음의 길이가 가장 긴 사람을 써 보세요.

> 도윤: 내 한 걸음의 길이는 63 cm야.
>
> 지유: 내 한 걸음의 길이는 605 mm야.
>
> 주원: 내 한 걸음의 길이는 61cm 8mm야.

( )

7 지우개의 길이는 몇 cm 몇 mm일까요?

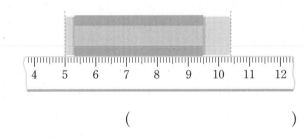

( )

8 틀린 문장을 찾아 기호를 쓰고 바르게 고쳐 보세요.

> ㉠ 5 cm 7 mm는 57 mm입니다.
>
> ㉡ 806 mm는 8 cm 6 mm입니다.
>
> ㉢ 350 mm는 35 cm입니다.

틀린 문장 ( )

바르게 고치기 _____

_____

2 1 km 알아보기

- 1000 m = 1 km
- 5 km보다 300 m 더 긴 것
  쓰기 5 km 300 m = 5300 m
  읽기 5 킬로미터 300 미터

9 km 단위로 길이를 나타내기 알맞은 것에 ○표 하세요.

내 방에서 거실까지의 거리 (　　　)
서울에서 부산까지의 거리 (　　　)

10 □ 안에 알맞은 수를 써넣으세요.

(1) 3 km보다 750 m 더 먼 거리
➡ □ km □ m

(2) 8 km보다 605 m 더 먼 거리
➡ □ m

11 빈칸에 알맞게 써넣으세요.

1 km	
100 m	900 m
700 m	
450 m	

12 □ 안에 알맞은 수를 써넣으세요.

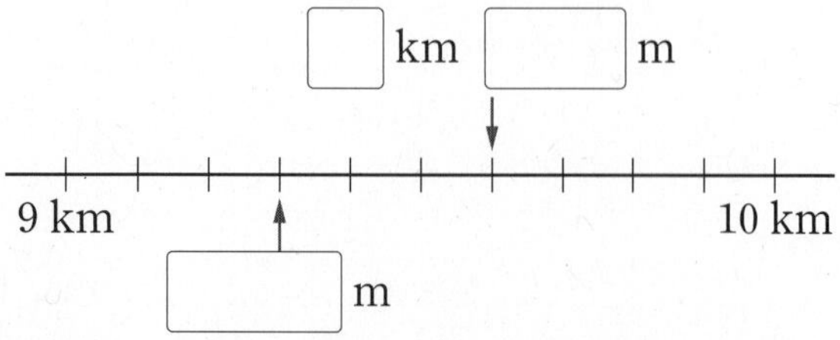
□ km □ m
9 km
10 km
□ m

13 보기 에서 알맞은 단위를 골라 □ 안에 써넣으세요.

보기
mm　cm　m　km

(1) 필통 긴 쪽의 길이는 25 □입니다.
(2) 수영장 긴 쪽의 길이는 25 □입니다.
(3) 민지네 집에서 다른 동네에 사시는 할머니 댁까지의 거리는 25 □입니다.

14 준영이네 집에서 약국을 지나 서점까지의 거리는 몇 km일까요?

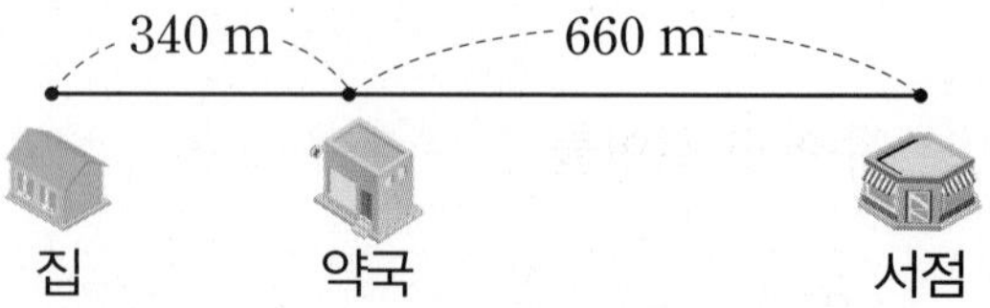
340 m
660 m
집
약국
서점

(　　　)

15 길이가 긴 것부터 차례로 기호를 써 보세요.

㉠ 4 km 500 m　㉡ 5200 m
㉢ 5 km 20 m　㉣ 4700 m

(　　　)

서술형
16 경은이네 집에서 도서관까지의 거리는 250 m의 10배입니다. 경은이네 집에서 도서관까지의 거리는 몇 km 몇 m인지 풀이 과정을 쓰고 답을 구해 보세요.

풀이

답

3 길이와 거리를 어림하고 재어 보기

- 물건의 길이 어림하고 재어 보기
  약 1 cm가 4번이면 약 4 cm로 어림합니다.

- 알맞은 단위 선택하기
  1 mm, 1 cm, 1 m, 1 km 단위의 크기를
  생각하여 알맞은 단위를 선택합니다.

17 알맞은 단위에 ○표 하세요.

(1) 음료수 캔의 높이는
약 150 (m , cm , mm)입니다.

(2) 자동차로 30분 동안 갈 수 있는 거리는
약 30 (km , m , cm)입니다.

18 주어진 길이를 골라 문장을 완성해 보세요.

| 270 mm | 19 m 50 cm | 7 km 300 m |

(1) 서해대교의 길이는 약 [＿＿＿＿] 입
니다.

(2) 아버지 구두의 길이는 약 [＿＿＿＿]
입니다.

(3) 지하철 한 칸의 길이는 약 [＿＿＿＿]
입니다.

19 바르게 설명한 사람은 누구일까요?

> 정야: 운동장 둘레의 길이는 약 300 km야.
> 수빈: 볼펜의 길이는 약 15 cm야.
> 서준: 한라산의 높이는 약 2 m야.

( )

[20~21] 예나네 집에서 주변에 있는 장소까지의
거리를 나타낸 것입니다. 물음에 답하세요.

20 예나네 집에서 약국까지의 거리는 약 250 m
입니다. 예나네 집에서 도서관까지의 거리는
약 몇 m일까요?

약 ( )

21 예나네 집에서 약 1 km 떨어진 곳에 있는
건물을 모두 써 보세요.

( )

22 지호는 집에서부터 20분 동안 걸어서 수영장
에 도착했습니다. 지호가 1분에 약 50 m를
걷는다면 수영장은 집에서 약 몇 km 떨어져
있는지 구해 보세요.

(1) 2분 동안 걷는 거리는 약 몇 m일까요?
약 ( )

(2) 20분 동안 걷는 거리는 약 몇 m일까요?
약 ( )

(3) 수영장은 집에서 약 몇 km 떨어져 있을
까요?
약 ( )

4 길이의 합과 차 구하기

- 단위에 따라 나타내는 길이가 다르므로 같은 단위끼리 더하거나 뺍니다.

- 10 mm = 1 cm, 1000 m = 1 km를 이용하여 받아올림하거나 받아내림하여 계산합니다.

길이의 합	길이의 차
$\begin{array}{r}^{1}\\ 8 \text{ cm } 7 \text{ mm}\\ + 4 \text{ cm } 5 \text{ mm}\\\hline 13 \text{ cm } 2 \text{ mm}\end{array}$	$\begin{array}{r}^{2}^{1000}\\ \not{3} \text{ km } 800 \text{ m}\\ - 1 \text{ km } 900 \text{ m}\\\hline 1 \text{ km } 900 \text{ m}\end{array}$

23 ☐ 안에 알맞은 수를 써넣으세요.

(1)
$$\begin{array}{r} 5 \text{ cm } 9 \text{ mm}\\ + 7 \text{ cm } 4 \text{ mm}\\\hline \boxed{} \text{ cm } \boxed{} \text{ mm}\end{array}$$

(2)
$$\begin{array}{r} 16 \text{ cm } 3 \text{ mm}\\ - 9 \text{ cm } 8 \text{ mm}\\\hline \boxed{} \text{ cm } \boxed{} \text{ mm}\end{array}$$

(3) 5 km 700 m + 3 km 900 m
= ☐ km ☐ m

(4) 11 km 200 m − 9 km 700 m
= ☐ km ☐ m

24 두 길이의 합은 몇 cm일까요?

29 mm	3 cm 1 mm

( )

25 지안이는 집에서 3 km 700 m 떨어진 할머니 댁에 갔습니다. 2800 m는 버스를 타고 가고 나머지는 걸어 갔습니다. 지안이가 걸어서 간 거리는 몇 m일까요?

( )

창의＋

26 철인 3종 경기란 한 선수가 수영, 사이클, 마라톤의 세 종목을 쉬지 않고 연달아 실시하는 경기입니다. 다음은 각 종목별 거리입니다. 철인 3종 경기의 전체 거리는 몇 km 몇 m일까요?

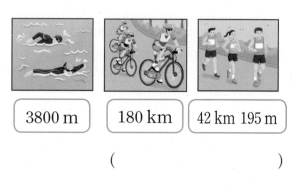

3800 m	180 km	42 km 195 m

( )

27 초록색 테이프의 길이는 19 cm 2 mm이고 주황색 테이프의 길이는 초록색 테이프보다 2 cm 3 mm 더 짧습니다. 초록색 테이프와 주황색 테이프의 길이의 합은 몇 cm 몇 mm일까요?

( )

4 1분보다 작은 단위

정답과 풀이 **30**쪽

● **1초**: 초침이 작은 눈금 한 칸을 지나는 데 걸리는 시간

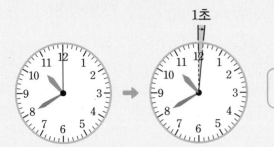

작은 눈금 한 칸 = 1초

● **60초**: 초침이 시계를 한 바퀴 도는 데 걸리는 시간

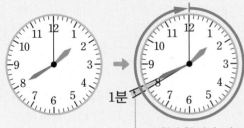

1분 = 60초

↳ 초침이 한 바퀴 도는 동안 분침은 작은 눈금 한 칸을 움직입니다.

● **시간을 분과 초로 나타내기**

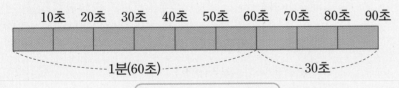

1분 30초 = 90초 ← 1분 30초 = 60초 + 30초 = 90초

⊕ 보충 개념

• **시각**: 시간의 어떤 한 지점
  시간: 어떤 시각에서부터 어떤 시각까지의 사이

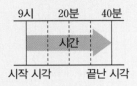

• **시곗바늘 알아보기**

짧은바늘: '시'를 나타내는 시침
긴바늘: '분'을 나타내는 분침
초바늘: '초'를 나타내는 초침

• **초 단위까지 시각 읽기**

7시 52분 10초

---

1 시각을 읽어 보세요.

(1)

(　)

(2)

(　)

2 ☐ 안에 알맞은 수를 써넣으세요.

(1) 1분 35초 = ☐초 + 35초 = ☐초

(2) 150초 = ☐초 + 30초 = ☐분 ☐초

▶ 시계의 바늘이 가리키는 숫자 1이 나타내는 시각
  시침: 1시
  분침: 5분
  초침: 5초

▶ 시간 단위를 바꾸어 나타내기

100초
↑
60초 + 40초
↓
1분 40초

5 시간의 덧셈

● **받아올림이 없는 시간의 덧셈**

시는 시끼리, 분은 분끼리, 초는 초끼리 더합니다.

$$
\begin{array}{c}
2\,\text{시}\quad 10\,\text{분}\quad 10\,\text{초} \\
+\phantom{2\,\text{시}\quad}5\,\text{분}\quad 25\,\text{초} \\
\hline
2\,\text{시}\quad 15\,\text{분}\quad 35\,\text{초}
\end{array}
$$

> 같은 수라도 단위에 따라
> 다른 시간을 나타내.

● **받아올림이 있는 시간의 덧셈**

같은 단위끼리의 합이 60이거나 60보다 크면 60초는 1분으로, 60분은 1시간으로 받아올림합니다.

$$
\begin{array}{c}
2\,\text{시}\quad 10\,\text{분}\quad 10\,\text{초} \\
+\phantom{2\,\text{시}\quad}55\,\text{분}\quad 24\,\text{초} \\
\hline
2\,\text{시}\quad 65\,\text{분}\quad 34\,\text{초} \\
+1\text{시간}\leftarrow\!-\!60\text{분} \\
\hline
3\,\text{시}\quad 5\,\text{분}\quad 34\,\text{초}
\end{array}
$$

🔧 **실전 개념**

● **받아올림이 있는 시간의 덧셈**

$$
\begin{array}{c}
3\,\text{시}\quad 20\,\text{분}\quad 24\,\text{초} \\
+\,1\,\text{시간}\quad 54\,\text{분}\quad 45\,\text{초} \\
\hline
4\,\text{시}\quad 74\,\text{분}\quad 69\,\text{초} \\
{}_{+1\,\text{분}\leftarrow\!-\!60\text{초}} \\
\hline
4\,\text{시}\quad 75\,\text{분}\quad 9\,\text{초} \\
{}_{+1\,\text{시간}\leftarrow\!-\!60\text{분}} \\
\hline
5\,\text{시}\quad 15\,\text{분}\quad 9\,\text{초}
\end{array}
$$

⬇

$$
\begin{array}{c}
\overset{1}{3}\,\text{시}\quad \overset{1}{20}\,\text{분}\quad 24\,\text{초} \\
+\,1\,\text{시간}\quad 54\,\text{분}\quad 45\,\text{초} \\
\hline
5\,\text{시}\quad 15\,\text{분}\quad 9\,\text{초}
\end{array}
$$

---

3 ☐ 안에 알맞은 수를 써넣으세요.

(1)
$$
\begin{array}{c}
15\,\text{분}\quad 30\,\text{초} \\
+7\,\text{분}\quad 15\,\text{초} \\
\hline
\boxed{}\,\text{분}\quad \boxed{}\,\text{초}
\end{array}
$$

(2)
$$
\begin{array}{c}
8\,\text{시}\quad 15\,\text{분}\quad 45\,\text{초} \\
+\,2\,\text{시간}\quad 26\,\text{분}\quad 25\,\text{초} \\
\hline
10\,\text{시}\quad 41\,\text{분}\quad 70\,\text{초} \\
+\boxed{}\text{분}\leftarrow\!-\boxed{}\,\text{초} \\
\hline
\boxed{}\,\text{시}\quad \boxed{}\,\text{분}\quad \boxed{}\,\text{초}
\end{array}
$$

(3) 2시 20분 15초 + 4시간 55분 30초 = ☐시 ☐분 ☐초

4 빈칸에 알맞은 시각을 써넣으세요.

2시 3분 40초 ──4분 10초 후──▶ [   ]

5 수진이는 줄넘기를 20분 55초 동안 하였습니다. 줄넘기를 끝낸 시각은 몇 시 몇 분 몇 초인지 구해 보세요.

시작한 시각

$$
\begin{array}{c}
12\,\text{시}\quad 15\,\text{분}\quad \boxed{}\,\text{초} \\
+\phantom{12\,\text{시}\quad}\boxed{}\,\text{분}\quad 55\,\text{초} \\
\hline
\boxed{}\,\text{시}\quad \boxed{}\,\text{분}\quad \boxed{}\,\text{초}
\end{array}
$$

❓ **시간의 덧셈은 왜 60을 기준으로 받아올림하나요?**

자연수의 덧셈에서는 1이 10개 모이면 10이 되므로 10을 기준으로 받아올림을 합니다.
시간의 덧셈에서는 1초가 60개 모이면 1분이 되므로 60을 기준으로 받아올림합니다.

▶ (시각) + (시간) = (시각)

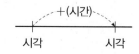

(시간) + (시간) = (시간)

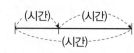

6 시간의 뺄셈

정답과 풀이 30쪽

● 받아내림이 없는 시간의 뺄셈

시는 시끼리, 분은 분끼리, 초는 초끼리 뺍니다.

$$
\begin{array}{r}
5 \text{ 시} \quad 45 \text{ 분} \quad 30 \text{ 초} \\
- \quad 1 \text{ 시} \quad 5 \text{ 분} \quad 15 \text{ 초} \\
\hline
4 \text{ 시간} \quad 40 \text{ 분} \quad 15 \text{ 초}
\end{array}
$$

● 받아내림이 있는 시간의 뺄셈

같은 단위끼리 뺄 수 없으면 1시간은 60분으로, 1분은 60초로 받아내림하여 계산합니다.

$$
\begin{array}{r}
\overset{8}{9} \text{ 시} \quad \overset{60}{10} \text{ 분} \quad 45 \text{ 초} \\
- \quad 6 \text{ 시간} \quad 55 \text{ 분} \quad 15 \text{ 초} \\
\hline
2 \text{ 시} \quad 15 \text{ 분} \quad 30 \text{ 초}
\end{array}
$$

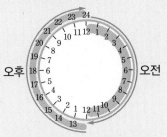

⚙ 심화 개념

• 24시 알아보기

오전, 오후라는 말을 쓰지 않을 때에는 오후 1시 = 13시, 오후 2시 = 14시, ...와 같이 나타내기도 합니다.

---

6 □ 안에 알맞은 수를 써넣으세요.

(1)
$$
\begin{array}{r}
40 \text{ 분} \quad 35 \text{ 초} \\
- \quad 25 \text{ 분} \quad 10 \text{ 초} \\
\hline
\boxed{} \text{ 분} \quad \boxed{} \text{ 초}
\end{array}
$$

(2)
$$
\begin{array}{r}
\boxed{} \text{ 분} \quad \boxed{} \text{ 초} \\
12 \text{ 시} \quad 48 \text{ 분} \quad 14 \text{ 초} \\
- \quad 9 \text{ 시} \quad 15 \text{ 분} \quad 50 \text{ 초} \\
\hline
\boxed{} \text{ 시간} \quad \boxed{} \text{ 분} \quad \boxed{} \text{ 초}
\end{array}
$$

(3) 5시 15분 50초 − 45분 25초 = □ 시 □ 분 □ 초

▶ 시간의 덧셈과 뺄셈을 할 때에는 같은 단위끼리 계산해야 합니다.

$$
\begin{array}{r}
9 \text{ 시} \quad 31 \text{ 분} \\
- \quad 1 \text{ 분} \quad 17 \text{ 초} \\
\hline
8 \text{ 시} \quad 14 \text{ 분}
\end{array}
$$

$$
\begin{array}{r}
9 \text{ 시} \quad 31 \text{ 분} \\
- \quad 1 \text{ 분} \quad 17 \text{ 초} \\
\hline
9 \text{ 시} \quad 29 \text{ 분} \quad 43 \text{ 초}
\end{array}
$$

---

7 지금은 3시 20분입니다. □ 안에 알맞은 수를 써넣어, 25분 전의 시각을 구하고 시계에 나타내 보세요.

$$
\begin{array}{r}
3 \text{ 시} \quad 20 \text{ 분} \\
- \quad 25 \text{ 분} \\
\hline
\boxed{} \text{ 시} \quad \boxed{} \text{ 분}
\end{array}
$$

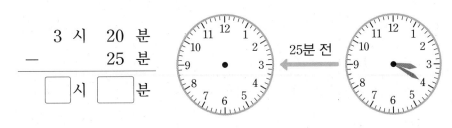

25분 전

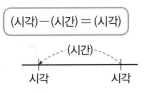

(시각)−(시간) = (시각)

······(시간)······

시각 　 시각

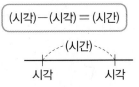

(시각)−(시각) = (시간)

······(시간)······

시각 　 시각

---

8 왼쪽 디지털 시계에 알맞은 시각을 써넣으세요.

 ◀ 6시간 10분 전

5 1분보다 작은 단위

• 1초: 초침이 작은 눈금 한 칸을 지나는 데 걸리는 시간

• 60초: 초침이 시계를 한 바퀴 도는 데 걸리는 시간

| 1분 = 60초 |

28 시각을 읽어 보세요.

(1)

( )

(2)

( )

29 종수네 가족은 오늘 기차를 타고 여행을 가려고 합니다. 종수와 민희 중 시각을 바르게 읽은 사람은 누구일까요?

10시 20분 기차를 타야 하는데 지금 몇 시지?

10시 9분 41초니까 안 늦었어요.

종수

민희

오빠~ 10시 9분 21초잖아.

( )

30 ☐ 안에 시간, 분, 초 중 알맞은 단위를 써넣으세요.

(1) 횡단보도를 건너는 데 걸리는 시간
➡ 30 ☐

(2) 극장에서 영화를 본 시간 ➡ 2 ☐

(3) 동요 한 곡을 연주한 시간 ➡ 3 ☐

31 주어진 시각에서 초침이 반 바퀴를 더 돌았을 때의 시각에 맞게 시계에 초침을 그려 넣으세요.

6 초와 분 사이의 관계

초 단위로 바꿀 때 분을 60초, 120초, 180초, 240초, 300초, ...로 바꾸어 초 단위와 더합니다.
예 3분 20초 = 180초 + 20초 = 200초

32 ☐ 안에 알맞은 수를 써넣으세요.

(1) 4분 10초 = ☐ 초

(2) 340초 = ☐ 분 ☐ 초

33 가인이와 연수의 오래달리기 기록입니다. ☐ 안에 알맞은 수를 써넣으세요.

이름	기록
가인	372초 = ☐ 분 ☐ 초
연수	☐ 초 = 4분 58초

34 시간이 긴 것부터 차례로 기호를 써 보세요.

> ㉠ 157초 　　㉡ 3분 15초
> ㉢ 2분 50초 　　㉣ 190초

(　　　　　　　　　)

35 ☐ 안에 알맞은 수가 더 큰 것의 기호를 쓰려고 합니다. 풀이 과정을 쓰고 답을 구해 보세요.

> 4분 ㉠ 초 = 270초
> 200초 = 3분 ㉡ 초

풀이 _____

_____

_____

답 _____

---

7 **시간의 덧셈**

시는 시끼리, 분은 분끼리, 초는 초끼리 더합니다.

```
    2 시    6 분   40 초
 + 1 시간  13 분   30 초
    3 시   19 분   70 초
                +1 분←─60 초
    3 시   20 분   10 초
```

36 ☐ 안에 알맞은 수를 써넣으세요.

(1)
```
   2 시   10 분   50 초
 +        5 분   24 초
  □ 시   □ 분   □ 초
```

(2) 6시 55분 40초 + 1시간 30분 12초
= □ 시 □ 분 □ 초

---

37 잘못 계산한 부분을 찾아 까닭을 쓰고, 바르게 계산해 보세요.

```
   3시   15분
 + 4분   25초     ➡
   7시   40분
```

까닭 _____

_____

38 다음은 지하철 9호선 역 사이의 걸리는 시간을 나타낸 것입니다. 신반포역에서 동작역까지 걸리는 시간은 몇 분 몇 초인지 구해 보세요.

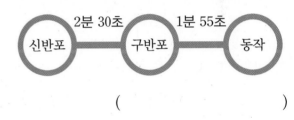

(　　　　　　　　　)

39 시간이 더 짧은 것의 기호를 써 보세요.

> ㉠ 1분 42초 + 108초
> ㉡ 116초 + 1분 35초

(　　　　　　　　　)

40 왼쪽 시계는 지우가 운동을 시작한 시각입니다. 지우가 95분 동안 운동을 하였다면 운동을 끝낸 시각을 오른쪽 시계에 나타내 보세요.

시작한 시각　　　　　끝낸 시각

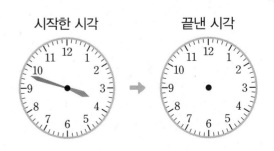

5. 길이와 시간 **119**

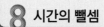

8 시간의 뺄셈

시는 시끼리, 분은 분끼리, 초는 초끼리 뺍니다.

$$
\begin{array}{r r r r}
& 4\,\text{시} & \overset{44}{45}\,\text{분} & \overset{60}{20}\,\text{초} \\
- & 1\,\text{시간} & 20\,\text{분} & 40\,\text{초} \\
\hline
& 3\,\text{시} & 24\,\text{분} & 40\,\text{초}
\end{array}
$$

41 ☐ 안에 알맞은 수를 써넣으세요.

(1)
$$
\begin{array}{r r r}
& 25\,\text{분} & 17\,\text{초} \\
- & 9\,\text{분} & 33\,\text{초} \\
\hline
& \boxed{}\,\text{분} & \boxed{}\,\text{초}
\end{array}
$$

(2)
$$
\begin{array}{r r r r}
& 8\,\text{시} & 30\,\text{분} & 40\,\text{초} \\
- & 1\,\text{시간} & 40\,\text{분} & 15\,\text{초} \\
\hline
& \boxed{}\,\text{시} & \boxed{}\,\text{분} & \boxed{}\,\text{초}
\end{array}
$$

42 수호와 진희의 500 m 달리기 기록입니다. 수호와 진희의 기록의 차는 몇 초인지 구해 보세요.

이름	기록
수호	2분 43초
진희	3분 19초

(   )

43 시계가 나타내는 시각에서 1시간 8분 5초 전의 시각은 몇 시 몇 분 몇 초인지 구해 보세요.

(   )

44 ☐ 안에 알맞은 수를 써넣으세요.

(1)

48분 50초

☐ 분 ☐ 초   27분 22초

(2)

2시간 23분

59분   ☐ 시간 ☐ 분

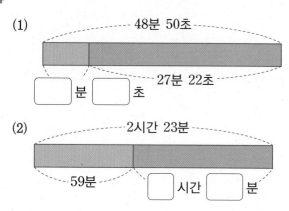

창의 ➕

45 체육 시간에 모둠별로 이어달리기를 했습니다. 가장 **빠른** 모둠은 가장 느린 모둠보다 몇 초 더 **빨리** 도착했는지 구해 보세요.

모둠	주하네 모둠	선우네 모둠	민지네 모둠
기록	4분 15초	3분 42초	4분 8초

(   )

서술형

46 영화가 시작한 시각과 끝난 시각입니다. 영화 상영 시간은 몇 시간 몇 분 몇 초인지 풀이 과정을 쓰고 답을 구해 보세요.

시작한 시각   7:23:05 ➡ 끝난 시각   9:15:38

풀이 ....

....

....

답 ☐

47 수지는 수학을 2시간 30분 13초 동안 공부하였고, 영어는 수학보다 40분 25초 적게 공부하였습니다. 수지가 수학과 영어를 공부한 시간은 모두 몇 시간 몇 분 몇 초일까요?

(   )

9 시간의 계산에서 모르는 수 구하기

$$
\begin{array}{r}
2\ \text{시} \quad 8\ \text{분} \ \square\,\text{초} \\
+\ 4\ \text{시간} \ \square\,\text{분} \ 49\,\text{초} \\
\hline
6\ \text{시} \quad 23\ \text{분} \ 14\,\text{초}
\end{array}
$$

① $\square$초 + 49초 = 74초, $\square$ = 25
             └•(60+14)초

② 1분 + 8분 + $\square$분 = 23분, $\square$ = 14

48 $\square$ 안에 알맞은 수를 써넣으세요.

$$
\begin{array}{r}
4\ \text{시} \quad 38\ \text{분} \ \boxed{}\,\text{초} \\
+\ \boxed{}\ \text{시간} \ 25\ \text{분} \ 55\,\text{초} \\
\hline
7\ \text{시} \quad \boxed{}\ \text{분} \ 35\,\text{초}
\end{array}
$$

49 $\square$ 안에 알맞은 수를 써넣으세요.

$$
\begin{array}{r}
\boxed{}\ \text{시} \quad 10\ \text{분} \ 25\,\text{초} \\
-\ 3\ \text{시} \quad \boxed{}\ \text{분} \ 40\,\text{초} \\
\hline
7\ \text{시간} \quad 35\ \text{분} \ \boxed{}\,\text{초}
\end{array}
$$

50 $\square$ 안에 알맞은 수를 써넣으세요.

$$
\begin{array}{r}
9\ \text{시} \quad 8\ \text{분} \ \boxed{}\,\text{초} \\
-\ \boxed{}\ \text{시간} \ \boxed{}\ \text{분} \ 53\,\text{초} \\
\hline
3\ \text{시} \quad 49\ \text{분} \ 25\,\text{초}
\end{array}
$$

10 낮과 밤의 시간 구하기

- 1일 = 24시간 = (낮의 길이) + (밤의 길이)
  ➡ (밤의 길이) = 24시간 − (낮의 길이)
  (낮의 길이) = 24시간 − (밤의 길이)

- (낮의 길이) = (해가 진 시각) − (해가 뜬 시각)

51 어느 날 낮의 길이가 12시간 41분 30초였다고 합니다. 이날 밤의 길이는 몇 시간 몇 분 몇 초인지 구해 보세요.

(   )

52 오늘 해가 진 시각은 18시 45분 15초이고, 낮의 길이는 11시간 53분 40초였습니다. 오늘 아침 해가 뜬 시각은 오전 몇 시 몇 분 몇 초인지 구해 보세요.

(   )

53 어느 날 밤의 길이는 13시간 24분 28초였습니다. 이날 밤의 길이는 낮의 길이보다 몇 시간 몇 분 몇 초 더 길었는지 구해 보세요.

(   )

5

문제 풀이

1 시작하는 시각 구하기

심화유형

현호네 학교는 오전 9시 10분에 1교시를 시작하여 40분 동안 수업을 한 후 10분씩 쉽니다. 4교시 수업이 끝나면 점심 시간이라고 할 때 점심 시간은 오후 몇 시 몇 분에 시작할까요?

( )

● 핵심 NOTE
• 수업이 ■교시이면 쉬는 시간은 (■─1)번입니다.
• (점심 시간 시작 시각)=(1교시 수업 시작 시각)+(4교시 동안의 수업 시간과 쉬는 시간)

1-1 다혜 오빠네 학교는 오전 8시 50분에 1교시를 시작하여 45분 동안 수업을 한 후 10분씩 쉽니다. 4교시 수업이 끝나면 점심 시간이라고 할 때 점심 시간은 오후 몇 시 몇 분에 시작할까요?

( )

1-2 준호네 학교에서 운동회를 합니다. 운동회는 경기 종목마다 차례대로 진행되며 각 경기 시간은 40분으로 같고, 쉬는 시간은 10분씩이라고 합니다. 둘째 경기가 끝났을 때의 시각이 오전 11시 20분이라면 첫째 경기를 시작한 시각은 오전 몇 시 몇 분일까요?

( )

심화유형 2 늦어지거나 빨라지는 시계의 시각 구하기

하루에 12초씩 늦어지는 시계가 있습니다. 오늘 오전 10시에 이 시계를 정확히 맞추어 놓았다면 일주일 후 오전 10시에 이 시계가 가리키는 시각은 오전 몇 시 몇 분 몇 초인지 구해 보세요.

(   )

● 핵심 NOTE
- 일주일 동안 늦어지는 시간을 구합니다.
- 실제 시각에서 늦어지는 시간을 뺍니다.

2-1 하루에 15초씩 늦어지는 시계가 있습니다. 오늘 오전 11시에 이 시계를 정확히 맞추어 놓았다면 일주일 후 오전 11시에 이 시계가 가리키는 시각은 오전 몇 시 몇 분 몇 초인지 구해 보세요.

(   )

2-2 하루에 20초씩 빨라지는 시계가 있습니다. 오늘 오전 9시 59분 49초에 이 시계를 정확히 맞추어 놓았다면 일주일 후 오전 9시 59분 49초에 이 시계가 가리키는 시각은 오전 몇 시 몇 분 몇 초인지 구해 보세요.

(   )

3 거리의 일부분 구하기

심화유형

㉠에서 ㉡까지의 거리는 몇 km 몇 m인지 구해 보세요.

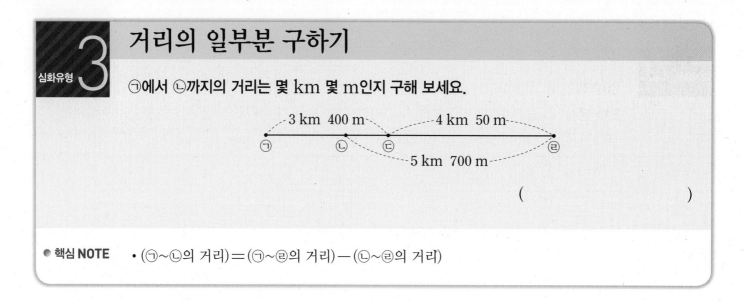

(   )

● 핵심 NOTE   • (㉠~㉡의 거리)=(㉠~㉣의 거리)-(㉡~㉣의 거리)

3-1 ㉢에서 ㉣까지의 거리는 몇 km 몇 m인지 구해 보세요.

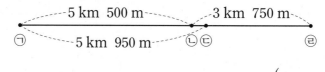

(   )

3-2 ㉠에서 ㉣까지의 거리는 몇 km 몇 m인지 구해 보세요.

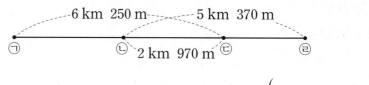

(   )

통합 교과유형 4
수학 ✚ 과학

걸린 시간을 이용하여 도달한 시각 구하기

2023년 5월 25일 오후 6시 24분, 전남 나로우주센터에서 한국형 우주 발사체 누리호의 3차 발사가 성공적으로 이루어졌습니다. 다음 그림은 누리호의 궤도 진입 과정을 시간대별로 나타낸 것입니다. 누리호 3차 발사의 목표 고도 도달 시각은 오후 몇 시 몇 분 몇 초인지 구해 보세요.

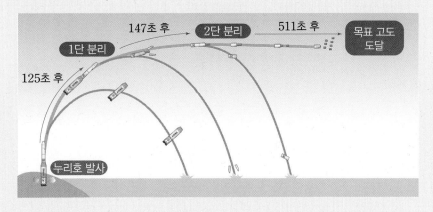

1단계 누리호 발사에서 목표 고도 도달까지 걸린 시간은 몇 분 몇 초인지 구하기

2단계 누리호의 목표 고도 도달 시각은 오후 몇 시 몇 분 몇 초인지 구하기

(   )

● **핵심 NOTE**

1단계 60초=1분임을 이용하여 초 단위를 분 단위로 바꾸어 걸린 시간을 구합니다.
2단계 시간의 합을 구하여 목표 고도 도달 시각을 알아봅니다.

4-1 2021년 10월 21일 오후 5시에 누리호 첫 시험 발사가 있었습니다. 발사된 누리호는 성공적으로 고도 700 km에 진입했으나 3단 엔진이 일찍 연소를 마쳐 실패로 돌아갔습니다. 오른쪽 그림은 누리호의 위성 모사체 분리 과정을 시간대별로 나타낸 것입니다. 누리호의 위성 모사체 분리 시각은 오후 몇 시 몇 분 몇 초인지 구해 보세요.

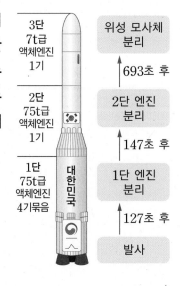

(   )

5

단원 평가 Level ❶

점수

확인

1 색 테이프의 길이는 몇 mm일까요?

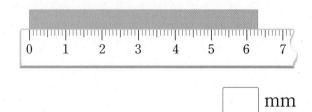

[   ] mm

2 ☐ 안에 알맞은 수를 써넣으세요.

(1) 6 cm = [   ] mm

(2) 34 mm = [   ] cm [   ] mm

(3) 9 km 400 m = [   ] m

(4) 215 mm = [   ] cm [   ] mm

3 서아가 말하는 시각을 보고 초침을 알맞게 그려 넣으세요.

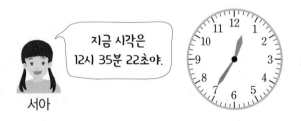

지금 시각은 12시 35분 22초야.

서아

4 ☐ 안에 알맞은 수를 써넣으세요.

(1) 1분 40초 = [   ]초 + 40초

= [   ]초

(2) 170초 = 120초 + [   ]초

= [   ]분 [   ]초

5 ☐ 안에 시간, 분, 초 중 알맞은 단위를 써넣으세요.

(1) 50 m를 달리는 데 걸린 시간

➡ 20 [   ]

(2) 야구 경기를 한 시간 ➡ 3 [   ]

(3) 동요 한 곡을 부른 시간 ➡ 2 [   ]

6 km 단위로 길이를 나타내기에 알맞은 것을 찾아 기호를 써 보세요.

> ㉠ 운동장 한 바퀴의 길이
> ㉡ 기차를 타고 2시간 동안 갈 수 있는 거리
> ㉢ 10층 건물의 높이

(   )

7 수직선을 보고 ☐ 안에 알맞은 수를 써넣으세요.

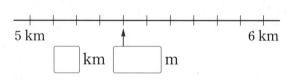

[   ] km [   ] m

8 단위를 바르게 말한 사람은 누구일까요?

> 주연: 내 손톱의 길이는 약 10 cm야.
> 승아: 칠판 긴 쪽의 길이는 약 2 km야.
> 혜린: 축구 골대의 높이는 약 244 m야.
> 태민: 내 동생의 발 길이는 약 190 mm야.

( )

9 미술 시간에 색 테이프를 수윤이는 480 mm 사용하였고, 정우는 40 cm 8 mm 사용하였습니다. 색 테이프를 더 많이 사용한 사람은 누구일까요?

( )

10 수영 경기에서 어느 수영 선수가 400 m를 수영하는 데 235초가 걸렸습니다. 이 선수가 400 m를 수영한 시간은 몇 분 몇 초일까요?

( )

11 시간이 짧은 것부터 차례로 기호를 써 보세요.

> ㉠ 1분 40초   ㉡ 90초   ㉢ 2분

( )

12 ☐ 안에 알맞은 수를 써넣으세요.

(1)

(2)

13 시계가 나타내는 시각에서 1시간 25분 후의 시각은 몇 시 몇 분인지 구해 보세요.

( )

14 성재는 서울에서 9시 35분 27초에 출발하여 춘천에 1시간 48분 35초 후에 도착하였습니다. 성재가 춘천에 도착한 시각은 몇 시 몇 분 몇 초인지 구해 보세요.

( )

[15~16] 영희네 집에서 주변에 있는 장소까지 가는 길과 거리를 나타낸 것입니다. 물음에 답하세요.

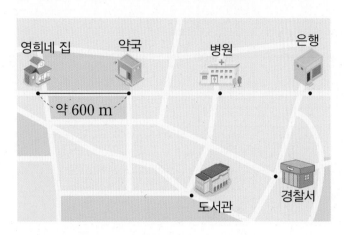

15 영희네 집에서 은행까지의 거리는 약 몇 km 몇 m일까요?

약 ( )

16 영희네 집에서 약 1 km 200 m 떨어진 곳에 있는 건물을 모두 써 보세요.

( )

17 한 시간에 20초씩 늦어지는 시계가 있습니다. 이 시계를 어느 날 오전 10시에 정확히 맞추었다면 이날 오후 1시에 이 시계가 가리키는 시각은 오후 몇 시 몇 분일까요?

( )

18 어느 날 밤의 길이는 13시간 24분 18초였습니다. 이날 밤의 길이는 낮의 길이보다 몇 시간 몇 분 몇 초 더 길었을까요?

( )

서술형 문제

19 현진이는 2시 40분에 책을 읽기 시작하여 100분 동안 읽었습니다. 현진이가 책 읽기를 끝낸 시각은 몇 시 몇 분인지 풀이 과정을 쓰고 답을 구해 보세요.

풀이

답

20 집에서 공원까지의 거리는 집에서 학교를 지나 도서관까지의 거리보다 몇 m 더 가까운지 풀이 과정을 쓰고 답을 구해 보세요.

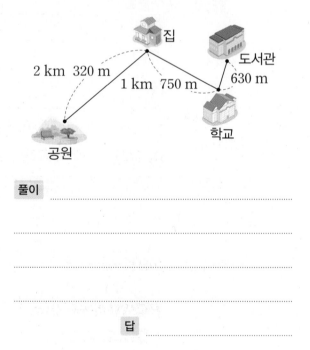

풀이

답

단원 평가 Level ❷

1 5 cm보다 3 mm 더 긴 길이는 몇 cm 몇 mm인지 쓰고 읽어 보세요.

쓰기 ( )

읽기 ( )

2 시각을 읽어 보세요.

(1)

□ 시 □ 분 □ 초

(2)

4:54:19

□ 시 □ 분 □ 초

3 □ 안에 m, cm, mm 중 알맞은 단위를 써 넣으세요.

(1) 하모니카의 길이는 약 23 □ 입니다.

(2) 수학책의 두께는 약 15 □ 입니다.

(3) 책꽂이의 높이는 약 1 □ 입니다.

4 ○ 안에 >, =, < 중 알맞은 것을 써넣으세요.

510초 ○ 7분 10초

5 보기 에서 주어진 길이를 골라 문장을 완성해 보세요.

보기
158 mm   1 m 50 cm
2 km 500 m

(1) 산책로의 길이는 약 □ 입니다.

(2) 연필의 길이는 약 □ 입니다.

(3) 내 친구의 키는 약 □ 입니다.

6 머리핀의 길이는 몇 cm 몇 mm일까요?

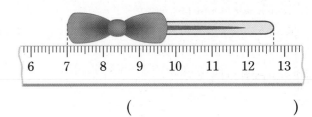

( )

7 진선이는 매일 아침 자전거를 타고 둘레가 5350 m인 호수를 한 바퀴 돕니다. 호수 둘레의 길이는 몇 km 몇 m일까요?

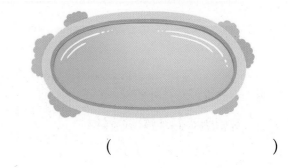

( )

8 길이가 긴 것부터 차례로 기호를 써 보세요.

> ㉠ 3 km   ㉡ 6 km 100 m
>
> ㉢ 4200 m   ㉣ 5040 m

(   )

9 두 길이를 비교하여 ○ 안에 >, =, < 중 알맞은 것을 써넣으세요.

17 cm 4 mm ◯ 169 mm

10 한영이가 친구들과 축구를 하는 동안 초침이 80바퀴 돌았습니다. 한영이가 축구를 한 시간은 몇 시간 몇 분일까요?

(   )

11 시각에 맞게 시침, 분침, 초침을 그려 넣으세요.

12 옳은 것을 찾아 기호를 써 보세요.

> ㉠ 2573 m = 25 km 73 m
>
> ㉡ 3 km 20 m = 3020 m
>
> ㉢ 5003 m = 50 km 3 m

(   )

13 영서네 집에서 할머니 댁까지는 걸어서 25분이 걸립니다. 영서가 할머니 댁에 가려고 3시 55분에 집에서 나왔다면 할머니 댁에는 몇 시 몇 분에 도착할까요?

(   )

14 정글 짐에서 표시된 부분의 길이는 약 몇 m일까요?

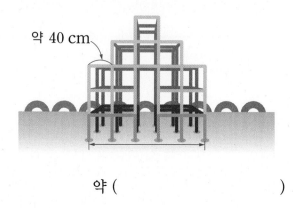

약 40 cm

약 (   )

15 희섭이가 도서관에서 책을 읽는 데 동화책은 1시간 15분 44초, 그림책은 54분 30초가 걸렸습니다. 희섭이가 책을 읽은 시간은 모두 몇 시간 몇 분 몇 초일까요?

(   )

16 영우와 지은이가 피아노를 연주한 시각을 나타낸 것입니다. 피아노를 더 오래 연주한 사람은 누구일까요?

	연주 시작 시각	연주 종료 시각
영우	1시 25분 12초	1시 31분 45초
지은	3시 48분 28초	3시 52분 50초

(   )

17 ☐ 안에 알맞은 수를 써넣으세요.

$$\begin{array}{r} \boxed{}\,\text{시간}\ \boxed{}\,\text{분}\ \ 23\ \text{초} \\ -\ 4\ \text{시간}\ \ 55\ \text{분}\ \boxed{}\,\text{초} \\ \hline 3\ \text{시간}\ \ 35\ \text{분}\ \ 9\ \text{초} \end{array}$$

18 정수네 반은 경복궁으로 체험 학습을 갔습니다. 경복궁에 도착해 근정전, 교태전 등의 전각을 견학한 후 오후 1시 15분에 매표소 앞에 모였습니다. 오전 10시 30분 25초에 경복궁에 도착했다면 경복궁을 견학한 시간은 몇 시간 몇 분 몇 초일까요?

(   )

✎ 서술형 문제

19 효신이네 집에서 할아버지 댁까지의 거리는 30 km 400 m입니다. 28 km 850 m는 버스를 타고 갔고, 나머지는 걸어서 갔습니다. 걸어서 간 거리는 몇 km 몇 m인지 풀이 과정을 쓰고 답을 구해 보세요.

풀이 _____

_____

_____

답 _____

20 마라톤 대회에서 어떤 선수가 오전 9시 50분 14초에 출발하여 결승점까지 달렸습니다. 결승점에 도착한 후 5분 47초가 지난 다음 시계를 보았더니 오후 12시 16분 20초였습니다. 이 선수는 몇 시간 몇 분 몇 초 동안 달렸는지 풀이 과정을 쓰고 답을 구해 보세요.

풀이 _____

_____

_____

답 _____

5

6 분수와 소수

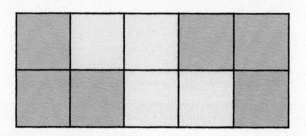

파란색 $\dfrac{6}{10} = 0.6$　　노란색 $\dfrac{4}{10} = 0.4$

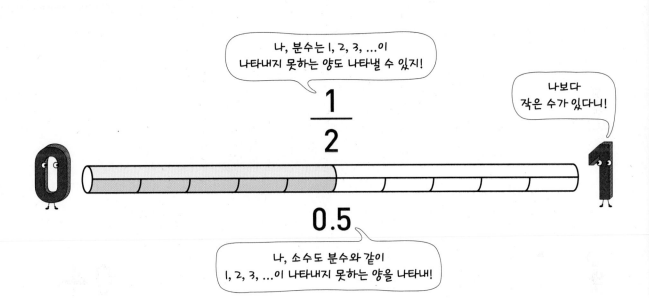

1 똑같이 나누기

개념 강의

● 원을 똑같이 둘로 나누기

● 사각형을 똑같이 둘로 나누기

● 원을 똑같이 넷으로 나누기

● 사각형을 똑같이 넷으로 나누기

+ 보충 개념

· 여러 가지 방법으로 색종이를 똑같이 넷으로 나누기

➜ 나눈 부분을 겹쳤을 때 남는 부분이 없이 완전히 포개어 져야 합니다.

---

1 전체를 똑같이 나눈 도형을 모두 찾아 기호를 써 보세요.

가 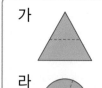 나 다

라 마 바

(   )

▶ 똑같이 나눈 조각은 모양과 크기가 같으므로 겹쳤을 때 완전히 포개어집니다.

2 모양과 크기가 같은 조각이 몇 개 있을까요?

(1)

(2)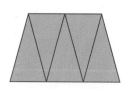

(   )   (   )

▶ 모양과 크기가 같게 나누어져 있습니다.

3 두 가지 방법으로 색종이를 똑같이 넷으로 나누어 보세요.

2 분수 알아보기

정답과 풀이 36쪽

● **분수를 쓰고 읽기**

· 전체를 똑같이 3으로 나눈 것 중의 2

　➡ 쓰기 $\dfrac{2}{3}$　읽기 3분의 2

$$\dfrac{2 \leftarrow 분자}{3 \leftarrow 분모}$$

· 분수: $\dfrac{1}{2}$, $\dfrac{2}{3}$, $\dfrac{2}{6}$와 같은 수

● **색칠한 부분과 색칠하지 않은 부분을 분수로 나타내기**

　색칠한 부분은 전체의 $\boxed{\dfrac{4}{5}}$ 입니다.

　색칠하지 않은 부분은 전체의 $\boxed{\dfrac{1}{5}}$ 입니다.

· 전체를 똑같이 5로 나눈 것 중 4만큼 색칠하였습니다.

보충 개념

· **분모와 분자**

분수에서 아래에 있는 수를 분모, 위에 있는 수를 분자라고 합니다.

· **여러 가지 방법으로 $\dfrac{2}{3}$ 나타내기**

➡ 모두 $\dfrac{2}{3}$를 나타냅니다.

확인 !

부분 〔 〕은 전체 〔 〕를 똑같이 ☐(으)로 나눈 것 중의 ☐ 입니다.

---

4 색칠한 부분은 전체의 얼마인지 분수로 나타내고 읽어 보세요.

(1)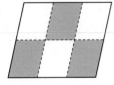

쓰기 ....

읽기 ....

(2)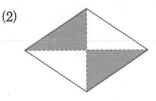

쓰기 ....

읽기 ....

⬆ 분수를 읽을 때는 꼭 아래에 있는 수부터 읽어야 하나요?

$\dfrac{▲}{■}$ ➡ ■분의 ▲

전체를 똑같이 ■로 나눈 것 중의 ▲이므로 기준이 되는 아래에 있는 수부터 읽어야 합니다.

5 색칠한 부분과 색칠하지 않은 부분을 분수로 나타내 보세요.

(1)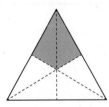

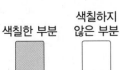
색칠한 부분　색칠하지 않은 부분

(2)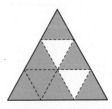

색칠한 부분　색칠하지 않은 부분

▶ 색칠한 부분과 색칠하지 않은 부분을 합하면 전체가 됩니다.

6

3 단위분수 알아보기

● **단위분수**: 분수 중에서 $\frac{1}{2}$, $\frac{1}{3}$, $\frac{1}{4}$, $\frac{1}{5}$, ...과 같이 분자가 1인 분수

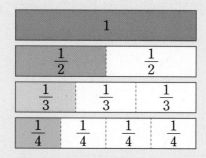

➡ $\frac{1}{\blacksquare}$은 1을 똑같이 ■로 나눈 것 중의 하나

● **단위분수가 몇 개인지 알아보기**

$\frac{2}{3}$는 $\frac{1}{3}$이 2개인 수

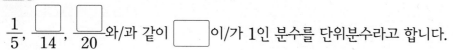

$\frac{3}{5}$은 $\frac{1}{5}$이 3개인 수

$\frac{\bullet}{\blacksquare}$는 $\frac{1}{\blacksquare}$이 ●개

심화 개념

● 분수만큼을 보고 전체가 얼마인지 알아보기

①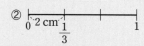

$\frac{1}{2}$의 길이가 2 cm이면 전체는 2 cm의 2배입니다.
➡ $2 \times 2 = 4$ (cm)

②

$\frac{1}{3}$의 길이가 2 cm이면 전체는 2 cm의 3배입니다.
➡ $2 \times 3 = 6$ (cm)

확인!

$\frac{1}{5}$, $\frac{\square}{14}$, $\frac{\square}{20}$와/과 같이 $\square$이/가 1인 분수를 단위분수라고 합니다.

---

6 주어진 분수만큼 색칠하고 $\square$ 안에 알맞은 수를 써넣으세요.

(1)
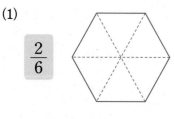

$\frac{2}{6}$

$\frac{1}{6}$이 $\square$개

(2)
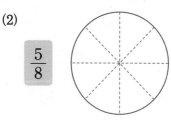

$\frac{5}{8}$

$\frac{1}{8}$이 $\square$개

7 부분을 보고 전체를 그려 보세요.

(1)
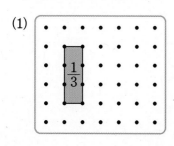

(2)
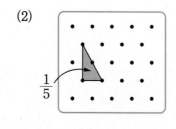

$\frac{\blacktriangle}{\blacksquare}$는 $\frac{1}{\blacksquare}$이 ▲개입니다.

▶ 전체가 되려면 $\frac{1}{\blacktriangle}$을 ▲배 해야 합니다.

4 분모가 같은 분수의 크기 비교

● $\dfrac{3}{5}$과 $\dfrac{2}{5}$의 크기 비교

$\boxed{\dfrac{3}{5}}$  $\dfrac{1}{5}$이 3개

$\boxed{\dfrac{2}{5}}$ $\dfrac{1}{5}$이 2개

분모가 같은 분수는 단위분수의 개수가 많을수록 더 커.

분모가 같은 분수는 분자가 클수록 더 큽니다.

$$3 > 2 \;\Rightarrow\; \dfrac{3}{5} > \dfrac{2}{5}$$

➕ 보충 개념

수직선에서는 오른쪽에 있을수록 큰 수입니다.

$$0 < \dfrac{1}{4} < \dfrac{2}{4} < \dfrac{3}{4} < 1$$

---

8 주어진 분수만큼 색칠하고 분수의 크기를 비교해 보세요.

$\dfrac{3}{6}$ 은 $\dfrac{1}{6}$이 $\Box$ 개, $\dfrac{5}{6}$ 는 $\dfrac{1}{6}$이 $\Box$ 개입니다.

➡ $\dfrac{3}{6}$ ◯ $\dfrac{5}{6}$

▶ 분모가 ■인 두 분수의 크기를 비교할 때는 $\dfrac{1}{■}$이 각각 몇 개인지 구해 봅니다.

9 분수의 크기를 비교하여 ◯ 안에 >, =, < 중 알맞은 것을 써넣으세요.

(1) $\dfrac{7}{9}$ ◯ $\dfrac{4}{9}$

(2) $\dfrac{9}{12}$ ◯ $\dfrac{11}{12}$

▶ ●>▲이면 $\dfrac{●}{■}>\dfrac{▲}{■}$입니다.

10 수직선을 보고 세 분수 중 가장 큰 분수를 써 보세요.

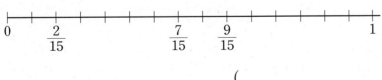

(   )

5 단위분수의 크기 비교

정답과 풀이 **37**쪽

· $\frac{1}{5}$ 과 $\frac{1}{8}$ 의 크기 비교

 $\frac{1}{5}$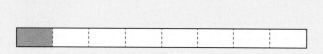

 $\frac{1}{8}$

단위분수는 분모가 클수록 더 작습니다.

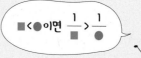
$$5<8 \;\Rightarrow\; \frac{1}{5}>\frac{1}{8}$$

■<●이면 $\frac{1}{■} > \frac{1}{●}$

 보충 개념

단위분수는 1을 똑같이 분모로 나눈 것 중의 하나이므로 분모가 클수록 단위분수의 크기는 더 작습니다.

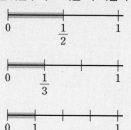

$$\Rightarrow 0<\frac{1}{4}<\frac{1}{3}<\frac{1}{2}<1$$

---

11 $\frac{1}{6}$ 과 $\frac{1}{7}$ 을 수직선에 ▬▬로 나타내고 크기를 비교해 보세요.

 $\frac{1}{6}$

 $\frac{1}{7}$

 $\frac{1}{6} \bigcirc \frac{1}{7}$

▶ 주어진 분수만큼 수직선에 나타낸 길이를 비교해 봅니다.

12 전체를 똑같이 나누어 주어진 분수만큼 색칠하고 ○ 안에 >, =, < 중 알맞은 것을 써넣으세요.

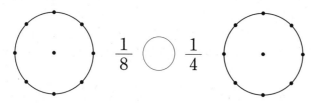
$\frac{1}{8} \bigcirc \frac{1}{4}$

13 두 분수의 크기를 비교하여 ○ 안에 >, =, < 중 알맞은 것을 써넣으세요.

(1) $\frac{1}{12} \bigcirc \frac{1}{9}$

(2) $\frac{1}{15} \bigcirc \frac{1}{20}$

? ●>■이면 $\frac{1}{●}<\frac{1}{■}$ 인 까닭은 무엇인가요?

똑같은 양을 많이 나눌수록 나누어진 양의 크기가 작아지므로 분모가 클수록 작아집니다.

기본에서 응용으로

1 똑같이 나누기

똑같이 둘로   똑같이 셋으로   똑같이 넷으로
나누기   나누기   나누기

➡ 전체를 모양과 크기가 같도록 나눕니다.

1 전체를 똑같이 나눈 도형을 모두 찾아 기호를 써 보세요.

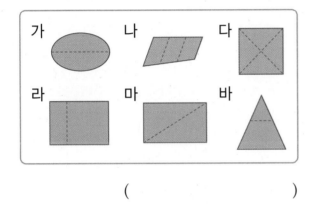

(   )

2 전체를 똑같이 둘로 나눈 도형을 모두 고르세요. (   )

①   ②   ③
④   ⑤

3 두 가지 방법으로 전체를 똑같이 넷으로 나누어 보세요.

---

4 장우와 승아는 도형을 똑같이 넷으로 나누었습니다. 잘못 나눈 사람의 이름을 쓰고, 그 까닭을 써 보세요.

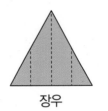 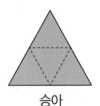

장우   승아

답 _____

까닭 _____

_____

2 분수 알아보기

예 전체를 똑같이 4로 나눈 것 중의 3

쓰기 $\dfrac{3}{4}$

읽기 4분의 3

5 부분 은 전체 를 똑같이 6으로 나눈 것 중의 몇일까요?

(   )

6 알맞은 것끼리 이어 보세요.

| 5분의 3 | $\dfrac{2}{3}$ | $\dfrac{1}{2}$ |

7 주어진 분수만큼 색칠하고 읽어 보세요.

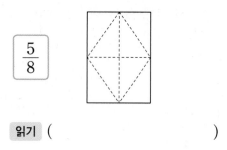

읽기 (   )

8 전체에 대하여 색칠한 부분이 나타내는 분수가 다른 하나를 찾아 기호를 써 보세요.

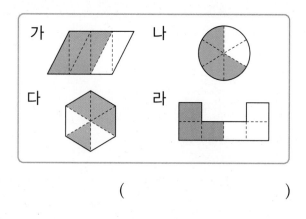

(   )

서술형
9 경수와 미영이는 $\frac{1}{6}$을 다음과 같이 색칠하였습니다. 바르게 색칠한 사람의 이름을 쓰고 그 까닭을 써 보세요.

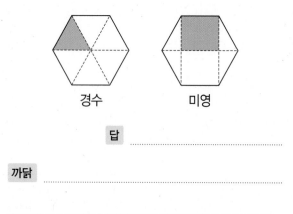

경수   미영

답 ....

까닭 ....

....

10 두 가지 방법으로 사각형을 똑같이 나누어 $\frac{4}{6}$만큼 색칠해 보세요.

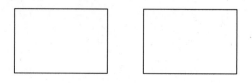

11 영서는 피자를 똑같이 8조각으로 나누어 전체의 $\frac{1}{2}$만큼 먹었습니다. 영서가 먹은 피자는 몇 조각일까요?

(   )

12 설명하는 분수가 다른 한 사람을 찾아 이름을 써 보세요.

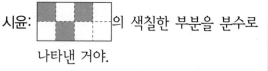

건우: 전체를 똑같이 7로 나눈 것 중 3이야.

지안: 분모가 7이고 분자가 3이야.

시윤: ☐의 색칠한 부분을 분수로 나타낸 거야.

(   )

창의╋
13 선호, 지우, 태리는 땅따먹기 놀이를 하였습니다. 가장 넓은 땅을 가진 사람의 이름을 쓰고, 전체의 얼마를 가졌는지 분수로 나타내 보세요.

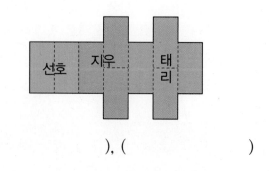

(   ), (   )

14 여러 가지 도형 조각을 보고 물음에 답하세요.

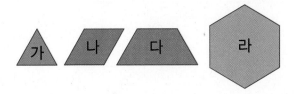

(1) 도형 다를 전체로 볼 때 도형 가의 크기는 전체의 얼마인지 분수로 나타내 보세요.

( )

(2) 도형 라를 전체로 볼 때 도형 나의 크기는 전체의 얼마인지 분수로 나타내 보세요.

( )

3 색칠하지 않은 부분을 분수로 나타내기

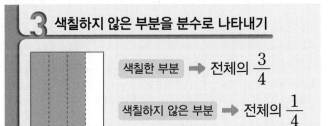

색칠한 부분 ➡ 전체의 $\frac{3}{4}$

색칠하지 않은 부분 ➡ 전체의 $\frac{1}{4}$

15 색칠하지 않은 부분은 전체의 얼마인지 분수로 나타내 보세요.

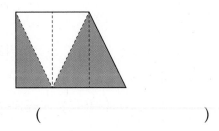

( )

16 남은 부분과 먹은 부분은 전체의 얼마인지 분수로 나타내 보세요.

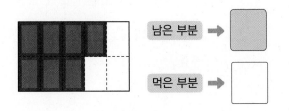

남은 부분 ➡

먹은 부분 ➡

17 경민이가 먹고 남은 케이크는 전체의 얼마인지 분수로 나타내 보세요.

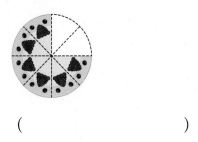

( )

18 영태는 떡을 똑같이 12조각으로 잘라 그중 3조각은 어머니께 드리고, 5조각은 누나에게 주었습니다. 남은 떡은 전체의 얼마인지 분수로 나타내 보세요.

( )

4 단위분수

• 단위분수: 분수 중에서 $\frac{1}{2}$, $\frac{1}{3}$, $\frac{1}{4}$과 같이 분자가 1인 분수

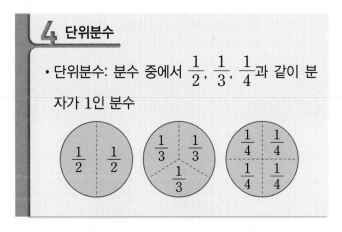

19 ㉠, ㉡, ㉢에 알맞은 분수를 각각 구해 보세요.

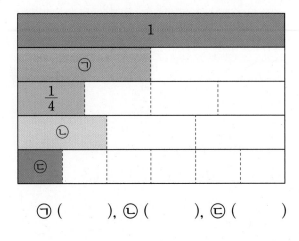

㉠ ( ), ㉡ ( ), ㉢ ( )

20 분수에 맞게 색칠된 것을 찾아 ○표 하세요.

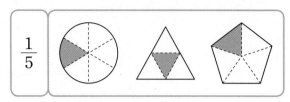

21 ☐ 안에 알맞은 수를 써넣으세요.

(1) $\dfrac{3}{4}$은 $\dfrac{1}{4}$이 ☐개입니다.

(2) $\dfrac{1}{6}$이 ☐개이면 $\dfrac{4}{6}$입니다.

(3) $\dfrac{7}{8}$은 ☐이/가 7개입니다.

(4) ☐이/가 5개이면 $\dfrac{5}{10}$입니다.

창의+

22 프랑스 국기를 보고 친구들이 이야기를 나누고 있습니다. ☐ 안에 알맞은 수를 써넣으세요.

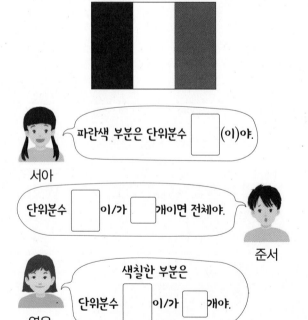

파란색 부분은 단위분수 ☐(이)야.

서아

단위분수 ☐이/가 ☐개이면 전체야.

준서

색칠한 부분은 단위분수 ☐이/가 ☐개야.

연우

5 부분을 이용하여 전체 구하기

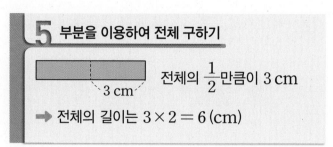

전체의 $\dfrac{1}{2}$만큼이 $3\,cm$

→ 전체의 길이는 $3 \times 2 = 6\,(cm)$

23 전체를 똑같이 4로 나눈 것 중의 3입니다. 부분과 전체를 알맞게 이어 보세요.

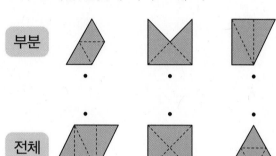

부분

전체

24 부분을 보고 전체를 완성하고 새로 그린 부분을 분수로 나타내 보세요.

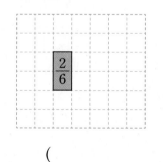

( )

25 막대 전체 길이의 $\dfrac{1}{5}$만큼이 $2\,cm$이면 막대 전체의 길이는 몇 cm일까요?

( )

26 준호는 색 테이프를 전체의 $\dfrac{6}{7}$만큼 사용했습니다. 남은 길이가 $4\,cm$이면 전체 길이는 몇 cm일까요?

( )

6 분모가 같은 분수의 크기 비교

분모가 같은 분수는 분자가 클수록 더 큽니다.

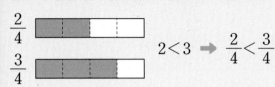

$2<3$ ➡ $\dfrac{2}{4}<\dfrac{3}{4}$

27 □ 안에 알맞은 분수를 써넣고, ○ 안에 >, =, < 중 알맞은 것을 써넣으세요.

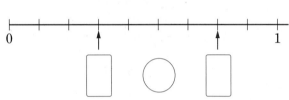

28 더 큰 분수를 찾아 기호를 써 보세요.

$$\boxed{\quad ㉠\ \dfrac{8}{11} \qquad ㉡\ \dfrac{1}{11}\text{이 5개인 수} \quad}$$

( )

서술형
29 수현이와 민우는 우유를 나누어 마시기로 했습니다. 수현이는 전체의 $\dfrac{2}{6}$를 마시고 나머지는 민우가 마셨습니다. 우유를 더 많이 마신 사람은 누구인지 풀이 과정을 쓰고 답을 구해 보세요.

풀이 ....

....

....

답 ....

30 분모가 10인 분수 중에서 $\dfrac{4}{10}$보다 크고 $\dfrac{9}{10}$ 보다 작은 분수를 모두 써 보세요.

( )

31 철사를 준수는 $\dfrac{4}{7}$ m, 윤호는 $\dfrac{6}{7}$ m, 승현이는 $\dfrac{5}{7}$ m 가지고 있습니다. 가장 긴 철사를 가지고 있는 사람은 누구일까요?

( )

7 단위분수의 크기 비교

단위분수는 분모가 작을수록 더 큽니다.

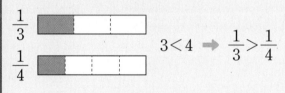

$3<4$ ➡ $\dfrac{1}{3}>\dfrac{1}{4}$

32 분수의 크기를 비교하여 작은 수부터 차례로 써 보세요.

$$\boxed{\quad \dfrac{1}{9} \qquad \dfrac{1}{10} \qquad \dfrac{1}{7} \qquad \dfrac{1}{15} \quad}$$

( )

33 물을 민정이는 $\dfrac{1}{5}$ L, 지수는 $\dfrac{1}{4}$ L, 유리는 $\dfrac{1}{8}$ L 마셨습니다. 물을 가장 많이 마신 사람은 누구일까요?

( )

34 $\frac{1}{8}$ 보다 크고 $\frac{1}{3}$ 보다 작은 단위분수는 모두 몇 개일까요?

( )

35 수 카드 4장 중에서 2장을 골라 한 번씩만 사용하여 가장 큰 단위분수를 만들어 보세요.

5 8 9 1

( )

8 □ 안에 알맞은 수 구하기

• 분모가 같은 경우: $\frac{\square}{10} < \frac{8}{10}$ ➡ $\square < 8$

• 분자가 1인 경우: $\frac{1}{\square} > \frac{1}{7}$ ➡ $\square < 7$

36 □ 안에 들어갈 수 있는 수는 모두 몇 개일까요?

$$\frac{12}{20} < \frac{\square}{20} < \frac{18}{20}$$

( )

37 2부터 9까지의 수 중에서 □ 안에 들어갈 수 있는 수를 모두 구해 보세요.

$$\frac{1}{5} < \frac{1}{\square}$$

( )

38 □ 안에 공통으로 들어갈 수 있는 수를 모두 구해 보세요.

$$\frac{11}{14} > \frac{\square}{14} \qquad \frac{1}{\square} < \frac{1}{8}$$

( )

9 조건을 만족시키는 분수 구하기

• 단위분수입니다.

• $\frac{1}{4}$ 보다 큰 분수입니다.

단위분수 중 $\frac{1}{4}$ 보다 큰 분수는 $\frac{1}{3}$, $\frac{1}{2}$ 입니다.

39 다음 조건을 만족시키는 분수를 모두 써 보세요.

• 단위분수입니다.

• $\frac{1}{5}$ 보다 작은 분수입니다.

• 분모는 9보다 작습니다.

( )

40 다음 조건을 만족시키는 분수는 모두 몇 개인지 구해 보세요.

• $\frac{1}{16}$ 보다 큰 분수입니다.

• 분자는 1입니다.

• 분모는 1보다 큽니다.

( )

• 0.1 알아보기

분수 $\frac{1}{10}$ 을 0.1이라 쓰고 영점일이라고 읽습니다.

$$\frac{1}{10} = 0.1$$

• 소수 알아보기

0.1, 0.2, 0.3과 같은 수를 소수라 하고, '.'을 소수점이라고 합니다.

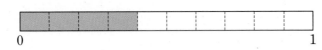

분수 0 $\frac{1}{10}$ $\frac{2}{10}$ $\frac{3}{10}$ $\frac{4}{10}$ $\frac{5}{10}$ $\frac{6}{10}$ $\frac{7}{10}$ $\frac{8}{10}$ $\frac{9}{10}$ 1

소수 0 0.1 0.2 0.3 0.4 0.5 0.6 0.7 0.8 0.9 1

영점일 영점이 영점삼 영점사 영점오 영점육 영점칠 영점팔 영점구

실전 개념

• ★이 한 자리 수일 때

$$\frac{★}{10} = 0.★$$

• 1 mm를 cm로 나타내기

0 $\frac{1}{10}$ 1(cm)

$$1\,mm = \frac{1}{10}\,cm = 0.1\,cm$$

확인!

$\frac{1}{10}$ 이 7개인 수를 소수로 나타내면 [   ]입니다.

---

1 그림을 보고 ☐ 안에 알맞게 써넣으세요.

0 [색칠한 막대] 1

(1) 색칠한 부분을 분수로 나타내면 [   ]입니다.

(2) 색칠한 부분을 소수로 나타내면 [   ]이고 [   ](이)라고 읽습니다.

▶ $\frac{1}{10}$ 이 4개인 수
⇒ 0.1이 4개인 수

---

2 ☐ 안에 알맞은 수를 써넣으세요.

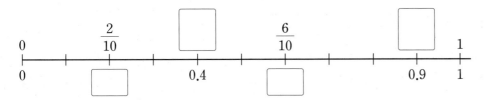

0 $\frac{2}{10}$ [☐] $\frac{6}{10}$ [☐] 1

0 [☐] 0.4 [☐] 0.9 1

❓ 0.9 다음의 소수는 왜 1.0이라고 하지 않나요?

3학년 1학기 과정에서 0.9 다음의 소수는 1.0이지만 소수 부분에서 맨 끝의 수가 0인 경우는 쓰지 않기로 합니다. 예를 들어 1.0은 1, 2.0은 2로 나타냅니다.

---

3 색칠한 부분을 분수와 소수로 나타내 보세요.

(1)

분수	소수

(2)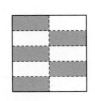

분수	소수

6

7 소수 알아보기 (2)

● 자연수와 소수로 이루어진 수

2와 0.6만큼 ➡ **쓰기** 2.6 **읽기** 이점육

1이 2개 ➡ 2	0.1이 20개 ➡ 2
0.1이 6개 ➡ 0.6	0.1이 6개 ➡ 0.6
2와 0.6만큼 ➡ 2.6	0.1이 26개 ➡ 2.6

● 길이를 소수로 나타내기

┌ 1 cm를 똑같이 10칸으로 나눈 것 중의 5

$3 \text{cm} \, 5 \text{mm} = 3 \text{cm} + \overline{5 \text{mm}}$ $35 \text{mm} = 30 \text{mm} + 5 \text{mm}$
$\quad\quad\quad\quad\quad = 3 \text{cm} + 0.5 \text{cm}$ $\quad\quad\quad = 3 \text{cm} + 0.5 \text{cm}$
$\quad\quad\quad\quad\quad = 3.5 \text{cm}$ $\quad\quad\quad\quad = 3.5 \text{cm}$

➡ $3 \text{cm} \, 5 \text{mm} = 35 \text{mm} = 3.5 \text{cm}$

● 자연수와 소수의 관계

백의 자리	십의 자리	일의 자리		소수의 자리
3	3	3	.	3

333.3 ➡

| 300 | 30 | 3 | 0.3 |

300 ←10배← 30 ←10배← 3 ←10배← 0.3

➕ **보충 개념**

- **자연수**: 1부터 시작하여 1씩 커지는 수
  ➡ 1, 2, 3, 4, …

- 같은 숫자라도 자리에 따라 나타내는 값이 다릅니다.
  ┌ 0.1이 6개 ➡ 0.6
  ├ 1이 6개 ➡ 6
  └ 10이 6개 ➡ 60

⚙ **심화 개념**

- 자리가 나타내는 값은 한 자리씩 올라갈 때마다 10배가 됩니다.

---

4 색칠한 부분의 크기를 소수로 나타내 보세요.

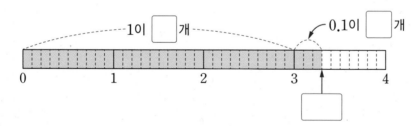

1이 ☐ 개   0.1이 ☐ 개

☐

> 3과 전체를 똑같이 10으로 나눈 것 중의 3입니다.

5 연필의 길이를 소수로 나타내 보세요.

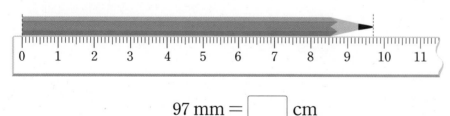

97 mm = ☐ cm

6 ☐ 안에 알맞은 수를 써넣으세요.

(1) 4 cm 2 mm = ☐ cm   (2) 73 mm = ☐ cm

> ▲ mm = 0.▲ cm이므로
> ■ cm ▲ mm = ■.▲ cm입니다.

8 소수의 크기 비교

● 소수점 왼쪽 부분이 같은 경우

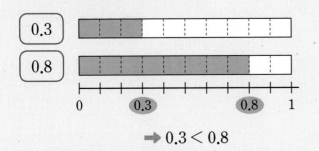

0.3

0.8

➡ 0.3 < 0.8

> 소수점 왼쪽 부분이 같으면 소수 부분이 클수록 더 커.

● 소수점 왼쪽 부분이 다른 경우

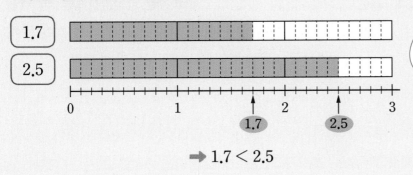

1.7

2.5

➡ 1.7 < 2.5

> 소수점 왼쪽 부분이 다르면 소수점 왼쪽 부분이 클수록 더 커.

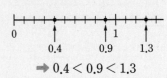

보충 개념

• 수직선으로 세 수 비교하기
수직선에서는 오른쪽에 있을수록 큰 수입니다.

➡ 0.4 < 0.9 < 1.3

---

7 두 소수를 수직선에 ↓로 나타내고 ○ 안에 >, =, < 중 알맞은 것을 써넣으세요.

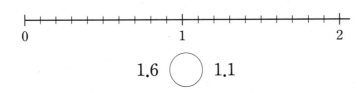

1.6 ○ 1.1

8 두 수의 크기를 비교하여 ○ 안에 >, =, < 중 알맞은 것을 써넣으세요.

(1) 3.4 ○ 3.2

(2) 8.6 ○ 9.1

(3) 5.4 ○ 5.9

(4) 8.4 ○ 7.7

> 소수점 왼쪽 부분이 클수록 더 큰 소수입니다. 소수점 왼쪽 부분이 같으면 소수 부분의 크기를 비교합니다.

9 더 큰 수를 찾아 기호를 써 보세요.

(1)
| ㉠ 3.7 ㉡ 0.1이 35개인 수 |

(   )

(2)
| ㉠ 0.5 ㉡ $\frac{1}{10}$이 8개인 수 |

(   )

> 0.1이 많을수록 더 큰 수입니다.
>
> 27 < 31
> 10배↑   ↑10배
> 2.7 < 3.1

10 소수 알아보기 (1)

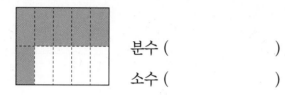

소수: 0.1, 0.2, 0.3과 같은 수

참고 $\frac{\blacksquare}{10}$ = 0.$\blacksquare$ = (0.1이 $\blacksquare$개인 수)

41 색칠한 부분을 분수와 소수로 나타내 보세요.

분수 ( )

소수 ( )

42 알맞은 것끼리 이어 보세요.

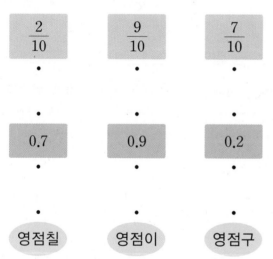

$\frac{2}{10}$	$\frac{9}{10}$	$\frac{7}{10}$

0.7	0.9	0.2

영점칠	영점이	영점구

43 □ 안에 알맞은 수를 써넣으세요.

(1) 0.8은 0.1이 □개입니다.

(2) 0.1이 3개이면 □입니다.

(3) $\frac{1}{10}$이 □개이면 0.5입니다.

(4) 6 mm는 □ cm입니다.

44 승현이는 색 테이프 1 m를 똑같이 10조각으로 나누어 민아에게 4조각을 주었습니다. 승현이에게 남은 색 테이프는 몇 m인지 소수로 나타내 보세요.

( )

45 빵을 똑같이 10조각으로 나누었습니다. 동생은 그중 5조각을 먹고, 정호는 3조각을 먹었습니다. 동생과 정호가 먹은 빵은 전체의 얼마인지 소수로 나타내 보세요.

동생 ( )

정호 ( )

11 소수 알아보기 (2)

· 5와 0.7만큼의 수
쓰기 5.7
읽기 오 점 칠

· 0.1이 68개인 수
쓰기 6.8
읽기 육 점 팔

46 다음을 소수로 나타내 보세요.

5와 $\frac{4}{10}$

( )

47 □ 안에 알맞은 소수를 써넣으세요.

(1) 3 cm 7 mm = □ cm

(2) 51 mm = □ cm

48 ☐ 안에 알맞은 수를 써넣으세요.

(1) 0.1이 25개이면 ☐ 입니다.

(2) $\frac{1}{10}$ 이 ☐ 개이면 7.1입니다.

49 다음과 같은 색 테이프 2장을 겹치지 않게 이어 붙였습니다. 이어 붙인 색 테이프의 전체 길이는 몇 cm인지 소수로 나타내 보세요.

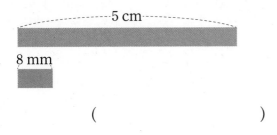

( )

50 준우네 집에서 도서관까지의 거리와 준우네 집에서 영화관까지의 거리는 각각 몇 km인지 소수로 나타내 보세요.

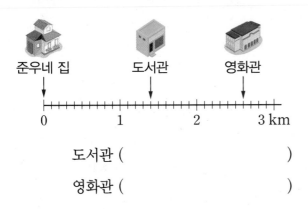

도서관 ( )

영화관 ( )

51 ☐ 안에 알맞은 수 중 가장 큰 것을 찾아 기호를 써 보세요.

> ㉠ 1.6은 0.1이 ☐개
> ㉡ 0.1이 ☐개이면 2.4
> ㉢ 3.1은 0.1이 ☐개

( )

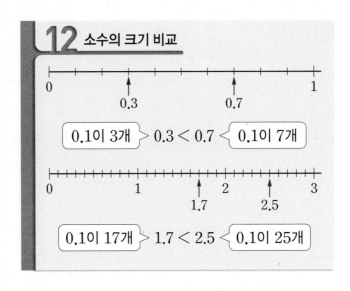

12 소수의 크기 비교

0.1이 3개 > 0.3 < 0.7 < 0.1이 7개

0.1이 17개 > 1.7 < 2.5 < 0.1이 25개

52 두 수의 크기를 비교하여 ○ 안에 >, =, < 중 알맞은 것을 써넣으세요.

(1) 0.7 ◯ 0.1이 9개인 수

(2) 0.1이 83개인 수 ◯ 7.9

53 길이가 더 긴 것을 찾아 기호를 써 보세요.

> ㉠ 9 cm 1 mm ㉡ 9.5 cm

( )

54 가장 큰 수와 가장 작은 수를 각각 찾아 기호를 써 보세요.

> ㉠ 4와 $\frac{2}{10}$ ㉡ 0.1이 40개인 수
> ㉢ 4.5 ㉣ $\frac{1}{10}$이 44개인 수

가장 큰 수 ( )

가장 작은 수 ( )

55 1부터 9까지의 수 중에서 □ 안에 들어갈 수 있는 수는 모두 몇 개일까요?

$$5.2 < 5.\square$$

( )

56 예지는 월요일부터 토요일까지 매일 걷기 운동을 하고 요일별로 걷기 기록표를 작성했습니다. 가장 많이 걸은 요일은 언제일까요?

걷기 기록표

월	화	수
2.1 km	$\frac{8}{10}$ km	2.7 km
목	금	토
1.8 km	2.3 km	$\frac{9}{10}$ km

( )

창의＋
57 다음은 어느 리듬체조 선수가 받은 영역별 기술 점수입니다. 이 선수의 리본 점수가 곤봉 점수보다는 높고 공 점수보다는 낮을 때 1부터 9까지의 수 중 □ 안에 들어갈 수 있는 수를 모두 구해 보세요.

영역	곤봉	후프	공	리본
점수(점)	7.2	7.8	7.5	7.□

( )

13 수 카드로 소수 만들기

예 수 카드 4 , 1 을 한 번씩만 사용하여 소수
■.▲ 만들기
• 가장 큰 소수
 높은 자리부터 큰 수를 놓습니다. ➡ 4.1
• 가장 작은 소수
 높은 자리부터 작은 수를 놓습니다. ➡ 1.4

58 수 카드 중에서 2장을 골라 한 번씩만 사용하여 가장 큰 소수를 만들어 보세요.

1 5 3 7

( )

서술형
59 수 카드 4 , 2 , 6 에서 2장을 골라 한 번씩만 사용하여 가장 작은 소수 ■.▲를 만들려고 합니다. 풀이 과정을 쓰고 답을 구해 보세요.

풀이

답

60 수 카드 중에서 2장을 골라 한 번씩만 사용하여 소수 ■.▲를 만들려고 합니다. 가장 큰 소수와 둘째로 큰 소수를 각각 만들어 보세요.

3 6 8

가장 큰 소수 ( )

둘째로 큰 소수 ( )

심화유형 1 □ 안에 들어갈 수 있는 수 구하기

1부터 9까지의 수 중에서 □ 안에 들어갈 수 있는 수를 모두 구해 보세요.

$$\frac{6}{10} < 0.\square$$

(   )

● 핵심 NOTE
- 분수를 소수로 고치거나 소수를 분수로 고칩니다.
- 형태가 같아진 수의 크기를 비교합니다.

1-1 1부터 9까지의 수 중에서 □ 안에 들어갈 수 있는 수를 모두 구해 보세요.

$$0.4 < \frac{\square}{10}$$

(   )

1-2 1부터 9까지의 수 중에서 □ 안에 들어갈 수 있는 수를 모두 구해 보세요.

$$\frac{7}{10} < 0.\square < 1.2$$

(   )

심화유형 2 접은 모양의 크기를 분수로 나타내기

원 모양의 종이를 다음과 같이 2번 접은 후에 펼쳤을 때 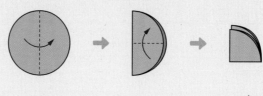 모양은 전체의 얼마인지 분수로 나타내 보세요.

(   )

● 핵심 NOTE • 반으로 계속 접은 후 펼쳤을 때 나누어진 조각 수

접은 횟수(번)	1	2	3	4	…
조각 수(개)	2	2×2	2×2×2	2×2×2×2	…

2-1 색종이를 다음과 같이 3번 접은 후에 펼쳤을 때 모양은 전체의 얼마인지 분수로 나타내 보세요.

(   )

2-2 다음과 같이 색칠되어 있는 종이를 3번 접은 후에 펼치면 똑같이 8조각으로 나누어집니다. 색칠된 부분은 전체의 얼마인지 분수로 나타내 보세요.

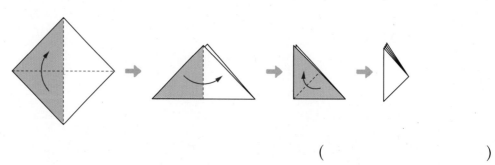

(   )

나머지 부분을 소수로 나타내기

심화유형 **3**

화단 전체의 $\frac{2}{10}$에 장미를, 0.4에 해바라기를, 나머지 부분에 국화를 심었습니다. 국화를 심은 부분은 전체의 얼마인지 소수로 나타내 보세요.

( )

● **핵심 NOTE** • 전체를 똑같이 10으로 나눈 그림을 그려서 문제를 해결합니다.

• 전체가 1이므로 한 칸은 0.1이 됩니다.

3-1 케이크 전체의 0.3은 누나가 먹고, $\frac{5}{10}$는 형이 먹었습니다. 나머지를 현중이가 먹었다면 현중이가 먹은 부분은 전체의 얼마인지 소수로 나타내 보세요.

( )

3-2 현석이네 텃밭 전체의 $\frac{3}{10}$에 배추를 심고, 0.4에 양파를 심었습니다. 나머지 밭에 무를 심었다면 가장 넓은 부분에 심은 것은 무엇일까요?

( )

통합
교과유형

수학 ➕ 과학

부분을 분수로 나타내기

프랙털은 '쪼개다'라는 뜻을 가지고 있는데 부분과 전체가 똑같은 모양을 하고 있는 구조를 말합니다. 단순한 모양이 끊임없이 반복되면서 복잡한 전체 모양을 만드는 것으로 자연에서 쉽게 찾을 수 있는데 공작의 깃털무늬, 나뭇가지, 구름과 산 등이 프랙털 구조입니다. 다음은 벽지에 이용된 프랙털 도형입니다. 셋째 프랙털 도형에서 색칠된 부분은 전체의 얼마인지 분수로 나타내 보세요.

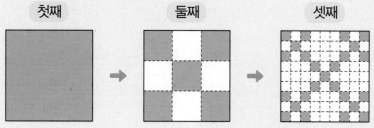

1단계 셋째 도형에서 전체 칸 수와 색칠된 부분의 칸 수 각각 구하기

....

2단계 셋째 도형에서 색칠된 부분은 전체의 얼마인지 분수로 나타내기

....

(   )

● **핵심 NOTE**   **1단계** 첫째, 둘째, 셋째에서 전체 칸 수의 규칙을 알아보고, 색칠된 부분의 칸 수를 구합니다.
                     2단계 전체 칸 수와 색칠된 부분의 칸 수를 이용하여 분수로 나타냅니다.

4-1

다음은 삼각형 모양의 프랙털 도형입니다. 셋째 도형에서 색칠된 부분은 전체의 얼마인지 분수로 나타내 보세요.

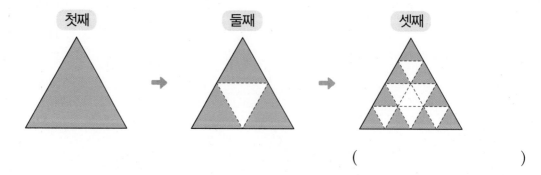

(   )

단원 평가 Level ❶

1 전체를 똑같이 셋으로 나눈 도형은 어느 것일까요? (　　　)

 ①
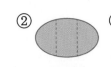 ②
 ③

 ④
 ⑤

2 태국 국기에서 파란색 부분은 전체의 얼마인지 분수로 나타내 보세요.

(　　　　　　　　　　)

3 색칠한 부분을 분수와 소수로 나타내 보세요.

분수	소수

4 ☐ 안에 알맞은 수를 써넣으세요.

(1) 0.1이 6개이면 ☐ 입니다.

(2) $\frac{1}{10}$이 ☐ 개이면 $\frac{7}{10}$입니다.

(3) 3.2는 0.1이 ☐ 개입니다.

5 색칠한 부분이 전체의 $\frac{3}{4}$을 나타내는 것을 찾아 기호를 써 보세요.

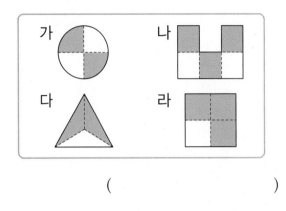

(　　　　　　　　　　)

6 지윤이가 만든 계량컵입니다. ☐ 안에 알맞은 분수 또는 소수를 써넣으세요.

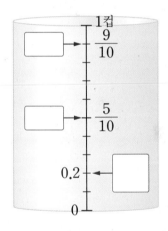

7 부분을 보고 전체를 그려 보세요.

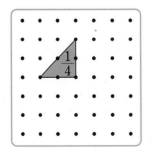

8 크레파스의 길이는 몇 cm인지 소수로 나타내 보세요.

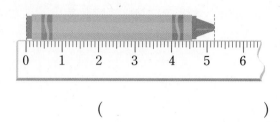

( )

9 그림을 보고 친구들의 대화를 완성해 보세요.

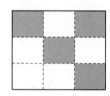

건우: 단위분수 [ ] 이/가 [ ] 개이면 전체야.

예은: 색칠된 부분은 단위분수 $\frac{1}{9}$ 이 [ ] 개야.

시현: 색칠되지 않은 부분은 단위분수 [ ]

이/가 [ ] 개야.

10 두 수의 크기를 비교하여 ○ 안에 >, =, < 중 알맞은 것을 써넣으세요.

(1) 4 ◯ $\frac{1}{10}$ 이 41개인 수

(2) 0.1이 13개인 수 ◯ 0.9

11 길이가 더 짧은 것에 ○표 하세요.

| 5.8 cm | 6 cm 2 mm |

( )　　　　( )

12 □ 안에 들어갈 수 있는 수를 모두 찾아 ○표 하세요.

5.4 < □.2

(3 , 4 , 5 , 6 , 7 , 8 , 9)

13 $\frac{1}{6}$ 보다 크고 $\frac{1}{3}$ 보다 작은 단위분수는 모두 몇 개인지 구해 보세요.

( )

14 1부터 9까지의 수 중에서 □ 안에 들어갈 수 있는 수를 모두 구해 보세요.

$\frac{\square}{11} < \frac{6}{11}$

( )

15 영우네 집에서 문구점까지의 거리는 $\frac{6}{10}$ km 이고, 현지네 집에서 문구점까지의 거리는 0.4 km입니다. 영우네 집과 현지네 집 중 누구네 집이 문구점에서 더 가까울까요?

( )

16 수 카드 중에서 2장을 골라 한 번씩만 사용하여 둘째로 작은 소수 ■.▲를 만들어 보세요.

3 5 7

( )

17 큰 수부터 차례로 기호를 써 보세요.

> ㉠ 0.1이 55개인 수
> ㉡ 7.3
> ㉢ $\frac{1}{10}$이 61개인 수

( )

18 100원짜리 동전의 길이는 24 mm, 10원짜리 동전의 길이는 18 mm입니다. 선분 ㄱㄴ의 길이는 몇 cm인지 소수로 나타내 보세요.

( )

19 소희가 수박을 똑같이 16조각으로 나눈 후 그중 4조각을 친구들과 나누어 먹었습니다. 남은 수박은 전체의 얼마인지 풀이 과정을 쓰고 답을 구해 보세요.

풀이

답

20 색 테이프를 민수는 $\frac{7}{10}$ cm, 정수는 1.3 cm, 유리는 1 cm 2 mm 가지고 있습니다. 가장 긴 색 테이프를 가지고 있는 사람은 누구인지 풀이 과정을 쓰고 답을 구해 보세요.

풀이

답

단원 평가 Level ❷

1 ☐ 안에 알맞은 수나 말을 써넣으세요.

색칠한 부분은 전체를 똑같이 ☐ (으)로 나눈

것 중의 ☐ 이므로 ☐ (이)라 쓰고

☐ (이)라고 읽습니다.

2 색칠한 부분이 나타내는 분수가 다른 하나를
찾아 기호를 써 보세요.

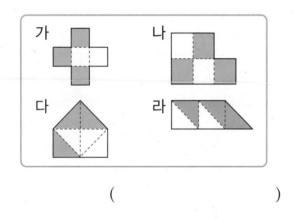

( )

3 같은 것끼리 이어 보세요.

$\dfrac{2}{10}$ ·	· 0.5 ·	· 영점구
$\dfrac{9}{10}$ ·	· 0.2 ·	· 영점오
$\dfrac{5}{10}$ ·	· 0.9 ·	· 영점이

4 색칠한 부분은 전체의 얼마인지 분수로 나타내
보세요.

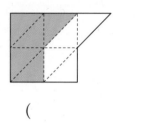

( )

5 ☐ 안에 알맞은 수를 써넣으세요.

0.1이 50개인 수 ➡ ☐

0.1이 7개인 수 ➡ ☐

0.1이 57개인 수 ➡ ☐

6 두 분수의 크기를 비교하여 ○ 안에 >, =,
< 중 알맞은 것을 써넣으세요.

(1) $\dfrac{8}{9}$ ◯ $\dfrac{5}{9}$ (2) $\dfrac{1}{8}$ ◯ $\dfrac{1}{6}$

7 오른쪽 그림은 전체를 똑같
이 5로 나눈 것 중의 4입니
다. 전체에 알맞은 도형을 모
두 찾아 기호를 써 보세요.

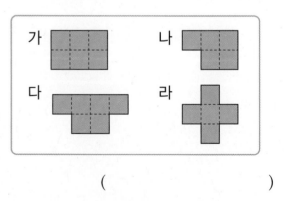

( )

정답과 풀이 42쪽

8 ☐ 안에 알맞은 소수를 써넣으세요.

(1) 58 mm = ☐ cm

(2) 3 cm 4 mm = ☐ cm

9 더 큰 수에 ○표 하세요.

| 0.1이 8개인 수 | $\frac{1}{10}$이 9개인 수 |

(   )   (   )

10 다음과 같은 색 테이프 2장을 겹치지 않게 이어 붙였습니다. 이어 붙인 색 테이프의 전체 길이는 몇 cm인지 소수로 나타내 보세요.

9 cm

5 mm

(   )

11 ㉠과 ㉡의 합을 구해 보세요.

• $\frac{5}{6}$는 $\frac{1}{6}$이 ㉠개입니다.

• $\frac{1}{12}$이 7개이면 $\frac{7}{㉡}$입니다.

(   )

12 각 모둠에서 먹은 피자의 양을 분수로 나타내고 가장 많이 먹은 모둠부터 차례로 써 보세요.

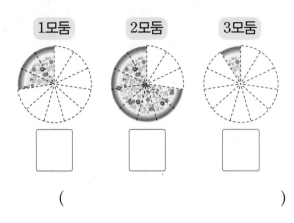

1모둠   2모둠   3모둠

(   )

13 2부터 9까지의 수 중에서 ☐ 안에 들어갈 수 있는 가장 큰 수를 구해 보세요.

$$\frac{1}{6} < \frac{1}{☐}$$

(   )

14 가장 큰 분수는 어느 것일까요? (   )

① $\frac{1}{8}$ ② $\frac{4}{5}$ ③ $\frac{2}{5}$

④ $\frac{1}{5}$ ⑤ $\frac{1}{7}$

15 현우는 동생과 주스 한 병을 나누어 마셨습니다. 현우는 전체의 $\frac{3}{8}$을 마시고, 나머지는 동생이 마셨다면 누가 더 많이 마셨을까요?

(   )

16 이서와 선우는 같은 초콜릿을 한 개씩 가지고 있습니다. 대화를 읽고 초콜릿을 누가 몇 조각 더 많이 먹었는지 구해 보세요.

이서: 나는 초콜릿의 $\frac{1}{3}$ 을 먹었어.

선우: 나는 초콜릿의 $\frac{4}{6}$ 를 먹었어.

(   ), (   )

17 1부터 9까지의 수 중에서 □ 안에 들어갈 수 있는 수를 모두 구해 보세요.

$$\frac{4}{10} < 0.\square < 0.8$$

(   )

18 조건을 만족시키는 소수 ■.▲를 모두 구해 보세요.

- $\frac{6}{10}$ 보다 작은 수입니다.
- 0.1이 3개인 수보다 큰 수입니다.

(   )

19 ㉠과 ㉡ 중 더 작은 분수는 어느 것인지 기호를 쓰려고 합니다. 풀이 과정을 쓰고 답을 구해 보세요.

- $\frac{7}{9}$ 은 ㉠이 7개인 수
- $\frac{3}{11}$ 은 ㉡이 3개인 수

풀이 _____

_____

_____

답 _____

20 수 카드 4장 중에서 2장을 골라 한 번씩만 사용하여 소수 ■.▲를 만들려고 합니다. 이때 만들 수 있는 소수 중에서 5보다 큰 소수는 모두 몇 개인지 풀이 과정을 쓰고 답을 구해 보세요.

| 3 | 4 | 5 | 6 |

풀이 _____

_____

_____

_____

답 _____

계산이 아닌   개념을 깨우치는

수학을 품은 연산

디딤돌
연산은
수학이다.

1~6학년(학기용)

수학 공부의 새로운 패러다임

수능까지 연결되는 독해 로드맵

디딤돌 독해력은 수능까지 연결되는 체계적인 라인업을 통하여

수능에서 요구하는 핵심 독해 원리에 대한 이해는 물론,

단계 별로 심화되며 연결되는 학습의 과정을 통해

깊이 있고 종합적인 독해 사고의 능력까지 기를 수 있도록 도와줍니다.

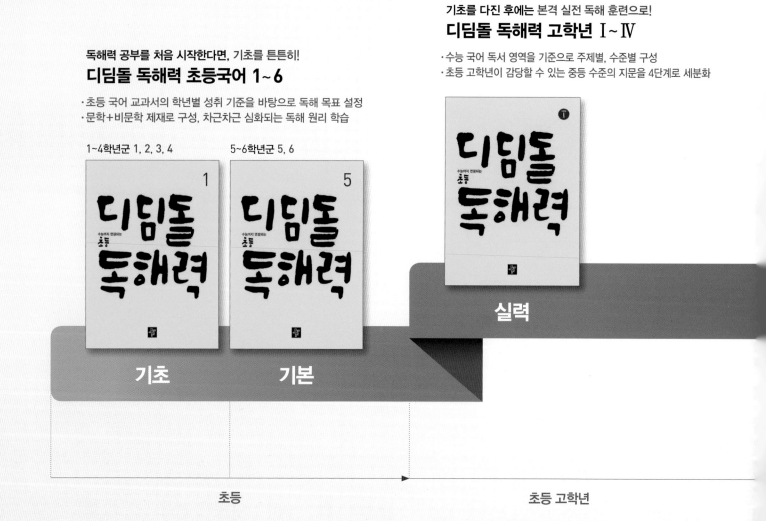

기초를 다진 후에는 본격 실전 독해 훈련으로!
디딤돌 독해력 고학년 Ⅰ~Ⅳ

· 수능 국어 독서 영역을 기준으로 주제별, 수준별 구성
· 초등 고학년이 감당할 수 있는 중등 수준의 지문을 4단계로 세분화

독해력 공부를 처음 시작한다면, 기초를 튼튼히!
디딤돌 독해력 초등국어 1~6

· 초등 국어 교과서의 학년별 성취 기준을 바탕으로 독해 목표 설정
· 문학+비문학 제재로 구성, 차근차근 심화되는 독해 원리 학습

1~4학년군 1, 2, 3, 4　　　5~6학년군 5, 6

실력

기초　　　기본

초등　　　　　　　　　초등 고학년

응용탄탄북

3-1

차례

수학 좀 한다면

초등수학

응용탄탄북

$\dfrac{3}{1}$

- **서술형 문제** | 서술형 문제를 집중 연습해 보세요.

- **다시 점검하는 단원 평가** | 시험에 잘 나오는 문제를 한 번 더 풀어 단원을 확실하게 마무리해요.

서술형 문제

1 가, 나, 다에 알맞은 수를 각각 구하려고 합니다. 풀이 과정을 쓰고 답을 구해 보세요.

▶ 받아내림을 생각하여 일의 자리부터 계산합니다.

$$\begin{array}{r} 가\ 5\ 1 \\ -\ 2\ 나\ 다 \\ \hline 6\ 5\ 7 \end{array}$$

풀이

답 가: _____ , 나: _____ , 다: _____

2 ☐ 안에 들어갈 수 있는 가장 큰 세 자리 수를 구하려고 합니다. 풀이 과정을 쓰고 답을 구해 보세요.

▶ < 대신 = 로 바꾸어 ☐의 값을 먼저 구합니다.

$$257 + ☐ < 603$$

풀이

답 _____

3 같은 모양은 같은 수를 나타냅니다. ◆의 값이 395일 때 ★의 값은 얼마인지 풀이 과정을 쓰고 답을 구해 보세요.

▶ ♥의 값을 구한 다음 ★의 값을 구합니다.

$$◆ + ◆ = ♥$$
$$♥ - 196 = ★$$

풀이 ....

....

....

....

....

답 ....

1

4 세 자리 수가 적혀 있는 수 카드가 2장 있습니다. 이 중에서 한 장이 찢어져 백의 자리 숫자만 보입니다. 두 수의 합이 923일 때 두 수의 차는 얼마인지 풀이 과정을 쓰고 답을 구해 보세요.

▶ 덧셈과 뺄셈의 관계를 이용하여 찢어진 수 카드에 적힌 수를 구합니다.

645   2

풀이 ....

....

....

....

답 ....

5 지하철에 남자가 345명, 여자가 287명 타고 있습니다. 그중에서 어린이가 156명이라면 지하철에 타고 있는 어른은 몇 명인지 풀이 과정을 쓰고 답을 구해 보세요.

풀이 ....

....

....

....

답 ....

▶ 먼저 지하철에 타고 있는 사람은 모두 몇 명인지 구합니다.

6 민수와 지오는 체험 농장에서 감자와 고구마를 캤습니다. 민수와 지오가 각각 캔 감자와 고구마 수의 합은 누가 몇 개 더 많은지 풀이 과정을 쓰고 답을 구해 보세요.

> 민수: 나는 감자 152개, 고구마 136개를 캤어.
> 지오: 나는 감자 285개, 고구마 297개를 캤어.

풀이 ....

....

....

....

답 ....

▶ 감자와 고구마 수의 합을 비교하여 큰 수에서 작은 수를 뺍니다.

7 길이가 284 cm인 색 테이프 3장을 그림과 같이 97 cm씩 겹쳐서 한 줄로 이어 붙였습니다. 이어 붙인 색 테이프의 전체 길이는 몇 cm인지 풀이 과정을 쓰고 답을 구해 보세요.

▶ 색 테이프 3장을 겹쳐지게 이어 붙이면 겹쳐진 부분은 두 군데입니다.

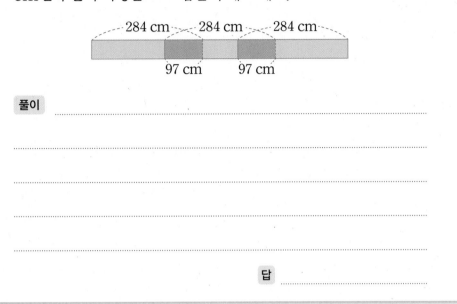

풀이 ....

....

....

....

....

답 ....

1

8 어떤 수에 다음 수 카드를 한 번씩만 사용하여 만들 수 있는 세 자리 수 중에서 가장 큰 수를 더해야 할 것을 잘못하여 가장 작은 수를 더했더니 645가 되었습니다. 바르게 계산한 값은 얼마인지 풀이 과정을 쓰고 답을 구해 보세요.

▶ 가장 큰 수를 만들 때는 높은 자리부터 차례대로 큰 수를 놓고, 가장 작은 수를 만들 때는 높은 자리부터 차례대로 작은 수를 놓습니다.

6 5 8 3

풀이 ....

....

....

....

....

답 ....

다시 점검하는 **단원 평가** Level ❶

점수 | 확인

1 계산해 보세요.

(1)　　3 9 4
　　+2 8 5

(2)　　8 2 7
　　−4 7 1

2 ☐ 안에 알맞은 수를 써넣으세요.

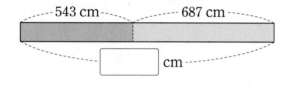

┌─ 543 cm ─┐┌─ 687 cm ─┐

☐ cm

3 ☐ 안에 알맞은 수를 써넣으세요.

$729 - 214$

$= (700 - 200) + (\boxed{} - \boxed{})$

$= \boxed{} + \boxed{}$

$= \boxed{}$

4 같은 것끼리 이어 보세요.

216+482	•	•	586
724−138	•	•	431
678−247	•	•	698

5 오른쪽 뺄셈식에서 ☐ 안에 들어갈 수가 실제로 나타내는 값은 얼마일까요?

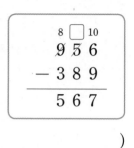

$$\begin{array}{r} 8\ \boxed{}\ 10 \\ \cancel{9}\,\cancel{5}\,6 \\ -3\,8\,9 \\ \hline 5\,6\,7 \end{array}$$

(　　　　　　)

6 빈칸에 알맞은 수를 써넣으세요.

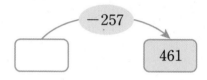

☐ —(−257)→ 461

7 ○ 안에 >, =, < 중 알맞은 것을 써넣으세요.

(1) $659 + 286$ ○ 898

(2) $807 - 345$ ○ 460

8 성호는 줄넘기를 366번 넘었고 민규는 성호보다 152번 더 많이 넘었습니다. 민규는 줄넘기를 몇 번 넘었을까요?

(　　　　　　)

9 지수는 친구에게 줄 생일 선물을 포장하려고
합니다. 리본 8 m 28 cm 중에서 249 cm
를 사용했다면 사용하고 남은 리본은 몇 cm
일까요?

( )

10 가장 큰 수와 가장 작은 수의 합을 구해 보세요.

| 395 | 512 | 708 | 427 |

( )

11 계산 결과가 큰 것부터 차례로 기호를 써 보세요.

㉠ $497 + 125$
㉡ $924 - 253$
㉢ $976 - 389$

( )

12 다음 수보다 298만큼 더 작은 수를 구해 보세요.

100이 7개, 10이 15개, 1이 27개인 수

( )

13 어떤 수에서 287을 빼야 할 것을 잘못하여
더했더니 921이 되었습니다. 어떤 수를 구해
보세요.

( )

14 다음 수 중에서 두 수를 골라 **뺄셈식**을 만들려
고 합니다. ☐ 안에 알맞은 수를 써넣으세요.

| 367 | 824 | 712 | 904 |

$$\boxed{} - \boxed{} = 457$$

15 현아는 종이학을 673개 접었습니다. 이 중에
서 298개를 세연이에게 주고 142개를 더 접
었습니다. 현아가 지금 가지고 있는 종이학은
몇 개일까요?

( )

1

16 민지네 집에서 공원까지의 거리는 몇 m일까요?

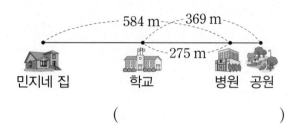

584 m 369 m
275 m

민지네 집   학교   병원 공원

(   )

17 계산 결과가 가장 크게 되도록 세 수를 ☐ 안에 한 번씩 써넣고 계산 결과를 구해 보세요.

| 295 | 596 | 398 |

☐ + ☐ − ☐

(   )

18 ☐ 안에 들어갈 수 있는 가장 큰 세 자리 수를 구해 보세요.

172 < 520 − ☐

(   )

19 준석이와 유나가 가지고 있는 수 카드를 한 번씩만 사용하여 세 자리 수를 만들 때 만든 두 수의 합이 가장 큰 경우는 얼마인지 풀이 과정을 쓰고 답을 구해 보세요.

준석
7 9 6

유나
5 4 8

풀이

답

20 어떤 세 자리 수의 십의 자리 숫자와 일의 자리 숫자를 바꾸어 만든 수에 394를 더했더니 941이 되었습니다. 어떤 세 자리 수보다 287만큼 더 큰 수는 얼마인지 풀이 과정을 쓰고 답을 구해 보세요.

풀이

답

다시 점검하는 **단원 평가** Level ❷

점수 | 확인

1 빈칸에 두 수의 합을 써넣으세요.

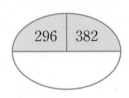

296 | 382

2 ☐ 안에 알맞은 수를 써넣으세요.

$364 + 471$

$= (300 + 400) + ($ ☐ $+$ ☐ $)$

$=$ ☐ $+$ ☐

$=$ ☐

3 다음 수보다 426만큼 더 큰 수를 구해 보세요.

100이 3개, 10이 11개, 1이 12개인 수

( )

4 잘못 계산한 곳을 찾아 바르게 계산해 보세요.

$$\begin{array}{r} 5\ 4\ 0 \\ -\ 2\ 7\ 5 \\ \hline 3\ 7\ 5 \end{array}$$ →

5 계산 결과의 크기를 비교하여 ◯ 안에 >, =, < 중 알맞은 것을 써넣으세요.

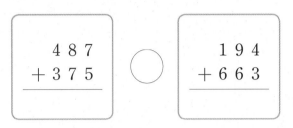

$$\begin{array}{r} 4\ 8\ 7 \\ +\ 3\ 7\ 5 \end{array}$$ ◯ $$\begin{array}{r} 1\ 9\ 4 \\ +\ 6\ 6\ 3 \end{array}$$

6 빈칸에 알맞은 수를 써넣으세요.

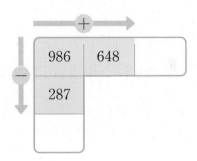

986 | 648

287

7 산책로에 은행나무는 685그루 심었고 벚나무는 128그루 심었습니다. 산책로에 심은 은행나무는 벚나무보다 몇 그루 더 많을까요?

( )

8 삼각형 안에 있는 수의 차를 구해 보세요.

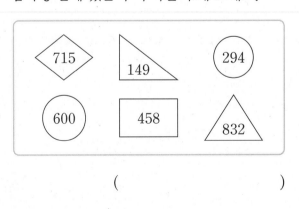

715 149 294 600 458 832

( )

9 □ 안에 알맞은 수를 써넣으세요.

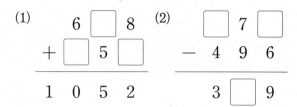

(1)
```
    6 □ 8
 +  □ 5 □
 ─────────
  1 0 5 2
```

(2)
```
    □ 7 □
 −  4 9 6
 ─────────
    3 □ 9
```

10 채영이네 집에서 가장 가까운 곳은 가장 먼 곳보다 몇 m 더 가까울까요?

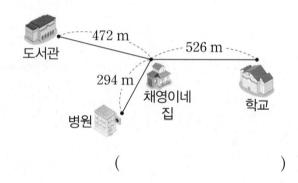

472 m 도서관
526 m
294 m
채영이네 집
병원
학교

( )

11 빈칸에 알맞은 수를 써넣으세요.

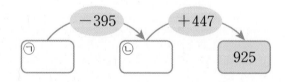

ⓐ —(−395)→ ⓑ —(+447)→ 925

12 다음 두 수는 각각 세 자리 수입니다. 두 수의 합이 896일 때 두 수의 차를 구해 보세요.

72□   □68

( )

13 형석이는 아버지, 어머니와 함께 뒷산에 올라가서 밤을 925개 주웠습니다. 그중에서 아버지가 276개, 어머니가 382개를 주웠습니다. 형석이가 주운 밤은 몇 개일까요?

( )

14 재민이는 길이가 932 cm인 빨간색 끈과 760 cm인 파란색 끈을 가지고 있습니다. 이 중에서 빨간색 끈은 758 cm를 사용하였고, 파란색 끈은 395 cm를 사용하였습니다. 남은 끈의 길이는 어느 것이 몇 cm 더 길까요?

( ), ( )

15 어떤 수에 284를 더해야 할 것을 잘못하여 뺐더니 397이 되었습니다. 바르게 계산한 값을 구해 보세요.

( )

16 민서네 학교의 남학생 수는 627명이고 여학생 수는 남학생 수보다 128명 더 적습니다. 민서네 학교의 전체 학생 수는 몇 명일까요?

( )

17 기호 ◉에 대하여 가 ◉ 나 ＝ 가＋가－나라고 약속할 때 다음을 계산해 보세요.

$$283 ◉ 374$$

( )

18 ☐ 안에 들어갈 수 있는 수 중에서 가장 작은 세 자리 수를 구해 보세요.

$$576 + 182 > 920 - ☐$$

( )

19 4장의 수 카드 중에서 3장을 뽑아 한 번씩만 사용하여 세 자리 수를 만들 때 만들 수 있는 가장 큰 수와 둘째로 작은 수의 합은 얼마인지 풀이 과정을 쓰고 답을 구해 보세요.

7 8 3 5

풀이

답

20 세영이와 세하가 설날 아침에 먹은 각 음식의 열량입니다. 누가 먹은 음식의 열량이 몇 킬로칼로리 더 높은지 풀이 과정을 쓰고 답을 구해 보세요.

세영	떡국	동태전	식혜
	363 킬로칼로리	247 킬로칼로리	255 킬로칼로리

세하	떡국	갈비찜
	363 킬로칼로리	541 킬로칼로리

풀이

답

서술형 문제

1 다음 도형이 직각삼각형이 아닌 까닭을 설명해 보세요.

▶ 한 각이 직각인 삼각형을 직각삼각형이라고 합니다.

까닭

_____

_____

_____

_____

2 다음 도형이 직사각형이 아닌 까닭을 설명해 보세요.

▶ 주어진 도형의 네 각의 크기를 살펴봅니다.

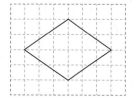

까닭

_____

_____

_____

_____

3 다음 도형이 정사각형이 아닌 까닭을 설명해 보세요.

▶ 주어진 도형의 네 변의 길이
를 살펴봅니다.

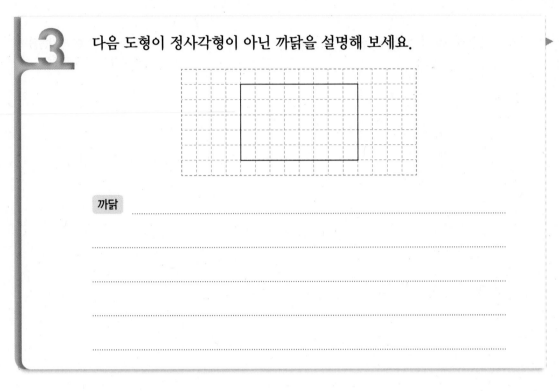

까닭
　
　
　
　

4 주어진 도형에서 찾을 수 있는 직각은 모두 몇 개인지 풀이 과정을 쓰고 답을 구해 보세요.

▶ 삼각자의 직각인 부분과 꼭
맞게 겹쳐지는 부분이 직각
입니다.

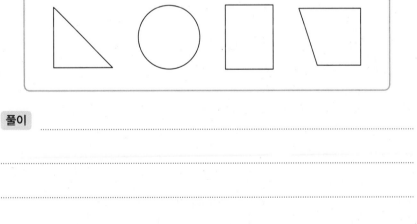

풀이
　
　
　
　

답

5 두 직사각형 가와 나의 네 변의 길이의 합의 차를 구하려고 합니다. 풀이 과정을 쓰고 답을 구해 보세요.

▶ 직사각형은 마주 보는 변의 길이가 각각 같습니다.

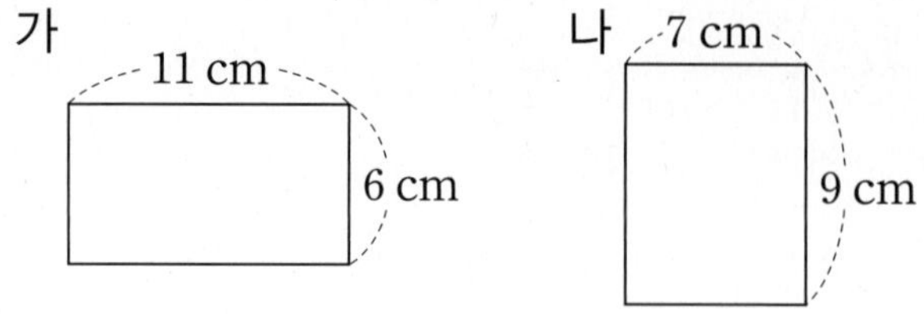

가
11 cm
6 cm

나
7 cm
9 cm

풀이 _____

_____

_____

_____

답 _____

6 정사각형 ㄱㄴㄷㅅ과 정사각형 ㄷㄹㅁㅂ을 겹치지 않게 붙여 놓은 것입니다. 정사각형 ㄷㄹㅁㅂ의 네 변의 길이의 합은 몇 cm인지 풀이 과정을 쓰고 답을 구해 보세요.

▶ 정사각형은 네 변의 길이가 모두 같으므로 (변 ㄴㄷ)＝(변 ㄱㄴ) 입니다.

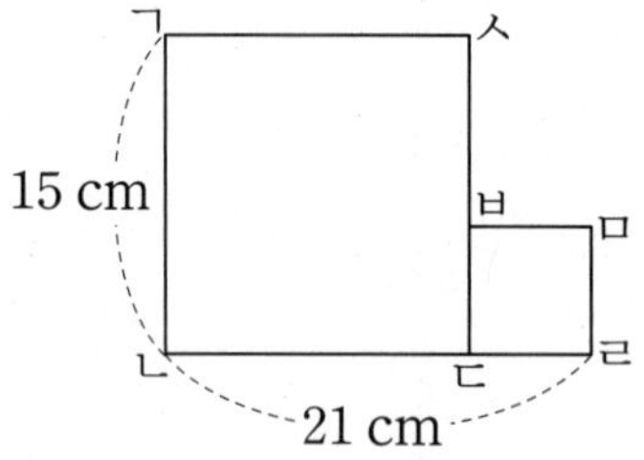

ㄱ   ㅅ
15 cm
          ㅂ   ㅁ
ㄴ   ㄷ   ㄹ
21 cm

풀이 _____

_____

_____

_____

답 _____

7 도형에서 찾을 수 있는 크고 작은 각은 모두 몇 개인지 풀이 과정을 쓰고 답을 구해 보세요.

▶ 작은 각 1개, 2개, 3개, ...로 이루어진 각의 수를 각각 구하여 더합니다.

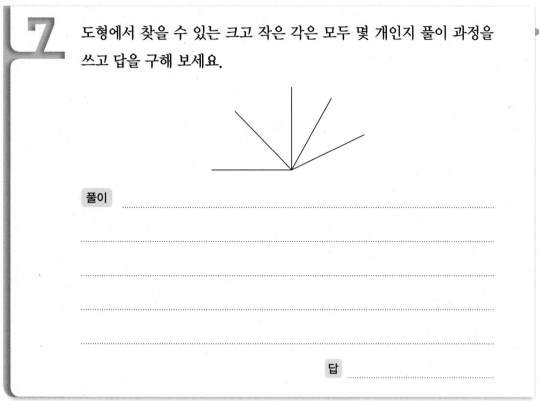

풀이

답

8 도형에서 찾을 수 있는 크고 작은 정사각형은 모두 몇 개인지 풀이 과정을 쓰고 답을 구해 보세요.

▶ 작은 정사각형 몇 개가 모여 큰 정사각형을 만드는지 생각해 봅니다.

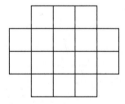

풀이

답

다시 점검하는 단원 평가 Level ❶

점수 | 확인

1 직선은 어느 것일까요? (　　　)

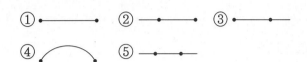

2 도형의 이름을 써 보세요.

(1)

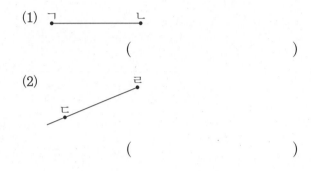

(　　　　　　　　)

(2)

(　　　　　　　　)

3 오른쪽 도형에 대한 설명으로 옳은 것은 어느 것일까요? (　　　)

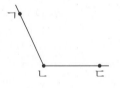

① 점 ㄴ을 각의 변이라고 합니다.
② 각의 꼭짓점은 3개입니다.
③ 각 ㄱ이라고 씁니다.
④ 각 ㄷㄴㄱ이라고 씁니다.
⑤ 점 ㄷ을 각의 꼭짓점이라고 합니다.

4 다음에서 설명하는 도형의 이름을 써 보세요.

> • 한 각이 직각입니다.
> • 3개의 선분으로 둘러싸인 도형입니다.

(　　　　　　　　)

5 각이 가장 많은 도형을 찾아 기호를 써 보세요.

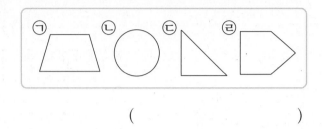

(　　　　　　　　)

6 다음 글자에서 찾을 수 있는 직각은 모두 몇 개일까요?

문

(　　　　　　　　)

7 정사각형 모양의 색종이를 점선을 따라 자르면 직각삼각형이 몇 개 만들어질까요?

(　　　　　　　　)

8 정사각형에 대한 설명으로 틀린 것을 찾아 기호를 써 보세요.

> ㉠ 네 각이 모두 직각입니다.
> ㉡ 직사각형이라고 할 수 있습니다.
> ㉢ 길이가 다른 두 변이 있습니다.

(　　　　　　　　)

9 모눈종이에 그려진 사각형의 한 꼭짓점을 옮겨 정사각형을 그려 보세요.

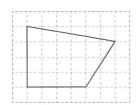

10 오른쪽 도형에서 직각을 모두 찾아 써 보세요.

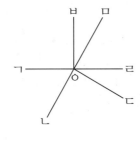

11 모눈종이에 주어진 선분을 두 변으로 하는 직사각형을 그려 보세요.

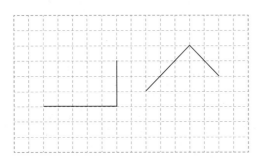

12 네 변의 길이의 합이 32 cm인 직사각형이 있습니다. 이 직사각형의 긴 변의 길이가 9 cm일 때 짧은 변의 길이는 몇 cm일까요?

( )

13 도형을 보고 물음에 답하세요.

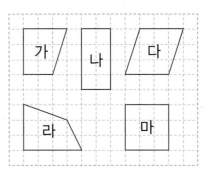

(1) 직사각형을 모두 찾아 기호를 써 보세요.

( )

(2) 정사각형을 찾아 기호를 써 보세요.

( )

14 점 종이에 그려진 삼각형에서 꼭짓점 ㄱ을 어느 점으로 옮겨 그리면 직각삼각형이 될까요?

( )

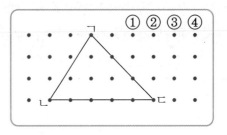

15 직사각형 모양의 종이를 그림과 같이 접고 자른 후 접었던 부분을 펼쳤습니다. 펼친 도형의 네 변의 길이의 합은 몇 cm일까요?

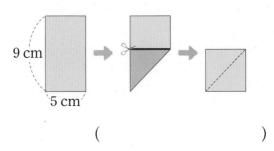

( )

16 시계의 두 바늘이 이루는 작은 쪽의 각이 직각인 시각은 어느 것일까요? (   )

① 3시 30분   ② 4시   ③ 6시

④ 8시 30분   ⑤ 9시

17 한 변의 길이가 3 cm인 정사각형 3개를 겹치지 않게 이어 붙여서 직사각형을 만들었습니다. 이 직사각형의 네 변의 길이의 합은 몇 cm일까요?

(   )

18 도형에서 찾을 수 있는 크고 작은 직사각형은 모두 몇 개일까요?

(   )

19 다음 도형이 직사각형이 아닌 까닭을 설명해 보세요.

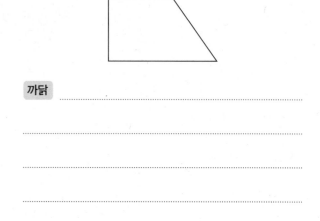

까닭

20 영호는 가지고 있던 철사를 이용해서 다음 그림과 같은 직사각형 2개를 만들었더니 철사가 5 cm 남았습니다. 영호가 처음에 가지고 있던 철사는 몇 cm인지 풀이 과정을 쓰고 답을 구해 보세요.

```
        7 cm
4 cm  ┌────────┐
      │        │
      └────────┘
```

풀이

답

다시 점검하는 **단원 평가** Level ❷

점수 | 확인 |

1 도형을 보고 물음에 답하세요.

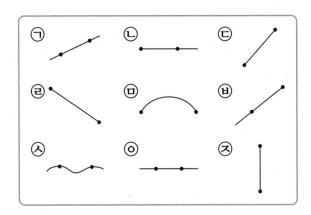

(1) 직선을 모두 찾아 기호를 써 보세요.

( )

(2) 반직선을 모두 찾아 기호를 써 보세요.

( )

(3) 선분을 모두 찾아 기호를 써 보세요.

( )

2 각 ㄱㄴㄹ을 그려 보세요.

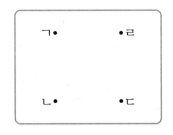

3 각이 있는 도형을 모두 고르세요.

( )

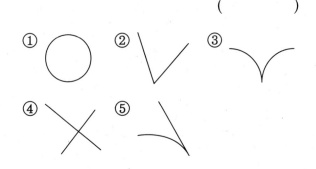

4 직각이 가장 많은 도형은 어느 것일까요?

( )

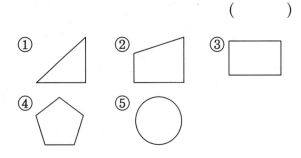

5 오른쪽 도형에서 직각을 모두 찾아 써 보세요.

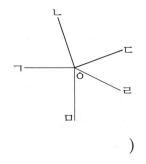

( )

6 직사각형은 정사각형보다 몇 개 더 많은지 구해 보세요.

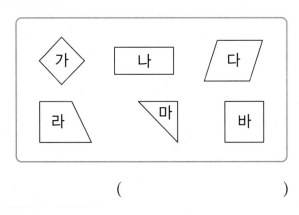

( )

7 삼각형 모양의 종이를 점선을 따라 접었더니 완전히 겹쳐졌습니다. 접은 도형은 어떤 도형이 될까요?

( )

8 직사각형에 대한 설명으로 옳은 것을 찾아 기호를 써 보세요.

> ㉠ 직각이 4개입니다.
> ㉡ 정사각형이라고 할 수 있습니다.
> ㉢ 이웃하는 변의 길이가 항상 같습니다.

(   )

9 직각삼각형을 모두 찾아 기호를 써 보세요.

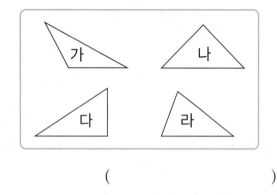

(   )

10 직각삼각형에 대한 설명으로 틀린 것은 어느 것일까요? (   )

① 변이 3개입니다.
② 꼭짓점이 3개입니다.
③ 한 각이 직각입니다.
④ 세 변의 길이가 같습니다.
⑤ 삼각형에 속합니다.

11 도형에서 찾을 수 있는 직각은 모두 몇 개일까요?

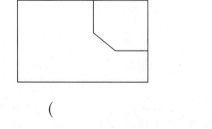

(   )

12 시계의 긴바늘과 짧은바늘이 이루는 작은 쪽의 각이 직각인 경우를 모두 찾아 기호를 써 보세요.

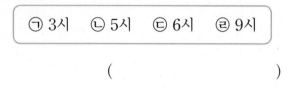

(   )

13 직사각형 모양의 종이를 점선을 따라 자르면 직각삼각형이 몇 개 만들어질까요?

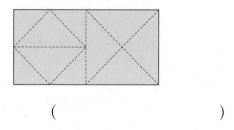

(   )

14 추상미술의 선구자로 알려져 있는 네덜란드 화가 몬드리안의 작품입니다. 이 작품에서 빨강, 파랑, 노랑으로 칠해진 부분과 같이 네 각이 모두 직각인 도형의 이름을 써 보세요.

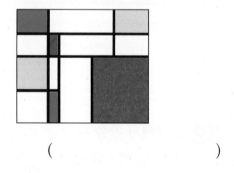

(   )

15 점 종이에 주어진 선분을 이용하여 직각삼각형 2개를 완성해 보세요.

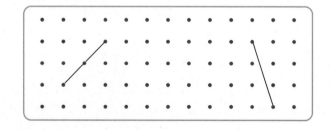

16 직사각형 가와 정사각형 나의 네 변의 길이의 합은 같습니다. 정사각형 나의 한 변의 길이는 몇 cm일까요?

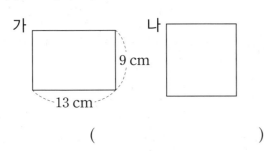

(   )

17 한 변의 길이가 7 cm인 정사각형 3개를 겹치지 않게 이어 붙인 도형입니다. 굵은 선의 길이는 몇 cm일까요?

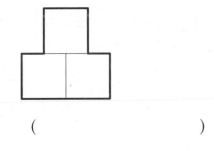

(   )

18 도형에서 찾을 수 있는 크고 작은 직사각형은 모두 몇 개일까요?

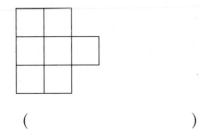

(   )

19 다음 도형은 각이 아닙니다. 그 까닭을 설명해 보세요.

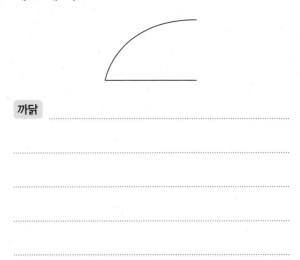

까닭

20 그림과 같은 직사각형 모양의 종이를 잘라서 가장 큰 정사각형을 만들려고 합니다. 자르고 남은 직사각형의 네 변의 길이의 합은 몇 cm인지 풀이 과정을 쓰고 답을 구해 보세요.

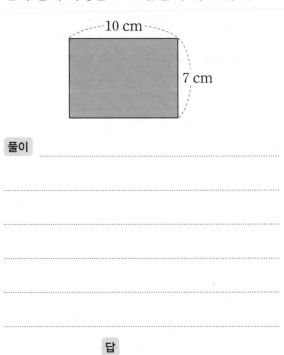

풀이

답

5 무게를 잴 때 단위는 그램(g)을 사용합니다. 노란색 구슬과 초록색 구슬의 무게를 잰 것입니다. 셋째 저울에서 구슬의 무게는 몇 그램인지 풀이 과정을 쓰고 답을 구해 보세요. (단, 같은 색 구슬의 무게는 같습니다.)

▶ 노란색 구슬과 초록색 구슬 한 개의 무게를 각각 구해 봅니다.

| 35그램 | 24그램 | 그램 |

풀이 ....

....

....

....

....

답 ....

6 [조건]을 모두 만족시키는 두 수를 구하려고 합니다. 풀이 과정을 쓰고 답을 구해 보세요.

▶ 두 수를 가, 나로 나타내 예 상하고 확인하기 방법으로 찾아봅니다.

> **조건**
> • 두 수의 합은 48입니다.
> • 큰 수를 작은 수로 나누면 7입니다.

풀이 ....

....

....

....

답 ....

[7~8] 어느 자동차 부품 공장에서 모든 기계가 일정한 빠르기로 부품을 생산한다고 할 때 물음에 답하세요.

7 한 시간 동안 같은 부품을 가 기계는 4개, 나 기계는 5개를 만들 수 있다고 합니다. 가 기계와 나 기계가 동시에 쉬지 않고 부품 63개를 만드는 데 걸리는 시간은 몇 시간인지 풀이 과정을 쓰고 답을 구해 보세요.

풀이 ....

....

....

....

답 ....

▶ 먼저 가 기계와 나 기계가 동시에 한 시간 동안 만들 수 있는 부품의 수를 구합니다.

8 같은 기계 5대가 한 시간 동안 15개의 부품을 만든다고 합니다. 같은 기계 6대가 부품 54개를 만드는 데 걸리는 시간은 몇 시간인지 풀이 과정을 쓰고 답을 구해 보세요.

풀이 ....

....

....

....

답 ....

▶ 먼저 기계 한 대가 한 시간 동안 만드는 부품의 수를 구합니다.

다시 점검하는 **단원 평가** Level **1**

점수 | 확인 |

1 그림을 보고 나눗셈식을 완성해 보세요.

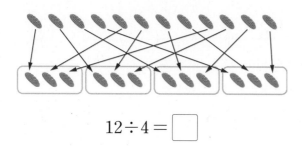

$$12 \div 4 = \boxed{}$$

2 다음을 나눗셈식으로 쓰고 읽어 보세요.

$$10 - 2 - 2 - 2 - 2 - 2 = 0$$

쓰기 ....

읽기 ....

3 $54 \div 6 = \boxed{}$의 몫을 구할 때 필요한 곱셈식을 찾아 색칠해 보세요.

| $5 \times 6 = 30$ | $6 \times 9 = 54$ |
| $6 \times 4 = 24$ | $5 \times 9 = 45$ |

4 빈칸에 알맞은 수를 써넣으세요.

5 그림을 보고 만들 수 있는 곱셈식이나 나눗셈식이 아닌 것을 찾아 기호를 써 보세요.

| ㉠ $4 \times 4 = 16$ | ㉡ $16 \div 8 = 2$ |
| ㉢ $16 \div 4 = 4$ | ㉣ $2 \times 9 = 18$ |

(   )

6 문장을 나눗셈식으로 나타내려고 합니다. $\boxed{}$ 안에 알맞은 수를 써넣으세요.

감자 45개를 한 상자에 5개씩 담으려면 상자는 $\boxed{}$ 개 필요합니다.

➡ 나눗셈식 $\boxed{} \div \boxed{} = \boxed{}$

7 나눗셈식으로 나타낼 때 몫이 가장 큰 것을 찾아 기호를 써 보세요.

㉠ 15에서 3을 5번 빼면 0이 됩니다.

㉡ 32개를 8개씩 4번 덜어 내면 0이 됩니다.

㉢ 28개를 4묶음으로 똑같이 나누면 한 묶음에 7개씩입니다.

(   )

8 다음 중 3으로 나누어지는 수는 모두 몇 개일 까요?

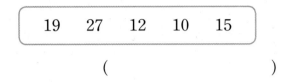

| 19   27   12   10   15 |

( )

9 몫이 가장 큰 것을 찾아 기호를 써 보세요.

| ㉠ 32÷8 | ㉡ 16÷2 |
| ㉢ 45÷9 | ㉣ 21÷3 |

( )

10 42쪽짜리 동화책이 있습니다. 이 동화책을 매일 같은 쪽수씩 일주일 동안 모두 읽으려면 하루에 몇 쪽씩 읽어야 할까요?

( )

11 면봉으로 다음과 같은 삼각형을 여러 개 만들 려고 합니다. 면봉 21개로 만들 수 있는 삼각 형은 모두 몇 개일까요?

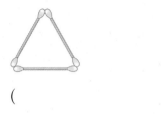

( )

12 ☐ 안에 알맞은 수를 구해 보세요.

| 20÷5 = 36÷☐ |

( )

13 숟가락 36개를 4개씩 주머니에 똑같이 담으 려고 합니다. 필요한 주머니는 모두 몇 개일 까요?

( )

14 어떤 수를 4로 나누었더니 몫이 6이 되었습니 다. 어떤 수를 3으로 나눈 몫을 구해 보세요.

( )

15 ☐ 안에 들어갈 수 있는 두 자리 수 중에서 6으로 나누어지는 수를 모두 구해 보세요.

$$10 < \square < 30$$

( )

16 영호네 농장에는 염소 8마리와 닭 몇 마리가 있습니다. 염소와 닭의 다리 수를 세어 보니 모두 44개였습니다. 영호네 농장에 있는 닭은 몇 마리일까요?

( )

17 ■와 ▲에 알맞은 수의 합을 구해 보세요.

$$72 \div \blacksquare = 8$$
$$9 \div \blacktriangle = 3$$

( )

18 현수네 모둠은 구슬 54개를 9명이 똑같이 나누어 가졌고, 성연이네 모둠은 구슬 40개를 8명이 똑같이 나누어 가졌습니다. 한 학생이 가진 구슬은 어느 모둠이 몇 개 더 많을까요?

( ), ( )

19 나눗셈식 $40 \div 5 = \square$ 를 이용하여 몫을 구하는 문제를 만들고 답을 구해 보세요.

문제 _____

_____

_____

_____

답 _____

20 상준이는 길이가 60 cm인 색 테이프를 가지고 있습니다. 이 중에서 11 cm를 사용하고 남은 색 테이프를 7도막으로 똑같이 잘랐습니다. 한 도막의 길이는 몇 cm인지 풀이 과정을 쓰고 답을 구해 보세요.

풀이 _____

_____

_____

_____

답 _____

다시 점검하는 **단원 평가** Level ❷

점수 확인

1 밤 12개를 2개의 접시에 똑같이 나누어 담으려고 합니다. 접시 한 개에 밤을 몇 개씩 담아야 하는지 나눗셈식으로 나타내 보세요.

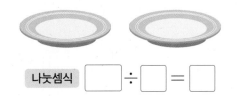

나눗셈식 $\boxed{} \div \boxed{} = \boxed{}$

2 $48 \div 8$의 몫을 구하기 위해 필요한 곱셈식을 써 보세요.

곱셈식 _____

3 다음은 $30 \div 6 = 5$를 **뺄셈식**으로 나타낸 것입니다. 바르게 나타낸 것에 ○표 하세요.

$30 - 6 - 6 - 6 - 6 - 6 = 0$ (   )

$30 - 5 - 5 - 5 - 5 - 5 - 5 = 0$ (   )

4 곱셈식을 나눗셈식 2개로 나타내 보세요.

$9 \times 6 = 54$

나눗셈식 _____ , _____

5 나눗셈의 몫이 같은 것끼리 이어 보세요.

$36 \div 9$ •   • $49 \div 7$

$14 \div 2$ •   • $20 \div 5$

$27 \div 3$ •   • $72 \div 8$

6 나눗셈의 몫의 크기를 비교하여 ○ 안에 >, =, < 중 알맞은 것을 써넣으세요.

$42 \div 7$ ◯ $35 \div 5$

7 문장을 보고 물음에 답하세요.

> 연필 18자루를 한 명에게 3자루씩 6명에게 나누어 주었습니다.

(1) 문장에 알맞은 나눗셈식을 써 보세요.

나눗셈식 _____

(2) (1)에서 구한 나눗셈식을 곱셈식 2개로 나타내 보세요.

곱셈식 _____ , _____

8 바늘 24개를 한 쌈이라고 합니다. 바늘 한 쌈을 4명이 똑같이 나누어 가지려면 한 명이 바늘을 몇 개씩 가져야 할까요?

(   )

9 어떤 수를 ▢라 할 때, ▢를 사용하여 나눗셈식으로 나타내고 ▢를 구해 보세요.

> 56을 어떤 수로 나누면 8과 같습니다.

나눗셈식 ....

답 ....

10 영규네 학교에서 운동회 때 400 m 계주를 하였습니다. 400 m 계주는 4명의 선수가 운동장의 트랙을 100 m씩 이어 달리는 경기로 3학년은 반별로 4명씩 32명의 학생이 출전하였습니다. 영규네 학교의 3학년은 모두 몇 반일까요?

(   )

11 빈칸에 알맞은 수를 써넣으세요.

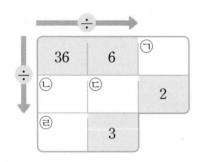

12 한 봉지에 12개씩 들어 있는 사탕이 4봉지 있습니다. 이 사탕을 한 사람에게 6개씩 나누어 준다면 몇 명에게 나누어 줄 수 있을까요?

(   )

13 그림을 보고 몫이 3인 나눗셈식에 알맞은 문장을 만들어 보세요.

문장 ....

....

14 ▢ 안에 들어갈 수가 가장 큰 것을 찾아 기호를 써 보세요.

> ㉠ $63 \div ▢ = 9$ ㉡ $▢ \div 2 = 4$
> ㉢ $35 \div 7 = ▢$ ㉣ $72 \div ▢ = 8$

(   )

15 윤소는 색종이를 33장 가지고 있습니다. 이 중에서 5장을 동생에게 주고 나머지는 친구 4명에게 똑같이 나누어 주려고 합니다. 친구한 명에게 몇 장씩 나누어 주면 될까요?

(   )

16 4장의 수 카드 중에서 2장을 골라 한 번씩만 사용하여 두 자리 수를 만들려고 합니다. 만들 수 있는 두 자리 수 중에서 9로 나누어지는 수를 모두 구해 보세요.

$$\boxed{2}\quad\boxed{3}\quad\boxed{6}\quad\boxed{7}$$

( )

17 어머니께서는 정민이와 동생에게 곶감 18개를 똑같이 나누어 주었습니다. 정민이가 곶감을 3일 동안 똑같이 나누어 먹으려면 하루에 곶감을 몇 개씩 먹어야 할까요?

( )

18 어떤 수를 8로 나눈 몫을 다시 4로 나누었더니 몫이 2가 되었습니다. 어떤 수를 구해 보세요.

( )

19 그림과 같은 직사각형 모양의 도화지로 한 변의 길이가 8 cm인 정사각형을 몇 개까지 만들 수 있는지 풀이 과정을 쓰고 답을 구해 보세요.

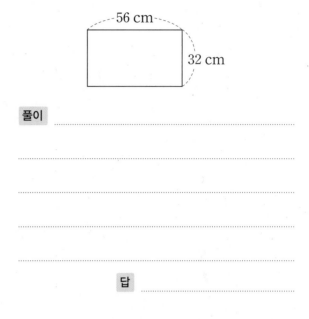

풀이

답

20 2☐는 두 자리 수이고 4로 나누어집니다. 나눗셈의 몫이 가장 클 때 ☐ 안에 알맞은 숫자는 무엇인지 풀이 과정을 쓰고 답을 구해 보세요.

$$\boxed{2\boxed{\ }\div 4}$$

풀이

답

서술형 문제

1 22와 4의 곱은 88입니다. 왜 $22 \times 4 = 88$인지 서로 다른 두 가지 방법으로 설명해 보세요.

▶ 곱하는 수 22를 20과 2의 합으로 생각하여 계산할 수 있습니다.

방법 1

방법 2

2 사과는 한 상자에 18개씩 4상자 있고, 배는 한 상자에 25개씩 3상자 있습니다. 사과와 배 중에서 어느 것이 몇 개 더 많은지 풀이 과정을 쓰고 답을 구해 보세요.

▶ 사과와 배의 수를 각각 구해 봅니다.

풀이

답

3 공원의 자전거 보관소에는 두발자전거 62대와 세발자전거 71대가 있습니다. 자전거 바퀴는 모두 몇 개인지 풀이 과정을 쓰고 답을 구해 보세요.

▶ 두발자전거와 세발자전거의 바퀴 수를 각각 구하여 더합니다.

풀이 ....

....

....

....

....

....

답 ....

4 성아는 길이가 32 cm인 철사를 4도막 가지고 있습니다. 미술 시간에 친구에게 46 cm만큼 더 받았다면 성아가 가지고 있는 철사는 모두 몇 cm인지 풀이 과정을 쓰고 답을 구해 보세요.

▶ 성아가 처음에 가지고 있던 철사의 길이에 친구에게 더 받은 철사의 길이를 더합니다.

풀이 ....

....

....

....

....

답 ....

[5~6] 혜영이네 동네의 가 제과점에서는 하루에 달걀을 48개씩 사용하고 나 제과점에서는 하루에 달걀을 52개씩 사용합니다. 물음에 답하세요.

5 두 제과점에서 8일 동안 사용하는 달걀은 각각 몇 개인지 풀이 과정을 쓰고 답을 구해 보세요.

풀이

답 가 제과점: , 나 제과점:

▶ (8일 동안 사용하는 달걀 수)
　 = (하루에 사용하는 달걀 수)
　 　 ×8

6 두 제과점에서 5월 한 달 동안 사용하는 달걀 수의 차는 몇 개인지 풀이 과정을 쓰고 답을 구해 보세요.

풀이

답

▶ 먼저 하루에 사용하는 달걀 수의 차를 구합니다.

7 1부터 9까지의 수 중에서 ☐ 안에 들어갈 수 있는 수를 모두 구하려고 합니다. 풀이 과정을 쓰고 답을 구해 보세요.

$$120 < 32 \times \square < 180$$

풀이

답

▶ 수를 어림하여 계산하기 편하도록 식을 먼저 바꿔 봅니다.

8 4장의 수 카드 1 , 9 , 0 , 5 중 3장을 골라 한 번씩만 사용하여 (몇십몇)×(몇)의 곱셈식을 만들려고 합니다. 곱이 가장 큰 곱셈식의 곱은 얼마인지 풀이 과정을 쓰고 답을 구해 보세요.

풀이

답

▶ 곱이 가장 크려면 가장 큰 수를 어느 자리에 놓을지 생각해 봅니다.

4

다시 점검하는 **단원 평가** Level **1**

점수 | 확인

1 그림을 보고 □ 안에 알맞은 수를 써넣으세요.

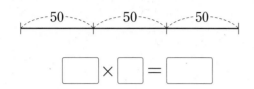

□ × □ = □

2 수 모형을 보고 □ 안에 알맞은 수를 써넣으세요.

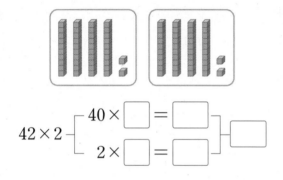

42×2 ┌ $40 \times$ □ = □ ┐ □
        └ $2 \times$ □ = □ ┘

3 빈칸에 두 수의 곱을 써넣으세요.

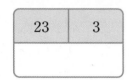

23	3

4 21×4와 계산 결과가 다른 것은 어느 것일까요? ( )

① $20+20+20+20+1+1+1+1$
② $21+21+21+21$
③ $41+41$
④ $21 \times 3+21$
⑤ 21과 21×3의 합

5 계산해 보세요.

(1) $\begin{array}{r} 2\ 5 \\ \times\quad 3 \\ \hline \end{array}$ (2) $\begin{array}{r} 1\ 7 \\ \times\quad 5 \\ \hline \end{array}$

(3) 38×2 (4) 14×4

6 나타내는 수가 다른 하나는 어느 것일까요?

( )

① 40의 6배
② $60+60+60+60$
③ 30씩 8묶음
④ 50과 5의 곱
⑤ 80×3

7 곱이 같은 것끼리 이어 보세요.

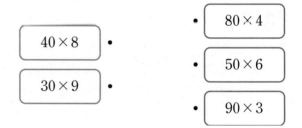

8 ☐ 안에 알맞은 수를 써넣으세요.

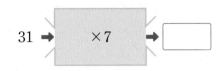

31 → | ×7 | → ☐

9 크기를 비교하여 ○ 안에 >, =, < 중 알맞은 것을 써넣으세요.

71×5 ◯ 51×7

10 가장 큰 수와 둘째로 작은 수의 곱을 구해 보세요.

| 2 | 43 | 8 | 34 |

( )

11 곱이 가장 큰 것을 찾아 기호를 써 보세요.

⊙ 24×2 ⓛ 22×3
ⓒ 11×9 ⓔ 32×3

( )

12 계산 결과가 가장 큰 것과 가장 작은 것의 차를 구해 보세요.

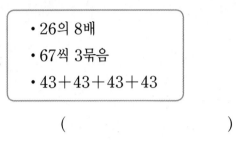

• 26의 8배
• 67씩 3묶음
• 43＋43＋43＋43

( )

13 귤 농장에 귤이 300개 있습니다. 한 상자에 30개씩 담아 7상자를 팔았다면 남은 귤은 몇 개일까요?

( )

14 계산이 옳은 것을 모두 고르세요.

( )

① 61×6＝361 ② 74×2＝178
③ 82×3＝243 ④ 53×3＝159
⑤ 91×5＝455

15 주차장에 자동차가 한 줄에 13대씩 주차되어 있습니다. 3줄에 주차되어 있는 자동차는 모두 몇 대일까요?

( )

16 한 변의 길이가 14 cm인 정사각형 3개를 겹치지 않게 이어 붙여서 만든 도형입니다. 굵은 선의 길이는 몇 cm일까요?

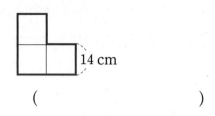

14 cm

( )

17 ☐ 안에 알맞은 수를 써넣으세요.

$$\begin{array}{r} 4\ \ 3 \\ \times\ \ \boxed{} \\ \hline \boxed{}\ \boxed{}\ 4 \end{array}$$

18 그림과 같이 길이가 50 cm인 색 테이프 9장을 12 cm씩 겹쳐서 이어 붙였습니다. 이어 붙인 색 테이프의 전체 길이는 몇 cm일까요?

50 cm　　50 cm

12 cm　　12 cm

( )

19 두 곱의 차는 얼마인지 풀이 과정을 쓰고 답을 구해 보세요.

| ㉠ 32×5 ㉡ 63×2 |

풀이 ....

....

....

....

답 ....

20 어떤 수에 6을 곱해야 할 것을 잘못하여 6을 뺐더니 52가 되었습니다. 바르게 계산한 값은 얼마인지 풀이 과정을 쓰고 답을 구해 보세요.

풀이 ....

....

....

....

....

답 ....

다시 점검하는 **단원 평가** Level ❷

점수 ┃ 확인

1 계산 결과가 다른 하나를 찾아 기호를 써 보세요.

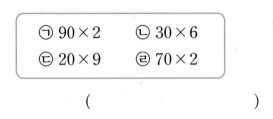

㉠ 90×2 ㉡ 30×6
㉢ 20×9 ㉣ 70×2

( )

2 사탕이 45개씩 들어 있는 봉지가 2봉지 있습니다. 사탕은 모두 몇 개일까요?

식 _____

답 _____

3 곱셈식의 ☐ 안의 숫자 1이 실제로 나타내는 값을 구해 보세요.

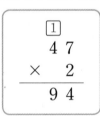

```
    ①
    4 7
  ×   2
    9 4
```

( )

4 빈칸에 알맞은 수를 써넣으세요.

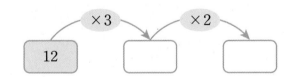

12 →×3→ ☐ →×2→ ☐

5 하루 동안 물을 민지는 14컵, 수연이는 12컵을 마십니다. 두 사람이 일주일 동안 마시는 물은 모두 몇 컵일까요?

( )

6 곱이 더 큰 것에 ○표 하세요.

37×7 92×3

( ) ( )

7 혜민이는 매일 종이학을 57개씩 접었습니다. 혜민이가 6일 동안 접은 종이학은 모두 몇 개일까요?

( )

4

8 빈칸에 알맞은 수를 써넣으세요.

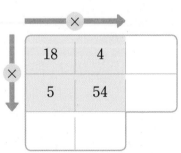

×	18	4	
×	5	54	

9 곱이 가장 작은 것은 어느 것일까요?

(   )

① 18×6   ② 20×5
③ 48×2   ④ 35×3
⑤ 29×4

10 관계있는 것끼리 이어 보세요.

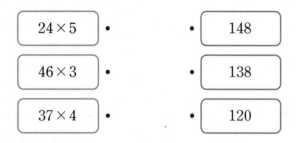

24×5	148
46×3	138
37×4	120

11 칭찬 붙임딱지를 38장을 모으면 연필 1자루를 받습니다. 정민이는 연필 5자루, 성재는 연필 9자루를 받았습니다. 연필로 바꾼 칭찬 붙임딱지는 각각 몇 장일까요?

정민 (   )

성재 (   )

12 지워진 숫자를 구해 보세요.

(   )

13 ☐ 안에 알맞은 수를 써넣으세요.

$$21 \times \boxed{} = 42 \times 3$$

14 어떤 수에 7을 곱해야 할 것을 잘못하여 7을 뺐더니 43이 되었습니다. 바르게 계산한 값을 구해 보세요.

(   )

15 1부터 9까지의 수 중에서 ☐ 안에 들어갈 수 있는 수를 모두 구해 보세요.

$$16 \times \boxed{} > 110$$

(   )

16 한 봉지에 14개씩 들어 있는 초콜릿이 8봉지 있습니다. 이 초콜릿을 2상자에 똑같이 나누어 넣으려면 한 상자에 몇 개의 초콜릿을 넣어야 할까요?

(   )

17 다음과 같은 곱셈식이 성립할 때 ☐ 안에 알맞은 두 자리 수를 구해 보세요.

$$\square \times 6 = 234$$

(   )

18 3장의 수 카드 2 , 9 , 7 을 한 번씩만 사용하여 (몇십몇)×(몇)의 곱셈식을 만들려고 합니다. 곱이 가장 큰 곱셈식을 만들어 보세요.

☐☐ × ☐ = ☐☐☐

서술형 문제

19 예린이는 매일 동화책을 26쪽씩 읽습니다. 일주일 동안 동화책을 모두 몇 쪽 읽을 수 있는지 두 가지 방법으로 계산해 보세요.

방법 1 _____

_____

_____

방법 2 _____

_____

_____

20 길이가 40 cm인 종이 테이프 4장을 5 cm씩 겹치게 이어 붙였습니다. 이어 붙인 종이 테이프의 전체 길이는 몇 cm인지 풀이 과정을 쓰고 답을 구해 보세요.

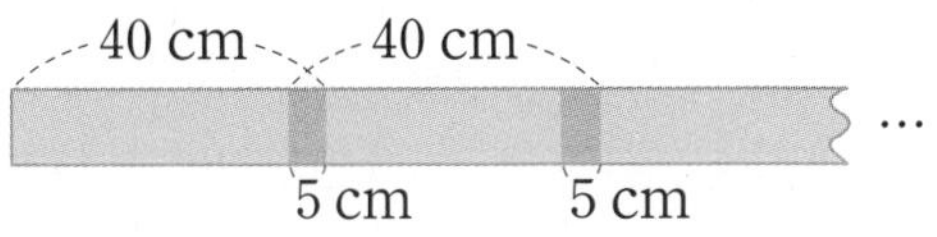

풀이 _____

_____

_____

_____

답 _____

4

4. 곱셈 **41**

서술형 문제

1 진수네 가족은 집에서 83 km 떨어져 있는 할머니 댁에 갔습니다. 81 km 540 m까지는 기차를 타고 갔고, 나머지는 걸어서 갔습니다. 걸어서 간 거리는 몇 m인지 풀이 과정을 쓰고 답을 구해 보세요.

▶ 걸어서 간 거리는 전체 거리에서 기차를 타고 간 거리를 뺀 것입니다.

풀이 _____

_____

_____

_____

_____

답 _____

2 영우네 집에서 학교까지 가는 두 가지 길을 나타낸 것입니다. 영우가 집에서 학교까지 갈 때 도서관과 경찰서 중에서 어느 곳을 거쳐서 가는 거리가 몇 m 더 짧은지 풀이 과정을 쓰고 답을 구해 보세요.

▶ 영우네 집에서 학교까지 갈 때 도서관을 거쳐서 가는 거리와 경찰서를 거쳐서 가는 거리를 각각 구해 봅니다.

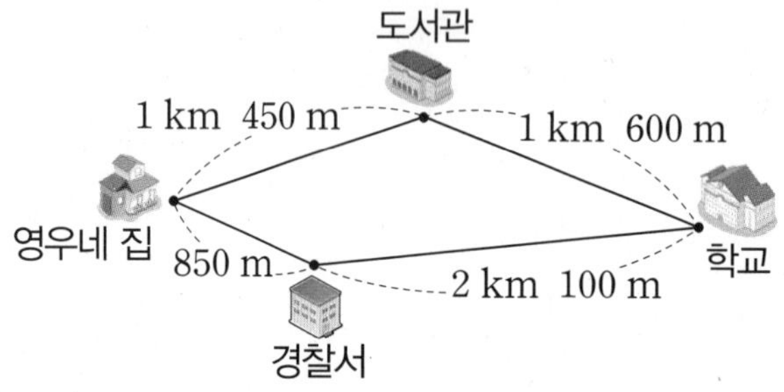

도서관
1 km 450 m   1 km 600 m
영우네 집   학교
850 m   2 km 100 m
경찰서

풀이 _____

_____

_____

_____

답 _____

3 혜영이는 오후 1시가 되기 20분 전에 선아와 전화를 하여 2시간 35분 후에 공원 앞에서 만나기로 하였습니다. 혜영이와 선아가 만나기로 한 시각은 오후 몇 시 몇 분인지 풀이 과정을 쓰고 답을 구해 보세요.

▶ '20분 전'은 뺄셈으로, '2시간 35분 후'는 덧셈으로 계산합니다.

풀이

답

4 경선이가 동화책 한 쪽을 읽는 데 68초가 걸린다고 합니다. 오른쪽 시계는 경선이가 전체 96쪽인 동화책을 읽기 시작한 시각입니다. 경선이가 책 읽기를 마치는 시각은 몇 시 몇 분 몇 초인지 풀이 과정을 쓰고 답을 구해 보세요.

▶ 먼저 96쪽을 읽는 데 걸리는 시간을 구해 봅니다.

풀이

답

5 작은 정사각형 25개로 이루어진 오른쪽 그림에서 굵은 선의 길이는 몇 cm인지 풀이 과정을 쓰고 답을 구해 보세요.

500 mm

500 mm

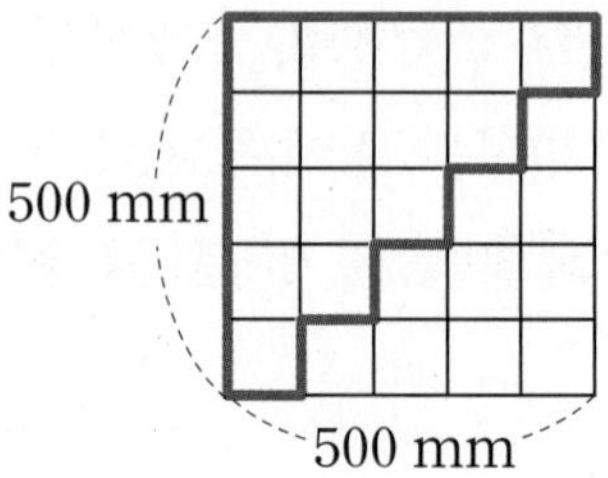

▶ 10 mm = 1 cm임을 이용하여 500 mm는 몇 cm인지 구합니다.

풀이

답

6 하루에 10분씩 늦어지는 시계가 있습니다. 어느 날 이 시계를 오전 10시에 정확히 맞추어 놓았다면 다음 날 오후 10시에 이 시계는 오후 몇 시 몇 분을 가리키겠는지 풀이 과정을 쓰고 답을 구해 보세요.

▶ 24시간이 지나면 10분이 늦어지므로 12시간이 지나면 몇 분이 늦어지는지 생각해 봅니다.

풀이

답

7 민서의 한 걸음은 약 25 cm이고 민서네 집에서 서점까지의 거리는 약 1 km입니다. 민서가 집에서 서점까지 가려면 약 몇 걸음을 걸어야 하는지 풀이 과정을 쓰고 답을 구해 보세요.

풀이 _____

_____

_____

_____

답 _____

▶ 민서의 한 걸음이 약 25 cm 이므로 4걸음은 약 100 cm (= 1 m)입니다.

8 명희는 전통 놀이 체험을 하려고 합니다. 최대한 짧은 시간 동안 2가지 체험을 하려고 할 때 체험하는 데 걸리는 시간은 몇 분 몇 초인지 풀이 과정을 쓰고 답을 구해 보세요.

윷놀이	제기차기	팽이치기	연날리기
17분 45초	26분 17초	19분 22초	14분 29초

풀이 _____

_____

_____

_____

답 _____

▶ 체험 시간이 짧은 놀이부터 차례로 써 봅니다.

5

1 연필의 길이는 몇 cm 몇 mm일까요?

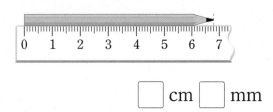

[   ] cm [   ] mm

2 보기 에서 알맞은 단위를 찾아 [   ] 안에 써넣으세요.

> 보기 km   m   cm   mm

(1) 칫솔의 길이는 약 180 [   ]입니다.

(2) 우리 집에서 학교까지의 거리는 약
2 [   ] 입니다.

3 다음 중 옳은 것을 모두 고르세요.
(   )

① 30 cm = 3 mm

② 8 cm = 80 mm

③ 10 mm = 1 cm

④ 20 mm = 2 m

⑤ 50 mm = 500 cm

4 [   ] 안에 시간, 분, 초 중 알맞은 시간의 단위를 써넣으세요.

(1) 영화 한 편을 보는 시간 ➡ 2 [   ]

(2) 세수를 하는 시간 ➡ 120 [   ]

(3) 집에서 학교까지 가는 시간 ➡ 28 [   ]

5 [   ] 안에 알맞은 수를 써넣으세요.

(1) 80 cm 7 mm = [   ] mm

(2) 3660 m = [   ] km [   ] m

6 시각을 읽어 보세요.

(   )

7 [   ] 안에 알맞은 수를 써넣으세요.

(1) 4분 24초 = [   ] 초 + 24초

= [   ] 초

(2) 157초 = 60초 + 60초 + [   ] 초

= [   ] 분 [   ] 초

8 상자를 포장하는 데 사용한 색 테이프의 길이는 900 mm입니다. 상자를 포장하는 데 사용한 색 테이프의 길이는 몇 cm일까요?

(   )

9 아버지의 발의 길이는 27 cm 9 mm이고 삼촌의 발의 길이는 272 mm입니다. 아버지와 삼촌 중에서 발의 길이가 더 긴 사람은 누구일까요?

(   )

10 형진이와 친구들이 훌라후프를 돌린 시간입니다. 빈칸에 알맞게 써넣으세요.

이름	□초	□분 □초
형진		8분 23초
문영	397초	
지아		7분 56초

11 길이가 긴 것부터 차례로 기호를 써 보세요.

> ㉠ 308 mm
> ㉡ 31 cm 5 mm
> ㉢ 29 cm 6 mm

(   )

12 주원, 인재, 민경 세 사람이 200 m 빨리 걷기를 한 기록입니다. 기록이 좋은 사람부터 차례로 이름을 써 보세요.

주원	132초
인재	2분 3초
민경	2분 30초

(   )

13 자전거 경주 대회를 하는데 출발점에서 공원을 지나 반환점까지의 거리는 9 km입니다. 출발점에서 공원까지의 거리는 몇 km 몇 m일까요?

(   )

14 상아네 가족이 등산을 하였습니다. 산을 올라가는 데 2시간 35분 17초가 걸렸고 쉬지 않고 산에서 내려오는 데 1시간 56분 38초가 걸렸습니다. 상아네 가족이 등산을 하는 데 걸린 시간은 몇 시간 몇 분 몇 초일까요?

(   )

15 농구 경기가 1시간 46분 동안 진행되어 8시 12분에 끝났습니다. 농구 경기가 시작한 시각은 몇 시 몇 분일까요?

( )

16 시계가 나타내는 시각에서 2시간 57분 49초 전의 시각을 구해 보세요.

( )

17 ☐ 안에 알맞은 수를 써넣으세요.

$$
\begin{array}{r}
13 \text{ 시} \quad \boxed{} \text{ 분} \quad 26 \text{ 초} \\
- \boxed{} \text{ 시} \quad 36 \text{ 분} \quad \boxed{} \text{ 초} \\
\hline
8 \text{ 시간} \quad 38 \text{ 분} \quad 44 \text{ 초}
\end{array}
$$

18 그림과 같이 색 테이프 2장을 겹치게 이어 붙였습니다. 이어 붙인 색 테이프의 전체 길이는 몇 cm 몇 mm일까요?

56 cm 5 mm   83 cm 7 mm

74 mm

( )

19 시우는 집에서 8 km 680 m 떨어진 백화점에 가려고 합니다. 지금까지 3950 m 갔다면 앞으로 몇 km 몇 m를 더 가야 백화점에 도착하는지 풀이 과정을 쓰고 답을 구해 보세요.

풀이

답

20 준석이가 요리를 시작한 시각과 끝낸 시각을 나타낸 것입니다. 준석이가 요리를 한 시간은 몇 시간 몇 분 몇 초인지 풀이 과정을 쓰고 답을 구해 보세요.

4:49:12 ➡️ 6:27:58
시작한 시각   끝낸 시각

풀이

답

다시 점검하는 **단원 평가** Level ❷

점수 | 확인 |

1 mm 단위를 바르게 쓴 것을 찾아 기호를 써 보세요.

> ㉠ 냉장고의 높이는 2 mm입니다.
> ㉡ 누나의 키는 150 mm입니다.
> ㉢ 동화책의 긴 쪽의 길이는 200 mm입니다.

( )

2 같은 길이를 찾아 이어 보세요.

7 cm 8 mm	•	•	185 mm
21 cm 3 mm	•	•	78 mm
18 cm 5 mm	•	•	213 mm

3 81 km보다 182 m 더 먼 거리는 몇 km 몇 m인지 쓰고 읽어 보세요.

쓰기 ( )

읽기 ( )

4 km 단위를 사용하여 길이를 나타내야 하는 것에 ○표 하세요.

| 학교 건물의 높이 | 한라산 둘레길의 전체 길이 | 손가락의 길이 |

( ) ( ) ( )

5 일상생활에서 '초'가 사용되는 적절한 예를 찾아 문장을 만들어 보세요.

문장 _____

6 ☐ 안에 알맞은 수를 써넣으세요.

(1) 320초 = ☐ 분 20초

(2) ☐ 분 53초 = 173초

7 시간이 긴 것부터 차례로 기호를 써 보세요.

> ㉠ 1분 30초 ㉡ 2분 3초
> ㉢ 130초 ㉣ 103초

( )

8 시계가 나타내는 시각에서 45분 전의 시각을 구해 보세요.

( )

9 나래와 채은이의 200 m 달리기 기록입니다. 나래와 채은이의 달리기 기록의 합과 차를 각각 구해 보세요.

이름	기록
나래	51초
채은	1분 18초

합 (   )

차 (   )

10 ☐ 안에 알맞은 수를 써넣으세요.

11 km 750 m + ☐ km ☐ m
= 34 km 300 m

11 바르게 계산한 것의 기호를 써 보세요.

> ㉠ 34분 20초 + 5분 50초 = 40분 10초
> ㉡ 9분 15초 − 3분 42초 = 5분 23초

(   )

12 다해는 수학 공부를 1시 38분부터 하기 시작하여 1시간 47분 동안 했습니다. 다해가 수학 공부를 끝낸 시각은 몇 시 몇 분일까요?

(   )

13 한준이네 집에서 공원까지 가려고 합니다. 소방서와 영화관 중에서 어느 곳을 지나서 가는 것이 몇 m 더 가깝습니까?

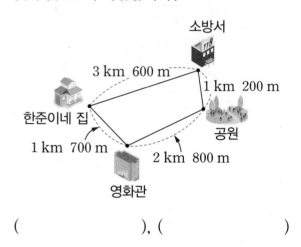

(   ), (   )

14 민욱이와 성진이는 모형 자동차 경주를 하였습니다. 결승점까지 민욱이의 모형 자동차는 25분 48초가 걸렸고 성진이의 모형 자동차는 38분 33초가 걸렸습니다. 결승점에 누구의 모형 자동차가 몇 분 몇 초 더 빨리 들어왔는지 구해 보세요.

(   ), (   )

15 길이가 24 cm인 철사 3개를 9 mm씩 겹치게 이어 붙였습니다. 이어 붙인 철사의 전체 길이는 몇 cm 몇 mm일까요?

(   )

16 철인 3종 경기는 한 선수가 수영, 사이클, 마라톤 세 종목을 잇달아서 하는 경기입니다. 어느 참가자가 수영은 36분 39초, 사이클은 1시간 39분 47초, 마라톤은 3시간 24분 38초가 걸렸다면 이 참가자는 완주하는 데 몇 시간 몇 분 몇 초가 걸렸을까요?

( )

17 어느 날 낮의 길이는 12시간 33분 47초였습니다. 이날 밤의 길이는 낮의 길이보다 몇 시간 몇 분 몇 초 더 짧은지 구해 보세요.

( )

18 우진이네 학교는 9시 5분에 1교시를 시작합니다. 수업 시간은 50분이고, 쉬는 시간은 15분이라고 합니다. 4교시가 끝난 후 점심시간이라면 점심시간은 오후 몇 시 몇 분에 시작할까요?

( )

19 직사각형 모양의 땅 가와 땅 나의 긴 변의 길이의 차는 몇 m인지 풀이 과정을 쓰고 답을 구해 보세요.

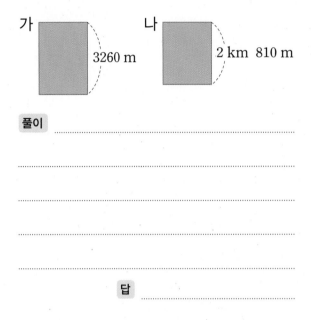

가 나
3260 m 2 km 810 m

풀이

답

20 1시간에 15초씩 빨라지는 시계가 있습니다. 이 시계를 어느 날 오전 10시에 정확하게 맞추었다면 이날 오후 7시에 이 시계가 가리키는 시각은 오후 몇 시 몇 분 몇 초인지 풀이 과정을 쓰고 답을 구해 보세요.

풀이

답

서술형 문제

1 $\frac{4}{10}$ L의 포도 주스를 하루에 $\frac{1}{10}$ L씩 마시면 며칠 동안 마실 수 있는지 풀이 과정을 쓰고 답을 구해 보세요.

▶ $\frac{4}{10}$ 는 $\frac{1}{10}$ 이 몇 개인지 생각해 봅니다.

풀이 _____

_____

_____

_____

_____

답 _____

2 4장의 수 카드 8 , 4 , 7 , 2 중에서 2장을 골라 한 번씩만 사용하여 가장 큰 소수 ■.▲와 가장 작은 소수 ■.▲를 만들려고 합니다. 풀이 과정을 쓰고 답을 구해 보세요.

▶ 가장 큰 소수는 가장 큰 수부터 높은 자리에 놓고, 가장 작은 소수는 가장 작은 수부터 높은 자리에 놓습니다.

풀이 _____

_____

_____

_____

_____

답 가장 큰 소수: _____ , 가장 작은 소수: _____

3 다음 중에서 $\frac{1}{4}$ 보다 작은 분수는 모두 몇 개인지 풀이 과정을 쓰고 답을 구해 보세요.

> 단위분수는 분모가 클수록 작습니다.

$$\frac{1}{6} \qquad \frac{1}{3} \qquad \frac{1}{5} \qquad \frac{1}{8} \qquad \frac{1}{2} \qquad \frac{1}{9}$$

풀이 ....

....

....

....

....

답 ....

4 ㉠과 ㉡에 알맞은 수의 차는 얼마인지 풀이 과정을 쓰고 답을 구해 보세요.

> 0.■는 0.1 또는 $\frac{1}{10}$ 이 ■개인 수입니다.

> 0.6은 0.1이 ㉠개입니다.
>
> 3.4는 $\frac{1}{10}$ 이 ㉡개입니다.

풀이 ....

....

....

....

....

답 ....

5 다음 분수를 수직선에 나타낼 때 가장 오른쪽에 있는 수는 무엇인지 풀이 과정을 쓰고 답을 구해 보세요.

▶ 수직선에서 오른쪽에 있을 수록 큰 수입니다.

$$\frac{8}{11} \qquad \frac{1}{11} \qquad \frac{4}{11} \qquad \frac{10}{11} \qquad \frac{7}{11}$$

풀이 ....

....

....

....

....

답 ....

6 1부터 9까지의 수 중에서 ☐ 안에 공통으로 들어갈 수 있는 수는 모두 몇 개인지 풀이 과정을 쓰고 답을 구해 보세요.

▶ 먼저 ☐ 안에 들어갈 수 있는 수를 각각 구해 봅니다.

$$5.\square > 5.3$$
$$0.7 > 0.\square$$

풀이 ....

....

....

....

....

답 ....

7 예서와 수현이가 각자의 빵을 $\frac{1}{2}$씩 먹었습니다. 두 사람 중에서 누구의 말이 맞는지 풀이 과정을 쓰고 답을 구하세요.

▶ 빵의 크기를 비교해 봅니다.

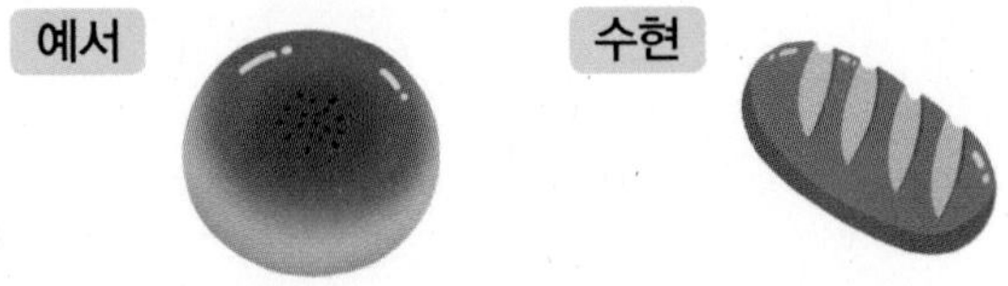

예서   수현

> 예서: $\frac{1}{2}$씩 먹었으므로 먹은 양이 같아.
>
> 수현: $\frac{1}{2}$씩 먹었지만 먹은 양은 달라.

풀이 _____

_____

_____

_____

답 _____

---

8 석주가 가지고 있는 색연필의 길이는 7 cm 8 mm보다 0.3 cm 더 길고, 지영이가 가지고 있는 색연필의 길이는 84 mm보다 0.6 cm 더 짧습니다. 누가 가지고 있는 색연필의 길이가 몇 cm 더 긴지 풀이 과정을 쓰고 답을 구해 보세요.

▶ 0.1 cm = 1 mm임을 이용하여 단위를 같게 한 다음 계산합니다.

풀이 _____

_____

_____

_____

답 _____

6

다시 점검하는 **단원 평가** Level **1**

점수 | 확인 |

1 $\frac{1}{10}$ 만큼 색칠하고 소수로 쓰고 읽어 보세요.

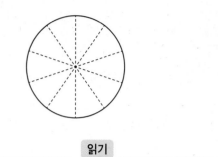

쓰기 .... 읽기 ....

2 □ 안에 알맞은 수를 써넣으세요.

(1) $\frac{1}{8}$ 이 7개인 수는 □ 입니다.

(2) $\frac{1}{11}$ 이 □ 개인 수는 $\frac{9}{11}$ 입니다.

3 6 mm는 몇 cm인지 분수와 소수로 각각 나타내 보세요.

분수 ( )

소수 ( )

4 분수만큼 색칠하고 ○ 안에 >, =, < 중 알맞은 것을 써넣으세요.

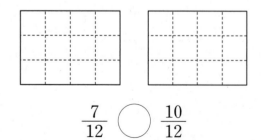

$\frac{7}{12}$ ○ $\frac{10}{12}$

5 □ 안에 알맞은 수를 써넣으세요.

(1) 0.7은 0.1이 □ 개입니다.

(2) 0.1이 4개이면 □ 입니다.

6 두 분수의 크기를 비교하여 더 큰 쪽에 ○표 하세요.

$\frac{6}{14}$ $\frac{8}{14}$

( )   ( )

7 분수의 크기를 비교하여 ○ 안에 >, =, < 중 알맞은 것을 써넣으세요.

$\left(\frac{1}{30}$ 이 16개인 수 $\right)$ ○ $\left(\frac{1}{30}$ 이 12개인 수 $\right)$

8 길이 사이의 관계를 잘못 나타낸 것은 어느 것일까요? ( )

① 5 mm = 0.5 cm

② 1.6 cm = 16 mm

③ 36 mm = 3.6 cm

④ 9 mm = 0.9 cm

⑤ 8 cm = 0.8 mm

9 단위분수에 모두 ○표 하세요.

$$\frac{3}{8} \qquad \frac{1}{13} \qquad \frac{5}{7} \qquad \frac{1}{7}$$

10 지원이가 피자를 똑같이 6조각으로 나누어 전체의 $\frac{1}{3}$만큼 먹었습니다. 지원이가 먹은 피자는 모두 몇 조각일까요?

( )

11 윤수는 주스를 0.2 L 마셨고, 지혜는 0.4 L 마셨습니다. 누가 주스를 더 많이 마셨을까요?

( )

12 1.7과 2.2를 수직선에 각각 ↑로 나타내고 소수의 크기를 비교하여 ○ 안에 >, =, < 중 알맞은 것을 써넣으세요.

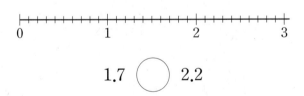

1.7 ◯ 2.2

13 가장 큰 수를 찾아 써 보세요.

3.2   4.8   2.9

( )

14 모빌을 만드는 데 정아와 재민이가 철사를 나누어 사용하였습니다. 정아는 철사를 전체의 $\frac{4}{15}$만큼, 재민이는 전체의 $\frac{6}{15}$만큼 사용하였습니다. 남은 철사는 전체의 얼마인지 분수로 나타내 보세요.

( )

15 분수의 크기를 비교하여 가장 큰 수와 가장 작은 수를 찾아 써 보세요.

$$\frac{15}{27} \qquad \frac{5}{27} \qquad \frac{10}{27} \qquad \frac{4}{27} \qquad \frac{21}{27}$$

가장 큰 수 ( )
가장 작은 수 ( )

16 $\frac{1}{17}$ 보다 큰 분수를 모두 찾아 써 보세요.

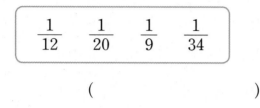

$$\frac{1}{12} \qquad \frac{1}{20} \qquad \frac{1}{9} \qquad \frac{1}{34}$$

(   )

17 가장 작은 수를 찾아 써 보세요.

$$1.6 \qquad \frac{8}{10} \qquad 0.3 \qquad \frac{5}{10}$$

(   )

18 □ 안에 들어갈 수 있는 수는 모두 몇 개인지 구해 보세요.

$$\frac{1}{13} < \frac{1}{\square} < \frac{1}{9}$$

(   )

19 민수는 떡을 전체의 0.6만큼 먹었습니다. 남은 떡은 전체의 얼마인지 소수로 나타내려고 합니다. 풀이 과정을 쓰고 답을 구해 보세요.

풀이 ....

....

....

....

답 ....

20 아이스크림이 한 통 있습니다. 재형이는 전체의 $\frac{1}{20}$ 만큼, 기윤이는 전체의 $\frac{1}{9}$ 만큼, 송희는 전체의 $\frac{1}{12}$ 만큼 먹었습니다. 아이스크림을 가장 적게 먹은 사람은 누구인지 풀이 과정을 쓰고 답을 구해 보세요.

풀이 ....

....

....

....

답 ....

다시 점검하는 **단원 평가** Level ❷

점수 | 확인

1 색칠한 부분을 분수로 나타내 보세요.

(1) (2)

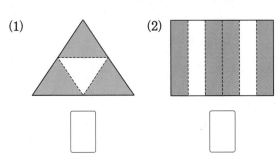

2 ☐ 안에 들어갈 수가 더 작은 것의 기호를 써 보세요.

ㄱ $\frac{5}{11}$는 $\frac{1}{11}$이 ☐개

ㄴ $\frac{1}{9}$이 ☐개인 수는 $\frac{4}{9}$

( )

3 ☐ 안에 알맞은 수를 써넣으세요.

(1) 0.1이 10개이면 ☐입니다.

(2) 5.1은 $\frac{1}{10}$이 ☐개입니다.

4 색 테이프의 길이는 몇 cm인지 소수로 나타내 보세요.

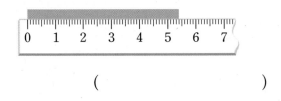

( )

5 종현이는 피자 한 판을 사서 전체의 $\frac{2}{8}$ 만큼 먹었습니다. 남은 피자는 먹은 피자의 몇 배일까요?

( )

6 가장 큰 수와 가장 작은 수를 찾아 써 보세요.

$$\frac{2}{7} \qquad \frac{6}{7} \qquad \frac{1}{7}$$

가장 큰 수 ( )

가장 작은 수 ( )

7 초콜릿을 똑같이 10조각으로 나누었습니다. 아버지는 그중 3조각을 드시고, 어머니는 4조각을 드셨습니다. 아버지와 어머니가 드신 초콜릿은 전체의 얼마인지 각각 소수로 나타내 보세요.

아버지 ( )

어머니 ( )

8 미술 시간에 철사를 아람이는 $\frac{1}{11}$ m, 남수는 $\frac{1}{5}$ m, 민지는 $\frac{1}{7}$ m 사용하였습니다. 철사를 가장 적게 사용한 사람은 누구일까요?

( )

9 4장의 수 카드 5, 1, 7, 3 중에서 2장을 골라 한 번씩만 사용하여 단위분수를 만들려고 합니다. 만들 수 있는 가장 큰 분수를 써 보세요.

( )

10 빨대의 길이는 13 cm보다 3 mm 더 짧습니다. 빨대의 길이는 몇 cm인지 소수로 나타내 보세요.

( )

11 수수깡을 호연이는 6 cm 7 mm, 현철이는 6.9 cm 가지고 있습니다. 더 긴 수수깡을 가지고 있는 사람은 누구일까요?

( )

12 철사 전체의 $\frac{1}{4}$ 만큼의 길이가 3 cm이면 전체 철사의 길이는 몇 cm일까요?

( )

13 1부터 9까지의 수 중에서 ☐ 안에 들어갈 수 있는 수는 모두 몇 개일까요?

$$1.\square < 1.6$$

( )

14 1부터 9까지의 수 중에서 ☐ 안에 들어갈 수 있는 수를 모두 구해 보세요.

$$\left(\frac{1}{9} \text{이 2개인 수}\right) < \frac{\square}{9} < \left(\frac{1}{9} \text{이 5개인 수}\right)$$

( )

15 혜정이는 케이크 전체의 $\frac{2}{10}$ 만큼 먹고, 민수는 전체의 0.7만큼 먹었습니다. 남은 케이크를 가은이가 먹었다면 가은이가 먹은 양은 전체의 얼마인지 소수로 나타내 보세요.

( )

16 1부터 9까지의 수 중에서 ☐ 안에 들어갈 수 있는 가장 작은 수를 구해 보세요.

$$\frac{1}{6} > \frac{1}{\square}$$

(   )

17 큰 수부터 차례로 기호를 써 보세요.

> ㉠ $\frac{1}{10}$이 31개인 수
>
> ㉡ 3.3
>
> ㉢ 이점구
>
> ㉣ 0.1이 36개인 수

(   )

18 조건에 알맞은 소수 ■.▲를 구해 보세요.

> • 0.2와 0.9 사이의 수입니다.
>
> • 0.5보다 큰 수입니다.
>
> • $\frac{7}{10}$보다 작은 수입니다.

(   )

19 조건에 알맞은 분수는 모두 몇 개인지 풀이 과정을 쓰고 답을 구해 보세요.

> • 분자가 1입니다.
>
> • $\frac{1}{3}$보다 작고 $\frac{1}{12}$보다 큰 분수입니다.

풀이 _____

_____

_____

_____

답 _____

20 리본 1 m를 똑같이 10조각으로 나누었습니다. 그중 수지가 3조각, 찬수가 4조각을 사용했다면 남은 리본의 길이는 몇 m인지 소수로 나타내려고 합니다. 풀이 과정을 쓰고 답을 구해 보세요.

풀이 _____

_____

_____

_____

답 _____

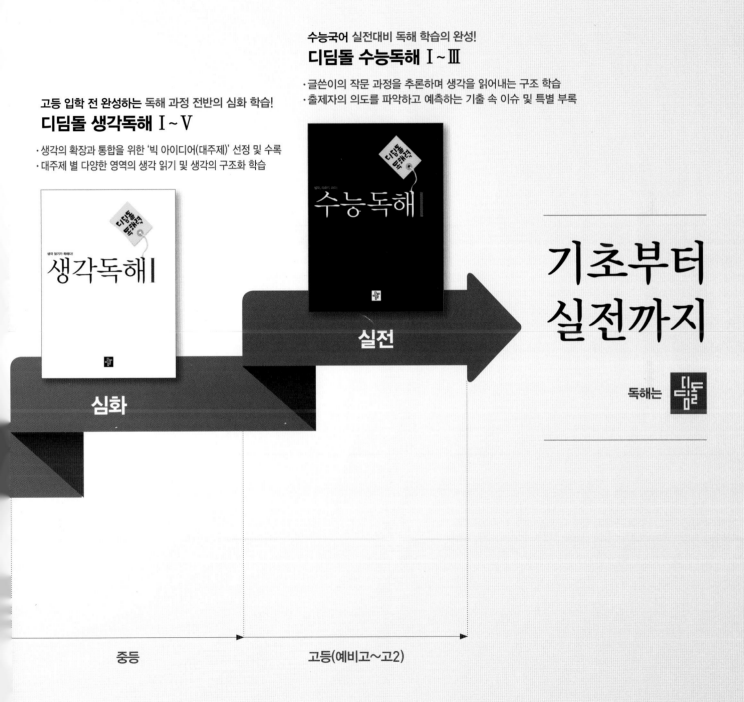

고등 입학 전 완성하는 독해 과정 전반의 심화 학습!
디딤돌 생각독해 I ~ V

· 생각의 확장과 통합을 위한 '빅 아이디어(대주제)' 선정 및 수록
· 대주제 별 다양한 영역의 생각 읽기 및 생각의 구조화 학습

수능국어 실전대비 독해 학습의 완성!
디딤돌 수능독해 I ~ Ⅲ

· 글쓴이의 작문 과정을 추론하며 생각을 읽어내는 구조 학습
· 출제자의 의도를 파악하고 예측하는 기출 속 이슈 및 특별 부록

심화

실전

기초부터
실전까지

독해는

중등

고등(예비고~고2)

한걸음 한걸음 디딤돌을 걷다 보면
수학이 완성됩니다.

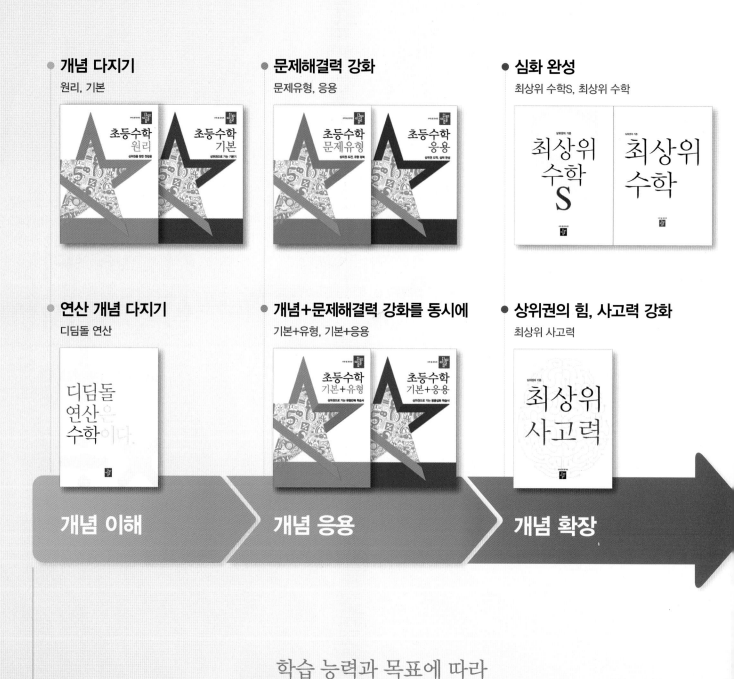

개념 다지기
원리, 기본

문제해결력 강화
문제유형, 응용

심화 완성
최상위 수학S, 최상위 수학

연산 개념 다지기
디딤돌 연산

개념+문제해결력 강화를 동시에
기본+유형, 기본+응용

상위권의 힘, 사고력 강화
최상위 사고력

개념 이해

개념 응용

개념 확장

학습 능력과 목표에 따라
맞춤형이 가능한 디딤돌 초등 수학

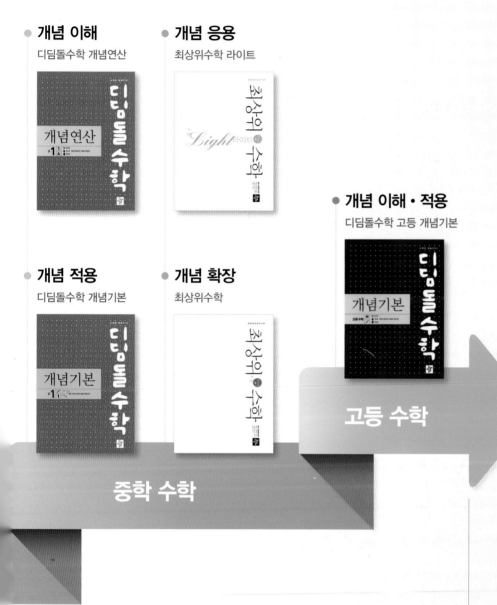

● **개념 이해**
디딤돌수학 개념연산

● **개념 응용**
최상위수학 라이트

● **개념 적용**
디딤돌수학 개념기본

● **개념 확장**
최상위수학

● **개념 이해 · 적용**
디딤돌수학 고등 개념기본

중학 수학

고등 수학

초등부터
고등까지

수학 좀 한다면

개념을 이해하고, 깨우치고, 꺼내 쓰는
올바른 중고등 개념 학습서

상위권의 기준

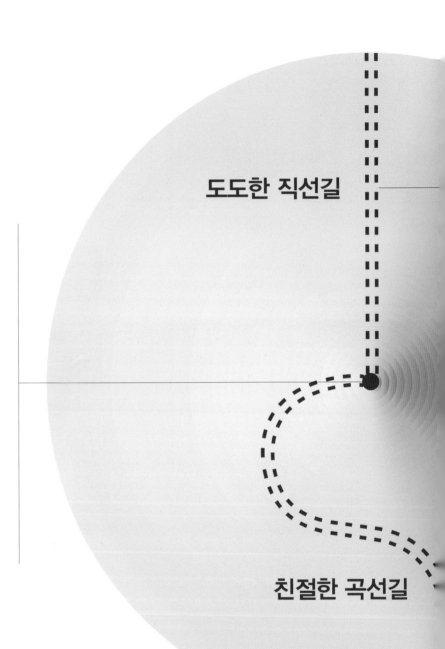

도도한 직선길

친절한 곡선길

상위권의 기준

최상위
사고력

수학 좀 한다면

응용 | 정답과 풀이

3
–
1

수학 좀 한다면

디딤돌

1 덧셈과 뺄셈

이 단원에서는 초등 과정에서의 덧셈과 뺄셈 학습을 마무리하게 됩니다. 덧셈과 뺄셈은 가장 기초적인 연산으로 십진법의 개념을 잘 이해하고 있어야만 명확하게 연산의 원리, 방법을 알 수 있으므로 기계적으로 계산 하기보다는 자릿값의 이해를 통해 연산 원리를 이해하는 학습이 되도록 지도해 주세요. 이후 네 자리 수 이상의 덧셈, 뺄셈은 교과서에서 별도로 다루지 않기 때문에 이번 단원에서 학습한 '십진법에 따른 계산 원리'로 큰 수의 덧셈, 뺄셈도 할 수 있어야 합니다. 또한 덧셈에서 적용되는 교환법칙이나 등호의 개념 이해를 바탕으로 한 문제들을 풀어 보면서 연산의 성질을 이해하고, 중등 과정으로의 연계가 매끄러울 수 있도록 구성하였습니다.

1 세 자리 수의 덧셈(1) 8쪽

1 587

2 (1) 예 320, 350, 670   (2) 669

3 (1) 674   (2) 596   (3) 579   (4) 787

1 백 모형이 5개, 십 모형이 8개, 일 모형이 7개이므로 245＋342＝587입니다.

2 (1) 322를 어림하면 320쯤이고, 347을 어림하면 350쯤이므로 322＋347을 어림하여 구하면 약 320＋350＝670입니다.

(2)
$$\begin{array}{r} 3\ 2\ 2 \\ +\ 3\ 4\ 7 \\ \hline 6\ 6\ 9 \end{array}$$

3 (3)
$$\begin{array}{r} 4\ 4\ 5 \\ +\ 1\ 3\ 4 \\ \hline 5\ 7\ 9 \end{array}$$
(4)
$$\begin{array}{r} 6\ 8\ 0 \\ +\ 1\ 0\ 7 \\ \hline 7\ 8\ 7 \end{array}$$

2 세 자리 수의 덧셈(2) 9쪽

❶ 10, 100

4 (위에서부터) 1, 3 / 1, 8, 3 / 1, 7, 8, 3

5 (1) 예 280, 450, 730   (2) 729

6 (1) 591   (2) 537   (3) 356   (4) 726

5 (1) 277을 어림하면 280쯤이고, 452를 어림하면 450쯤이므로 277＋452를 어림하여 구하면 약 280＋450＝730입니다.

(2)
$$\begin{array}{r} \scriptstyle 1 \\ 2\ 7\ 7 \\ +\ 4\ 5\ 2 \\ \hline 7\ 2\ 9 \end{array}$$

6 (1)
$$\begin{array}{r} \scriptstyle 1 \\ 1\ 6\ 5 \\ +\ 4\ 2\ 6 \\ \hline 5\ 9\ 1 \end{array}$$
(2)
$$\begin{array}{r} \scriptstyle 1 \\ 3\ 6\ 2 \\ +\ 1\ 7\ 5 \\ \hline 5\ 3\ 7 \end{array}$$

(3)
$$\begin{array}{r} \scriptstyle 1 \\ 2\ 0\ 9 \\ +\ 1\ 4\ 7 \\ \hline 3\ 5\ 6 \end{array}$$
(4)
$$\begin{array}{r} \scriptstyle 1 \\ 4\ 9\ 1 \\ +\ 2\ 3\ 5 \\ \hline 7\ 2\ 6 \end{array}$$

3 세 자리 수의 덧셈(3) 10쪽

❶ 1000

7 522, 400, 110, 12

8 (1) 531   (2) 1073   (3) 480   (4) 1204

9 1232

8 (1)
$$\begin{array}{r} \scriptstyle 1\ 1 \\ 3\ 3\ 5 \\ +\ 1\ 9\ 6 \\ \hline 5\ 3\ 1 \end{array}$$
(2)
$$\begin{array}{r} \scriptstyle 1\ 1 \\ 7\ 9\ 8 \\ +\ 2\ 7\ 5 \\ \hline 1\ 0\ 7\ 3 \end{array}$$

(3)
$$\begin{array}{r} \scriptstyle 1\ 1 \\ 2\ 9\ 4 \\ +\ 1\ 8\ 6 \\ \hline 4\ 8\ 0 \end{array}$$
(4)
$$\begin{array}{r} \scriptstyle 1\ 1 \\ 3\ 6\ 9 \\ +\ 8\ 3\ 5 \\ \hline 1\ 2\ 0\ 4 \end{array}$$

9
$$\begin{array}{r} \scriptstyle 1\ 1 \\ 4\ 7\ 8 \\ +\ 7\ 5\ 4 \\ \hline 1\ 2\ 3\ 2 \end{array}$$

기본에서 응용으로

11~14쪽

1 200 / 50, 1
2 예 800, 786
3 574, 674, 774
4 785
5 608, 608

6
```
  1
  2 9 4
+ 1 3 5
─────
  4 2 9
```
예 십의 자리 계산 9+3=12에서 10을 백의 자리로 받아올림을 해야 하는데 하지 않았습니다.

7 794, 909
8 981
9 >
10 648
11 1, 100
12 423, 1120
13 ( ) ( ) (○)
14 ㉡
15 1303 cm
16 ㉣
17 189+578=767
18 722개
19 302명
20 ㉣, 493명
21 710
22 1210
23 1332
24 417, 193, 610 (또는 193, 417, 610)
25 314, 438

---

2 402와 384를 각각 어림하면 둘 다 400쯤이므로 402+384를 어림하여 구하면 약 400+400=800입니다.
계산한 값은 402+384=786입니다.

3 같은 수에 더하는 수가 100씩 커지면 합도 100씩 커집니다.

4 수 모형이 나타내는 수는 527입니다.
➡ 527+258=785

5 더한 수만큼 빼면 계산 결과가 같습니다.
263+10+345−10=608
　　273　　335

서술형
6

단계	문제 해결 과정
①	틀린 곳을 찾아 바르게 고쳤나요?
②	틀린 까닭을 썼나요?

7
```
  1            1
  5 8 5        5 8 5
+ 2 0 9      + 3 2 4
─────        ─────
  7 9 4        9 0 9
```

8 가장 큰 수는 672이고, 가장 작은 수는 309입니다.
➡ (가장 큰 수)+(가장 작은 수)=672+309=981

9
```
  1            1
  2 9 5        4 5 4
+ 4 8 1      + 3 1 6        ➡ 776>770
─────        ─────
  7 7 6        7 7 0
```

10 1이 13개인 수는 10이 1개, 1이 3개이므로 100이 4개, 10이 7개, 1이 13개인 수는 483입니다.
➡ 483+165=648

11 십의 자리 계산에서 10+70+70=150이므로 백의 자리 수 1을 백의 자리 수 5 위에 작게 씁니다.
따라서 ㉠에 알맞은 수는 1이고, 실제로 나타내는 값은 100입니다.

12
```
  1 1              1 1
  1 7 5     ──▶    4 2 3
+ 2 4 8           + 6 9 7
─────             ─────
  4 2 3            1 1 2 0
```

13 287은 300에 가까운 수이므로 300+400=700에서 400에 가까운 수를 찾으면 413입니다.
➡ 287+413=700

14 ㉠
```
        1              1
  4 7 2          7 3 9
+ 5 1 9        + 4 2 3
─────          ─────
  9 9 1          1 1 6 2
```
㉡
따라서 합이 1000보다 큰 것은 ㉡입니다.

15
```
  1 1
  6 5 8
+ 6 4 5
─────
  1 3 0 3
```
따라서 두 사람이 뛴 거리의 합은 1303 cm입니다.

16 (㉮ 길)=515+529=1044 (m)
(㉯ 길)=257+653=910 (m)
따라서 가장 짧은 길은 ㉯입니다.

서술형
17 예 두 수의 합이 가장 작으려면 세 수 중 가장 작은 수와 둘째로 작은 수를 더해야 합니다. 가장 작은 수는 189, 둘째로 작은 수는 578이므로 합이 가장 작은 덧셈식은 189+578=767입니다.

단계	문제 해결 과정
①	두 수의 합이 가장 작은 덧셈식을 만드는 방법을 알고 있나요?
②	덧셈식을 만들어 계산했나요?

18 (어제와 오늘 딴 사과의 수)=269+453=722(개)

19 (그림 그리기에 참여한 학생 수)=183+119
　　　　　　　　　　　　　　　　　　=302(명)

20 각 단체의 탑승객 수를 몇백몇십쯤으로 어림하여 알아봅니다.
　　㉮ 단체: 276과 308을 각각 어림하면 280쯤, 310쯤입니다. ➡ 탑승객 수를 어림하여 구하면 약 280+310=590(명)이므로 한 번에 이동할 수 없습니다.
　　㉯ 단체: 241과 267을 각각 어림하면 240쯤, 270쯤입니다. ➡ 탑승객 수를 어림하여 구하면 약 240+270=510(명)이므로 한 번에 이동할 수 없습니다.
　　㉰ 단체: 281과 212를 각각 어림하면 280쯤, 210쯤입니다. ➡ 탑승객 수를 어림하여 구하면 약 280+210=490(명)이므로 한 번에 이동할 수 있습니다.
　➡ (㉰ 단체의 탑승객 수)=281+212=493(명)

21 136◉287=136+287+287
　　　　　　　　=423+287=710

22 369▣472=369+369+472
　　　　　　　=738+472=1210

23 589◆154=589+154+589
　　　　　　　=743+589=1332

24 주어진 수를 각각 몇백몇십쯤으로 어림하면
586 ➡ 590쯤, 378 ➡ 380쯤, 417 ➡ 420쯤,
193 ➡ 190쯤입니다. 어림한 두 수의 합이 600에 가까운 경우를 찾으면 378과 193, 417과 193입니다.
➡ 378+193=571, 417+193=610
따라서 합이 600에 가장 가까운 덧셈식은
417+193=610입니다.

25 수 카드에 적힌 수를 각각 몇백몇십쯤으로 어림하면
163 ➡ 160쯤, 259 ➡ 260쯤, 314 ➡ 310쯤,
438 ➡ 440쯤입니다.
필통 1개를 받으려면 두 수의 합이 700~799이어야 하므로 어림한 두 수의 합이 700~799인 경우를 찾으면 259와 438, 314와 438입니다.
259+438=697, 314+438=752
따라서 314와 438을 꺼내야 필통 1개를 받을 수 있습니다.

4 세 자리 수의 뺄셈(1)　　15쪽

1 144

2 (1) 예 580, 140, 440　(2) 437

3 (1) 512　(2) 220　(3) 163　(4) 381

1 주어진 수 모형에서 백 모형 2개, 십 모형 1개, 일 모형 3개를 지우면 백 모형 1개, 십 모형 4개, 일 모형 4개가 남습니다.

2 (1) 579를 어림하면 580쯤이고, 142를 어림하면 140쯤이므로 579−142를 어림하여 구하면 약 580−140=440입니다.
　　(2)
```
    5 7 9
  -　1 4 2
  ─────────
    4 3 7
```

3 (3)
```
    5 7 6
  -　4 1 3
  ─────────
    1 6 3
```
　　(4)
```
    9 8 4
  -　6 0 3
  ─────────
    3 8 1
```

5 세 자리 수의 뺄셈(2)　　16쪽

4 (위에서부터) 2 / 5, 10, 8, 2 / 5, 10, 3, 8, 2

5 (1) 예 650, 260, 390　(2) 384

6 (1) 304　(2) 283　(3) 427　(4) 564

5 (1) 647을 어림하면 650쯤이고, 263을 어림하면 260쯤이므로 647−263을 어림하여 구하면 약 650−260=390입니다.
　　(2)
```
      5 10
    6̸ 4 7
  -　2 6 3
  ─────────
    3 8 4
```

6 (1)
```
      5 10
    7̸ 6̸ 1
  -　4 5 7
  ─────────
    3 0 4
```
　　(2)
```
      3 10
    4̸ 0̸ 8
  -　1 2 5
  ─────────
    2 8 3
```
　　(3)
```
      2 10
    5̸ 3̸ 4
  -　1 0 7
  ─────────
    4 2 7
```
　　(4)
```
      7 10
    8̸ 1̸ 5
  -　2 5 1
  ─────────
    5 6 4
```

6 세 자리 수의 뺄셈(3) 17쪽

❶ 10, 10

7 (1) 200, 78, 278 (2) 8, 70, 200, 278

8 (1) 489 (2) 368 (3) 358 (4) 176

9 387

---

8 (1)
$$\begin{array}{r} \overset{5\ 12\ 10}{\cancel{6}\ \cancel{3}\ 7} \\ -\ 1\ 4\ 8 \\ \hline 4\ 8\ 9 \end{array}$$

(2)
$$\begin{array}{r} \overset{6\ 13\ 10}{7\ \cancel{4}\ 3} \\ -\ 3\ 7\ 5 \\ \hline 3\ 6\ 8 \end{array}$$

(3)
$$\begin{array}{r} \overset{7\ 11\ 10}{8\ \cancel{2}\ 3} \\ -\ 4\ 6\ 5 \\ \hline 3\ 5\ 8 \end{array}$$

(4)
$$\begin{array}{r} \overset{3\ 10\ 10}{\cancel{4}\ \cancel{1}\ 5} \\ -\ 2\ 3\ 9 \\ \hline 1\ 7\ 6 \end{array}$$

9 □ 안의 수는 706에서 319만큼 뺀 수이므로
706−319=387입니다.

기본에서 응용으로 18~21쪽

26 10, 7 / 15, 300

27 ㉐ 530, 526

28 학교, 223 m

29 (1) 539 (2) 381

30 648, 647, 646

31 586, 329

32 637, ㉐ 638

33 ㉠

34 173

35 달려라 사모예드

36 (1) 367 (2) 366 (3) 479 (4) 287

37 487

38
$$\begin{array}{r} \overset{6\ 10\ 10}{7\ \cancel{1}\ 4} \\ -\ 4\ 8\ 7 \\ \hline 2\ 2\ 7 \end{array}$$
㉐ 백의 자리에서 십의 자리로 받아내림한 수를 빼지 않고 백의 자리를 계산했습니다.

39 447, 158

40

41 923, 285, 638

42 375

43 812−641=171 (또는 812−641) / 171명

44 밤, 59개

---

45 ㉐ 태준이네 학교의 여학생 수는 542명이고 남학생 수는 518명입니다. 여학생은 남학생보다 몇 명 더 많을까요? / 24명

46 622번 47 554 m

48 688 cm 49 150

50 526 51 1203

27 847과 321을 각각 어림하면 850쯤, 320쯤이므로 847−321을 어림하여 구하면 약 850−320=530입니다. 실제 계산한 값은 847−321=526입니다.

28 975>752이고 975−752=223 (m)이므로 집에서 학교가 편의점보다 223 m 더 멉니다.

29 (1)
$$\begin{array}{r} \overset{7\ 10}{6\ \cancel{8}\ 7} \\ -\ 1\ 4\ 8 \\ \hline 5\ 3\ 9 \end{array}$$

(2)
$$\begin{array}{r} \overset{4\ 10}{\cancel{5}\ 0\ 6} \\ -\ 1\ 2\ 5 \\ \hline 3\ 8\ 1 \end{array}$$

30 같은 수에서 1씩 커지는 수를 빼면 차는 1씩 작아집니다.

31 몇백몇십쯤으로 어림하면 329 ➡ 330쯤, 572 ➡ 570쯤, 586 ➡ 590쯤, 257 ➡ 260쯤입니다. 따라서 차가 260에 가까운 두 수는 586과 329이고 실제로 계산하면 586−329=257입니다.

32 783−146=637이므로 783−146보다 크려면 637보다 큰 수를 넣어야 합니다.

33 ㉠ 532−229=303
㉡ 429−132=297
➡ 303>297

34 만들 수 있는 가장 큰 수는 542입니다.
715>542이므로 715−542=173입니다.

35 영화별 남은 입장권 수를 알아봅니다.
사막여우와 나: 315−191=124(장)
달려라 사모예드: 326−195=131(장)
하연이네 학교 3학년 학생 수가 128명이므로 남은 입장권 수가 128보다 큰 달려라 사모예드를 볼 수 있습니다.

36 (1)
$$\begin{array}{r} \overset{4\ 9\ 10}{\cancel{5}\ \cancel{0}\ 6} \\ -\ 1\ 3\ 9 \\ \hline 3\ 6\ 7 \end{array}$$

(2)
$$\begin{array}{r} \overset{6\ 13\ 10}{7\ \cancel{4}\ 2} \\ -\ 3\ 7\ 6 \\ \hline 3\ 6\ 6 \end{array}$$

(3)
$$\begin{array}{r}{\scriptstyle 7\ 14\ 10} \\ 8\ \cancel{5}\ \cancel{1} \\ -\ 3\ 7\ 2 \\ \hline 4\ 7\ 9 \end{array}$$

(4)
$$\begin{array}{r}{\scriptstyle 6\ 17\ 10} \\ 7\ \cancel{8}\ \cancel{5} \\ -\ 4\ 9\ 8 \\ \hline 2\ 8\ 7 \end{array}$$

37 100이 9개, 1이 5개인 수는 905이므로
905−418=487입니다.

서술형
38

단계	문제 해결 과정
①	틀린 곳을 찾아 바르게 고쳤나요?
②	틀린 까닭을 썼나요?

39
$$\begin{array}{r}{\scriptstyle 5\ 9\ 10} \\ \cancel{6}\ \cancel{0}\ 4 \\ -\ 1\ 5\ 7 \\ \hline 4\ 4\ 7 \end{array} \rightarrow \begin{array}{r}{\scriptstyle 3\ 13\ 10} \\ \cancel{4}\ \cancel{4}\ 7 \\ -\ 2\ 8\ 9 \\ \hline 1\ 5\ 8 \end{array}$$

40 932−□=549에서 □=932−549, □=383
853−□=478에서 □=853−478, □=375

41 차가 가장 큰 뺄셈식을 만들려면 가장 큰 수에서 가장
작은 수를 빼야 합니다.
가장 큰 수: 923, 가장 작은 수: 285
➡ 923−285=638

42 459 ◈ 834=834−459=375

44 (남은 밤의 수)=903−259=644(개)
(남은 땅콩의 수)=851−266=585(개)
따라서 밤이 644−585=59(개) 더 많이 남았습니다.

45 여학생은 남학생보다 542−518=24(명) 더 많습니다.

46 하연: 450−187=263(번)
호진: 263+359=622(번)

47 (㉠에서 ㉣까지의 길이)
=(㉠에서 ㉢까지의 길이)+(㉡에서 ㉣까지의 길이)
  −(㉡에서 ㉢까지의 길이)
=247+492−185
=739−185=554 (m)

48 (이어 붙인 색 테이프의 전체 길이)
=476+476−264
=952−264=688 (cm)

49 어떤 수를 □라고 하면 □+386=922,
□=922−386, □=536입니다.
따라서 바르게 계산하면 536−386=150입니다.

50 찢어진 종이에 적힌 수를 □라고 하면
287+□=813, □=813−287, □=526입니다.
따라서 찢어진 종이에 적힌 세 자리 수는 526입니다.

서술형
51 예 어떤 수를 □라고 하면 425+□=904이므로
□=904−425, □=479입니다.
따라서 어떤 수에 724를 더하면 479+724=1203
입니다.

단계	문제 해결 과정
①	어떤 수를 구했나요?
②	어떤 수에 724를 더한 값을 구했나요?

응용에서 최상위로   22~25쪽

1 (위에서부터) (1) 2, 1, 6 (2) 2, 7, 8

1-1 (위에서부터) (1) 6, 8, 2 (2) 7, 2, 8

1-2 454, 239

2 1251, 495

2-1 1449, 459   **2-2** 398

3 347

3-1 752   **3-2** 0, 1, 2

4 1단계 예 진혁: 338+356=694 (킬로칼로리),
형: 534+288=822 (킬로칼로리)
2단계 예 822−694=128 (킬로칼로리)
/ 형, 128 킬로칼로리

4-1 194 킬로칼로리

1 (1)
$$\begin{array}{r} 6\ ㉡\ 8 \\ +\ ㉢\ 8\ ㉠ \\ \hline 8\ 1\ 4 \end{array}$$

일의 자리 계산: 8+㉠=14에서
  ㉠=14−8, ㉠=6입니다.
십의 자리 계산: 1+㉡+8=11에서
  ㉡=11−9, ㉡=2입니다.
백의 자리 계산: 1+6+㉢=8에서
  ㉢=8−7, ㉢=1입니다.

(2)
```
    6 5 2
  − ㉢㉡ 4
  ─────────
    3 7 ㉠
```

일의 자리 계산: $10+2-4=㉠$에서
　　　　　　　$㉠=12-4$, $㉠=8$입니다.

십의 자리 계산: $10+5-1-㉡=7$에서
　　　　　　　$㉡=14-7$, $㉡=7$입니다.

백의 자리 계산: $6-1-㉢=3$에서
　　　　　　　$㉢=5-3$, $㉢=2$입니다.

1-1 (1)
```
    4 ㉡ 7
  + 7 9 ㉠
  ─────────
  1 ㉢ 6 5
```

일의 자리 계산: $7+㉠=15$에서
　　　　　　　$㉠=15-7$, $㉠=8$입니다.

십의 자리 계산: $1+㉡+9=16$에서
　　　　　　　$㉡=16-10$, $㉡=6$입니다.

백의 자리 계산: $1+4+7=12$이므로 $㉢=2$입니다.

(2)
```
    ㉢ 0 3
  −  3 ㉡㉠
  ─────────
    3 7 5
```

일의 자리 계산: $10+3-㉠=5$에서
　　　　　　　$㉠=13-5$, $㉠=8$입니다.

십의 자리 계산: 백의 자리에서 십의 자리로 받아내림한 10 중 1을 일의 자리로 받아내림했으므로 십의 자리에는 9가 남아 있습니다.
　　　　　　　$9-㉡=7$에서 $㉡=9-7$, $㉡=2$입니다.

백의 자리 계산: $㉢-1-3=3$에서
　　　　　　　$㉢=3+4$, $㉢=7$입니다.

1-2
```
  ㉠㉡ 4          ㉠㉡ 4
+ ㉢ 3 ㉣        − ㉢ 3 ㉣
─────────        ─────────
  6 9 3            2 1 5
```

두 수를 각각 ㉠㉡4, ㉢3㉣이라고 하면
일의 자리 계산: 덧셈식에서 $4+㉣=13$이므로
　　　　　　　$㉣=13-4$, $㉣=9$입니다.

십의 자리 계산: 덧셈식에서 $1+㉡+3=9$이므로
　　　　　　　$㉡=9-4$, $㉡=5$입니다.

백의 자리 계산: 덧셈식에서 $㉠+㉢=6$이고,
　　　　　　　뺄셈식에서 $㉠-㉢=2$이므로
　　　　　　　$㉠=4$, $㉢=2$입니다.

따라서 두 수는 454, 239입니다.

2 가장 큰 수는 873이고, 가장 작은 수는 378입니다.
➡ 합: $873+378=1251$,
　 차: $873-378=495$

2-1 가장 큰 수는 954이고, 가장 작은 수는 459, 둘째로 작은 수는 495입니다.
➡ 합: $954+495=1449$,
　 차: $954-495=459$

2-2 십의 자리 수가 0인 가장 큰 세 자리 수는 705이고, 가장 작은 세 자리 수는 305, 둘째로 작은 세 자리 수는 307입니다.
➡ $705-307=398$

3 $275+□=623$이라고 하면 $□=623-275$,
$□=348$입니다.
$275+□<623$이어야 하므로 $□$ 안에는 348보다 작은 수가 들어가야 합니다.
따라서 $□$ 안에 들어갈 수 있는 수 중에서 가장 큰 세 자리 수는 347입니다.

3-1 $918-□=165$라고 하면 $□=918-165$,
$□=753$입니다. $918-□>165$이어야 하므로 $□$ 안에는 753보다 작은 수가 들어가야 합니다.
따라서 $□$ 안에 들어갈 수 있는 수 중에서 가장 큰 세 자리 수는 752입니다.

3-2 $64□-285=358$이라고 하면 $64□=358+285$,
$64□=643$에서 $□=3$입니다.
$64□-285<358$이어야 하므로 $□$ 안에는 3보다 작은 수가 들어가야 합니다.
따라서 $□$ 안에 들어갈 수 있는 수는 0, 1, 2입니다.

4-1 수정이가 먹은 견과류의 열량은
$183+597=780$ (킬로칼로리)이고, 유정이가 먹은 견과류의 열량은 586 킬로칼로리입니다.
따라서 수정이가 먹은 견과류의 열량은 유정이가 먹은 견과류의 열량보다 $780-586=194$ (킬로칼로리) 더 많습니다.

단원 평가 Level ❶

1 240, 3, 770, 11, 781

2 100

3 ( )( )
(○)( )

4
```
    1
  2 4 7
+ 3 2 5
───────
  5 7 2
```

5 (위에서부터) 752, 705

6 689

7 266

8 358, 514에 ○표

9 1244 cm

10 346

11 ㉡

12 1033

13 733명

14 634

15 (위에서부터) 4, 5, 9

16 845, 338, 507

17 255

18 병원, 77 m

19 310

20 1211, 297

---

2 □ 안의 수 1은 십의 자리 계산 1＋5＋5＝11에서 10을 백의 자리로 받아올림한 것이므로 100을 나타냅니다.

3 284를 어림하면 300쯤이고 373을 어림하면 400쯤이므로 284＋373을 어림하여 구하면
약 300＋400＝700입니다.

5 405＋347＝405＋300＋47
＝705＋47
＝752

6 537＋152＝689

7 가장 큰 수는 625이고, 가장 작은 수는 359입니다.
➡ 625－359＝266

8 일의 자리 수끼리의 합의 일의 자리 숫자가 2인 두 수는 358과 514, 368과 514입니다.
➡ 358＋514＝872(○), 368＋514＝882(×)

9 686＋558＝1244 (cm)

10 365＋□＝711 ➡ □＝711－365, □＝346

---

11 ㉠
```
  1 1
  3 7 5
+ 4 8 9
───────
  8 6 4
```
㉡
```
    8 10
  9 9̶ 2
- 1 2 7
───────
  8 6 5
```
➡ 864＜865

12 어떤 수를 □라고 하면 □－375＝658,
□＝658＋375, □＝1033

13 (여학생 수)＝425－117＝308(명)
(전체 학생 수)＝425＋308＝733(명)

14 1이 26개인 수는 10이 2개, 1이 6개이므로 100이 4개, 10이 7개, 1이 6개인 수는 476입니다.
➡ 476＋158＝634

15
```
  ㉢ 8 ㉠
- 1 ㉡ 7
───────
  2 8 8
```
일의 자리 계산: 10＋㉠－7＝8에서 ㉠＋3＝8,
㉠＝8－3, ㉠＝5입니다.
십의 자리 계산: 10＋8－1－㉡＝8에서
17－㉡＝8, ㉡＝17－8, ㉡＝9입니다.
백의 자리 계산: ㉢－1－1＝2에서 ㉢＝2＋2,
㉢＝4입니다.

16 주어진 수를 몇백몇십쯤으로 어림해 보면 845 ➡ 850쯤, 279 ➡ 280쯤, 753 ➡ 750쯤, 338 ➡ 340쯤이므로 차가 500에 가까운 두 수는 753과 279, 845와 338입니다.
753－279＝474, 845－338＝507이므로 차가 500에 가장 가까운 뺄셈식은 845－338＝507입니다.

17 642－●＝258 ➡ ●＝642－258, ●＝384
♥＋129＝384 ➡ ♥＝384－129, ♥＝255

18 (집에서 병원을 거쳐 학교까지 가는 거리)
＝259＋567＝826 (m)
(집에서 과일 가게를 거쳐 학교까지 가는 거리)
＝425＋478＝903 (m)
따라서 집에서 병원을 거쳐서 가는 길이
903－826＝77 (m) 더 가깝습니다.

서술형

19 例 547−□=236이라고 하면 □=547−236, □=311입니다. 547−□>236이어야 하므로 □ 안에는 311보다 작은 수가 들어가야 합니다.

따라서 □ 안에 들어갈 수 있는 수 중에서 가장 큰 세 자리 수는 310입니다.

평가 기준	배점(5점)
547−□=236이라고 할 때 □ 안에 알맞은 수를 구했나요?	2점
□ 안에 들어갈 수 있는 수 중에서 가장 큰 세 자리 수를 구했나요?	3점

서술형

20 例 만들 수 있는 세 자리 수 중에서 가장 큰 수는 754 이고, 가장 작은 수는 457입니다.

따라서 두 수의 합은 754+457=1211이고, 두 수의 차는 754−457=297입니다.

평가 기준	배점(5점)
만들 수 있는 가장 큰 수와 가장 작은 수를 각각 구했나요?	2점
두 수의 합과 차를 각각 구했나요?	3점

단원 평가 Level ❷   29~31쪽

1 500, 42, 542

2 120

3 680, 680

4
```
   7 10
   8 1 9
 − 4 8 7
 ───────
   3 3 2
```

5 215

6 535, 288

7 <

8 241개

9 例 330명, 例 370명

10 331명, 373명

11 466

12 375

13 495

14 473

15 6, 7, 8, 9

16 673 m

17 559 cm

18 (위에서부터) 5, 6, 8, 4 / 5, 6, 8, 2

19 1343

20 771 cm

2 □ 안의 수 12는 일의 자리로 받아내림하고 남은 수 20과 백의 자리에서 받아내림한 100을 합한 수이므로 120을 나타냅니다.

3 208에 2를 더하면 210이 되므로 더한 2만큼 2를 빼줍니다.

$$\underset{210}{\underline{208+2}}+\underset{470}{\underline{472-2}}=680$$

4 백의 자리에서 십의 자리로 받아내림한 수를 빼지 않고 백의 자리를 계산했습니다.

5 수 모형이 나타내는 수는 453입니다.
➡ 453−238=215

6 904−369=535, 535−247=288

7 732−286=446
➡ 446<456

8 400−159=241(개)

9 토요일: 남자 수를 어림하면 160쯤이고, 여자 수를 어림하면 170쯤이므로 157+174를 어림하여 구하면 약 160+170=330(명)입니다.
일요일: 남자 수를 어림하면 180쯤이고, 여자 수를 어림하면 190쯤이므로 182+191을 어림하여 구하면 약 180+190=370(명)입니다.

10 토요일: 157+174=331(명)
일요일: 182+191=373(명)

11 642−□=176에서
□=642−176, □=466입니다.

12 ㉠ 10이 15개이면 100이 1개, 10이 5개이므로 100이 6개, 10이 5개, 1이 8개인 수는 658입니다.
㉡ 243에서 10씩 4번 뛰어 세면
243−253−263−273−283입니다.
➡ 658−283=375

13 327 ♥ 159=327−159+327
=168+327=495

14 찢어진 종이에 적힌 수를 □라고 하면
258+□=731, □=731−258, □=473입니다.

15
```
    1 1
    3 7 5
 +  □ 6 8
 ─────────
      4 3
```
받아올림이 3번 있으려면 백의 자리에서도 받아올림을 해야 합니다.
따라서 1+3+□가 10과 같거나 10보다 커야 하므로 □ 안에는 6, 7, 8, 9가 들어갈 수 있습니다.

16 (집에서 약국을 거쳐 도서관까지 가는 거리)
　＝562＋389＝951 (m)
　(세탁소에서 도서관까지의 거리)
　＝951－278＝673 (m)

17 (이어 붙인 색 테이프의 전체 길이)
　＝347＋347－135
　＝694－135＝559 (cm)

18
　$\begin{array}{r} ㉠\,5\,㉡ \\ +\ 2\,㉢\,7 \\ \hline 8\,\Box\,3 \end{array}$　　　$\begin{array}{r} ㉠\,5\,㉡ \\ -\ 2\,㉢\,7 \\ \hline \Box\,6\,9 \end{array}$

두 수를 각각 ㉠5㉡, 2㉢7이라고 하면
일의 자리 계산: 덧셈식에서 ㉡＋7＝13이므로
　　　　　　　　㉡＝13－7, ㉡＝6입니다.
십의 자리 계산: 뺄셈식에서 10＋5－1－㉢＝6이므로
　　　　　　　　㉢＝14－6, ㉢＝8입니다.
백의 자리 계산: 덧셈식에서 1＋㉠＋2＝8이므로
　　　　　　　　㉠＝8－3, ㉠＝5입니다.
따라서 두 수는 556과 287이고 556＋287＝843,
556－287＝269입니다.

서술형
19 ⑳ 어떤 수를 □라고 하면 □－398＝547,
　□＝547＋398, □＝945입니다.
　따라서 바르게 계산하면 945＋398＝1343입니다.

평가 기준	배점(5점)
어떤 수를 구했나요?	3점
바르게 계산한 값을 구했나요?	2점

서술형
20 ⑳ (전체 길이)＝374＋569＝943 (cm)
　㉠＋172＝943이므로 ㉠＝943－172,
　㉠＝771 (cm)입니다.

평가 기준	배점(5점)
전체 길이를 구했나요?	2점
㉠의 길이를 구했나요?	3점

2 평면도형

이 단원에서는 2학년에서 학습한 삼각형, 사각형들을 좀 더 구체적으로 알아봅니다. 2학년에서 배운 평면도형들은 입체도형을 '2차원 도형으로 추상화'한 관점에서 접근했다면, 3학년에서는 '선이 모여 평면도형이 되는' 관점으로 평면도형을 생각할 수 있도록 합니다.
따라서 선, 각을 차례로 배운 후 평면도형을 학습하면서 변의 길이, 각의 크기에 따른 평면도형의 여러 종류들과 그 관계까지 살펴봅니다.
직각을 이용하여 분류하는 활동을 통해 직각삼각형을 학습합니다. 마지막으로 여러 가지 사각형을 분류하는 활동으로 직사각형을 이해하고, 직사각형과 비교하는 활동을 통해 정사각형을 이해하는 학습을 하게 됩니다.

1 선의 종류　　34쪽

❶ 선분에 ○표
　직선에 ○표, 반직선에 ○표

1 (　　)(　○　)(　△　)(　○　)(　　)

2 (1) 반직선 ㄱㄴ　(2) 선분 ㄷㄹ (또는 선분 ㄹㄷ)

3
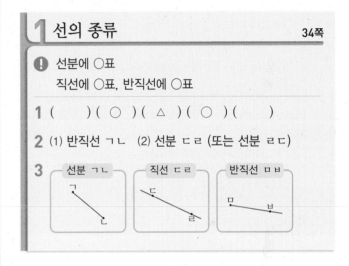

1 선분을 양쪽으로 끝없이 늘인 곧은 선이 직선입니다.
한 점에서 시작하여 한쪽으로 끝없이 늘인 곧은 선이 반직선입니다.

2 (1) 점 ㄱ에서 시작하여 점 ㄴ을 지나는 반직선이므로 반직선 ㄱㄴ입니다.
　(2) 점 ㄷ과 점 ㄹ을 이은 선분이므로 선분 ㄷㄹ 또는 선분 ㄹㄷ입니다.

2 각　　35쪽

❶ 꼭짓점 / 1, 2

4 (　　)(　○　)(　　)(　○　)(　　)

5 (1) 각 ㄱㄴㄷ (또는 각 ㄷㄴㄱ) / 변 ㄴㄱ, 변 ㄴㄷ
　(2) 각 ㄹㅁㅂ (또는 각 ㅂㅁㄹ) / 변 ㅁㄹ, 변 ㅁㅂ

6 (1) 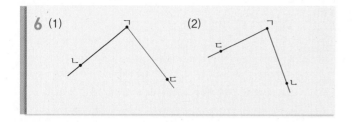 (2)

4 각은 한 점에서 그은 두 반직선으로 이루어진 도형입니다.

6 각의 꼭짓점을 점 ㄱ으로 하여 각을 그립니다.

3 직각
36쪽

❶ 직각

7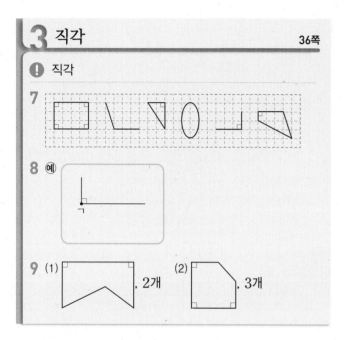

8 예

9 (1) , 2개 (2) , 3개

9 삼각자의 직각 부분을 대었을 때 꼭 맞게 겹쳐지는 부분을 └ 로 표시합니다.

기본에서 응용으로
37~40쪽

1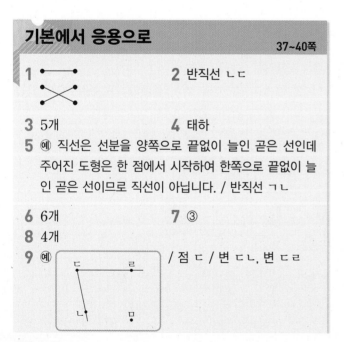

2 반직선 ㄴㄷ

3 5개

4 태하

5 예 직선은 선분을 양쪽으로 끝없이 늘인 곧은 선인데 주어진 도형은 한 점에서 시작하여 한쪽으로 끝없이 늘인 곧은 선이므로 직선이 아닙니다. / 반직선 ㄱㄴ

6 6개

7 ③

8 4개

9 예 / 점 ㄷ / 변 ㄷㄴ, 변 ㄷㄹ

10 ④

11 예 각은 한 점에서 그은 두 반직선으로 이루어진 도형입니다. 주어진 도형을 굽은 선이 있으므로 각이 아닙니다.

12 각 ㄱㄴㄷ (또는 각 ㄷㄴㄱ), 각 ㄱㄴㄹ (또는 각 ㄹㄴㄱ), 각 ㄹㄴㄷ (또는 각 ㄷㄴㄹ)

13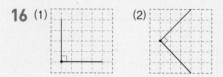

14 라, 나, 가, 다

15 각 ㄴㅅㄷ (또는 각 ㄷㅅㄴ), 각 ㄷㅅㅁ (또는 각 ㅁㅅㄷ), 각 ㅂㅅㄹ (또는 각 ㄹㅅㅂ)

16 (1) 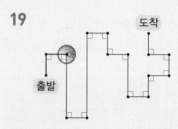 (2)

17 ㉡, ㉣

18 12개

19

20 (1) 3개, 2개, 1개 (2) 6개

21 10개

22 3개

23 6개

24 12개

1 반직선은 한 점에서 시작하여 한쪽으로 끝없이 늘인 곧은 선이고, 선분은 두 점을 곧게 이은 선입니다. 직선은 선분을 양쪽으로 끝없이 늘인 곧은 선입니다.

2 한 점에서 시작하여 한쪽으로 끝없이 늘인 곧은 선을 찾아 시작점부터 읽습니다.

3 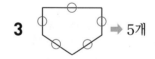 ➡ 5개

4 태하: 직선은 양쪽 끝이 정해져 있지 않은 곧은 선입니다.

서술형
5

단계	문제 해결 과정
①	주어진 도형이 직선 ㄱㄴ이 아닌 까닭을 썼나요?
②	주어진 도형의 이름을 바르게 썼나요?

6 3개의 점 중에서 한 점을 시작점으로 하여 그을 수 있는 반직선은 각각 2개씩이므로 그을 수 있는 반직선은 모두 2+2+2=6(개)입니다.

7 ③ 한 점에서 그은 두 반직선으로 이루어진 부분이 없습니다.

8  각 ㄱㄴㄷ, 각 ㄴㄷㄹ, 각 ㄷㄹㄱ, 각 ㄹㄱㄴ ➡ 4개

9 각을 그릴 때에는 한 점에서 다른 두 점을 각각 지나는 반직선을 그립니다. 각의 꼭짓점을 어느 점으로 하는지에 따라 변은 달라집니다.

10 ① 3개 ② 4개 ③ 1개 ④ 6개 ⑤ 2개

서술형
11

단계	문제 해결 과정
①	각을 바르게 설명했나요?
②	주어진 도형이 각이 아닌 까닭을 썼나요?

14 가: 1개, 나: 2개, 다: 0개, 라: 4개

15 직각은 각 ㄴㅅㄷ, 각 ㄷㅅㅁ, 각 ㅂㅅㄹ로 모두 3개입니다.

17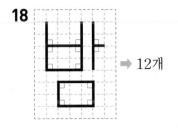

18 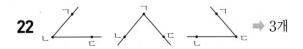 ➡ 12개

20 (1) 작은 각 1개로 이루어진 각은 각 ㄱㄴㄹ, 각 ㄹㄴㅁ, 각 ㅁㄴㄷ으로 3개입니다.
　　작은 각 2개로 이루어진 각은 각 ㄱㄴㅁ, 각 ㄹㄴㄷ으로 2개입니다.
　　작은 각 3개로 이루어진 각은 각 ㄱㄴㄷ으로 1개입니다.
(2) 3+2+1=6(개)

21 ➡ 4개, ➡ 3개, ➡ 2개, ➡ 1개
따라서 찾을 수 있는 크고 작은 각은 모두
4+3+2+1=10(개)입니다.

22 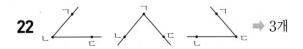 ➡ 3개

---

23 점 ㄷ을 꼭짓점으로 하는 각은 각 ㄱㄷㄴ, 각 ㄴㄷㄹ, 각 ㄹㄷㅁ, 각 ㄱㄷㅁ, 각 ㄴㄷㅁ, 각 ㄱㄷㄹ로 모두 6개입니다.

24 점 ㄱ을 꼭짓점으로 하는 각: 각 ㄴㄱㄷ, 각 ㄷㄱㄹ, 각 ㄴㄱㄹ
점 ㄴ을 꼭짓점으로 하는 각: 각 ㄱㄴㄹ, 각 ㄹㄴㄷ, 각 ㄱㄴㄷ
점 ㄷ을 꼭짓점으로 하는 각: 각 ㄴㄷㄱ, 각 ㄱㄷㄹ, 각 ㄴㄷㄹ
점 ㄹ을 꼭짓점으로 하는 각: 각 ㄱㄹㄴ, 각 ㄴㄹㄷ, 각 ㄱㄹㄷ
➡ 3+3+3+3=12(개)

4 직각삼각형　41쪽

❶ 3, 1에 ○표

1 나, 라

2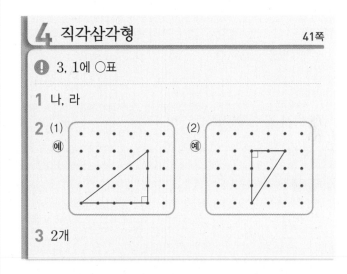

3 2개

1 한 각이 직각인 삼각형을 찾으면 나, 라입니다.

2 한 각이 직각이 되도록 삼각형을 그립니다.

3 점선과 아래쪽 변이 만나서 이루는 각이 직각이므로 점선을 따라 자르면 직각삼각형은 모두 2개가 됩니다.

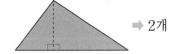 ➡ 2개

5 직사각형　42쪽

4 바 / 다 / 나 / 가, 라, 마

5 가, 라, 마

6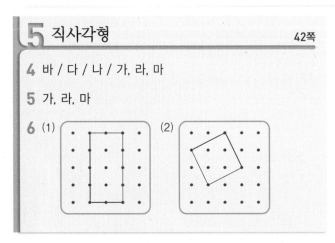

6 네 각이 모두 직각이고 마주 보는 변의 길이가 같도록 직사각형을 그립니다.

---

6 정사각형　　　　　　　　43쪽

7 가, 나, 마　　　　**8** 나, 라, 마

9 나, 마

10

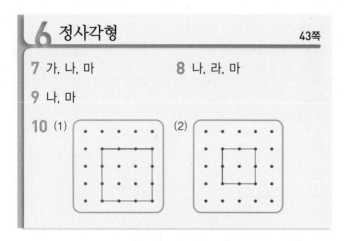

(1)　　　　　(2)

10 네 각이 모두 직각이고 네 변의 길이가 모두 같도록 정사각형을 그립니다.

기본에서 응용으로　　　　44~46쪽

25 라, 사

26 예

27 예

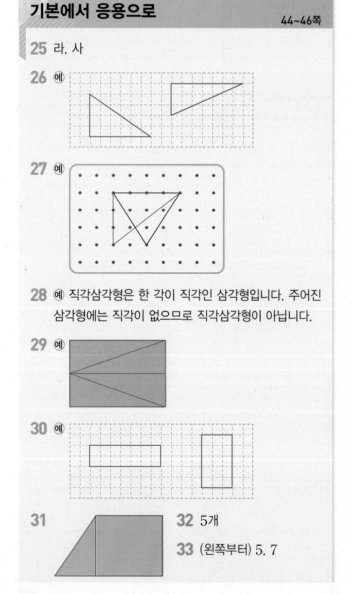

28 예 직각삼각형은 한 각이 직각인 삼각형입니다. 주어진 삼각형에는 직각이 없으므로 직각삼각형이 아닙니다.

29 예

30 예

31

32 5개

33 (왼쪽부터) 5, 7

34

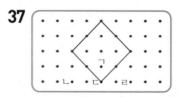

35 가, 다, 마

36 다, 마

37 점 ㄷ

38 정사각형이 아닙니다에 ○표 / 예 정사각형은 네 각이 모두 직각이고 네 변의 길이가 모두 같습니다. 주어진 도형은 네 변의 길이는 모두 같지만 네 각이 직각이 아니므로 정사각형이 아닙니다.

39 ⓒ　　　　**40** 5 cm

41 5　　　　　**42** 6

43 12 cm

서술형
28

단계	문제 해결 과정
①	직각삼각형을 바르게 설명했나요?
②	직각삼각형이 아닌 까닭을 썼나요?

29 선을 따라 나누었을 때 한 각이 직각인 삼각형을 4개 만들 수 있도록 선분을 긋습니다.

31 사각형의 네 각이 모두 직각이 되도록 선분을 긋습니다.

32 직각삼각형의 직각은 1개, 직사각형의 직각은 4개입니다.
➡ $1+4=5$(개)

33 직사각형은 마주 보는 두 변의 길이가 같습니다.

34 전체 칸 수가 12칸이므로 3칸인 직사각형으로 나누어 봅니다.

35 네 각이 모두 직각인 사각형을 찾습니다.

36 네 각이 모두 직각이고 네 변의 길이가 모두 같은 사각형을 찾습니다.

37

두 선분과 점 ㄷ을 이으면 네 각이 모두 직각이고 네 변의 길이가 모두 같은 정사각형이 완성됩니다.

서술형
38

단계	문제 해결 과정
①	정사각형을 바르게 설명했나요?
②	정사각형이 아닌 까닭을 썼나요?

39 ⓒ 정사각형은 직사각형 중에서 네 변의 길이가 모두 같은 사각형이므로 직사각형이라고 할 수 있습니다.

40 직사각형을 그림과 같이 접고 자른 후 펼치면 한 변의 길이가 5 cm인 정사각형이 됩니다.

41 직사각형은 마주 보는 두 변의 길이가 같으므로
9+□+9+□=28, □+□=10, □=5입니다.

42 정사각형은 네 변의 길이가 모두 같으므로
□+□+□+□=24에서 6+6+6+6=24이므로 □=6입니다.

43 정사각형은 네 변의 길이가 모두 같으므로 한 변의 길이를 □cm라고 하면 □+□+□+□=20에서
5+5+5+5=20이므로 □=5입니다.
➡ (직각삼각형의 세 변의 길이의 합)
= 3+4+5=12 (cm)

응용에서 최상위로

47~50쪽

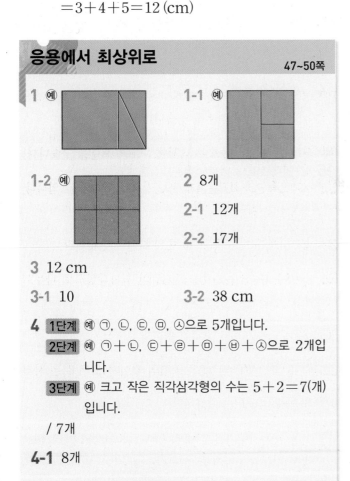

1 (예) **1-1** (예)

1-2 (예)

2 8개

2-1 12개

2-2 17개

3 12 cm

3-1 10   **3-2** 38 cm

4 1단계 (예) ㉠, ㉡, ㉢, ㉣, ㉥으로 5개입니다.
2단계 (예) ㉠+㉡, ㉢+㉣+㉤+㉥+㉦으로 2개입니다.
3단계 (예) 크고 작은 직각삼각형의 수는 5+2=7(개)입니다.
/ 7개

4-1 8개

---

1 가장 큰 정사각형이 되려면 직사각형의 짧은 변을 정사각형의 한 변으로 해야 합니다.
정사각형을 만들고 남은 부분인 직사각형을 잘라 직각삼각형 2개를 만듭니다.

1-1 정사각형의 가운데에 선분을 그어 네 변의 길이가 모두 같도록 정사각형 2개를 만들면 나머지 도형은 직사각형이 됩니다.

1-2 직사각형을 반으로 나눈 다음, 반으로 나누어진 직사각형을 각각 3등분하여 자르면 똑같은 직사각형 6개가 만들어집니다.

2 작은 직사각형 1개로 이루어진 직사각형: 4개
작은 직사각형 2개로 이루어진 직사각형: 2개
작은 직사각형 3개로 이루어진 직사각형: 1개
작은 직사각형 4개로 이루어진 직사각형: 1개
➡ 4+2+1+1=8(개)

2-1 작은 직사각형 1개로 이루어진 직사각형: 5개
작은 직사각형 2개로 이루어진 직사각형: 5개
작은 직사각형 3개로 이루어진 직사각형: 1개
작은 직사각형 4개로 이루어진 직사각형: 1개
➡ 5+5+1+1=12(개)

2-2 작은 정사각형 1개로 이루어진 정사각형: 11개
작은 정사각형 4개로 이루어진 정사각형: 5개
작은 정사각형 9개로 이루어진 정사각형: 1개
➡ 11+5+1=17(개)

3 (직사각형 가의 네 변의 길이의 합)
= 15+9+15+9=48 (cm)
정사각형 나의 한 변의 길이를 □cm라고 하면
□+□+□+□=48, □=12이므로 정사각형 나의 한 변의 길이는 12 cm입니다.

3-1 (정사각형 가의 네 변의 길이의 합)
= 7+7+7+7=28 (cm)
직사각형 나와 정사각형 가의 네 변의 길이의 합이 같으므로 □+4+□+4=28, □+□=20, □=10입니다.

3-2

6 cm ⌐ ... ¬
└ 13 cm ┘

필요한 끈의 길이는 가로가 13 cm, 세로가 6 cm인 직사각형의 네 변의 길이의 합과 같습니다.
➡ 13+6+13+6=38 (cm)

4-1
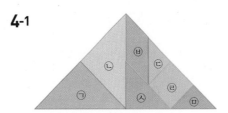

크고 작은 직각삼각형은 ㉠, ㉡, ㉢, ㉣, ㉦, ㉠+㉡, ㉤+㉢+㉣+㉥+㉦, ㉠+㉡+㉤+㉢+㉣+㉥+㉦으로 모두 8개입니다.

단원 평가 Level ❶

1 ③

2 (1) 선분 ㄱㄴ (또는 선분 ㄴㄱ) (2) 반직선 ㄹㄷ
  (3) 직선 ㅅㅇ (또는 직선 ㅇㅅ)

3 4개   **4** 5개

5    **6** ②, ④

7 직각삼각형

8 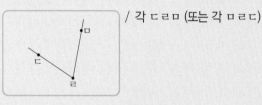 / 각 ㄷㄹㅁ (또는 각 ㅁㄹㄷ)

9 가, 라   **10** 4개

11 민수

12 (예)

13 24 cm   **14** 6개

15 15개   **16** 39 cm

17 8개   **18** 24 cm

19 (예) 직사각형은 네 각이 모두 직각입니다. 주어진 사각형은 네 각이 모두 직각이 아니므로 직사각형이 아닙니다.

20 6

---

1 두 점을 곧게 이은 선은 ③입니다.

2 (2) 반직선 ㄷㄹ이라고 쓰지 않습니다.

> **주의** 반직선은 항상 시작점을 먼저 써야 합니다.

3 각이 있는 도형은 가, 나, 라, 바로 모두 4개입니다.

4 도형 가에 있는 각은 1개, 도형 나에 있는 각은 4개입니다. ➡ 1+4=5(개)

5 직선은 선분을 양쪽으로 끝없이 늘인 곧은 선입니다.

6 ① 각의 변은 2개입니다.
  ③ 각 ㄱㄴㄷ 또는 각 ㄷㄴㄱ이라고 읽습니다.
  ⑤ 각의 꼭짓점은 1개입니다.

7 삼각형 중에서 한 각이 직각인 삼각형은 직각삼각형입니다.

---

8 각을 읽을 때에는 꼭짓점이 가운데 오도록 읽습니다.

9 네 각이 모두 직각인 사각형은 가와 라입니다.

10 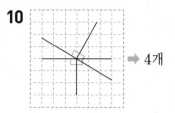 ➡ 4개

11 네 각은 모두 직각이지만 네 변의 길이가 모두 같지 않으므로 정사각형이 아닙니다.

12 직사각형의 짧은 변을 한 변으로 하는 정사각형이 되도록 선분을 긋습니다.

13 직사각형은 마주 보는 두 변의 길이가 같으므로 7+5+7+5=24 (cm)입니다.

14 그을 수 있는 반직선: 12개
  그을 수 있는 직선: 6개
  따라서 반직선은 직선보다 12-6=6(개) 더 많습니다.

15 작은 각 1개로 이루어진 각: 5개
  작은 각 2개로 이루어진 각: 4개
  작은 각 3개로 이루어진 각: 3개
  작은 각 4개로 이루어진 각: 2개
  작은 각 5개로 이루어진 각: 1개
  ➡ 5+4+3+2+1=15(개)

16 정사각형은 네 변의 길이가 모두 같으므로 정사각형을 만드는 데 사용한 철사의 길이는
  8+8+8+8=32 (cm)입니다.
  철사가 7 cm가 남았으므로 처음 철사의 길이는
  32+7=39 (cm)입니다.

17 작은 정사각형 1개로 이루어진 정사각형: 6개
  작은 정사각형 4개로 이루어진 정사각형: 2개
  ➡ 6+2=8(개)

18 정사각형은 네 변의 길이가 모두 같으므로 만든 직사각형의 변의 길이는 다음과 같습니다.

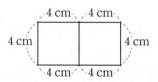

따라서 직사각형의 가로는 8 cm, 세로는 4 cm이므로 네 변의 길이의 합은 8+4+8+4=24 (cm)입니다.

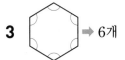

서술형
19

평가 기준	배점(5점)
직사각형을 바르게 설명했나요?	2점
직사각형이 아닌 까닭을 썼나요?	3점

서술형
20 (예) 직사각형은 마주 보는 두 변의 길이가 같으므로
$9+□+9+□=30$, $□+□=12$, $□=6$입니다.

평가 기준	배점(5점)
직사각형의 네 변의 길이의 합을 구하는 식을 세웠나요?	2점
□ 안에 알맞은 수를 구했나요?	3점

단원 평가 Level ❷

54~56쪽

1 5개 **2** 2개

3 6개 **4** 유미

5 다, 나, 가, 라 **6** 나, 다

7 ④ **8** (예)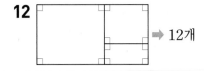

9 ⑤ **10**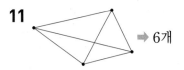

11 6개 **12** 12개

13 ①, ②, ③ **14** ©

15 7개 **16** 11

17 32 cm **18** 10개

19 (예) 각은 한 점에서 그은 두 반직선으로 이루어진 도형입니다. 이 도형은 두 반직선이 한 점에서 만나지 않았으므로 각이 아닙니다.

20 7

1 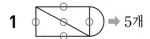 ➡ 5개

2 점 ㄱ에서 시작하여 점 ㄴ을 지나는 반직선 ㄱㄴ과 점 ㄴ에서 시작하여 점 ㄱ을 지나는 반직선 ㄴㄱ을 그을 수 있습니다.

3 ➡ 6개

4 직선 ㄱㄴ과 직선 ㄴㄱ은 같습니다.

5 가: 3개, 나: 4개, 다: 5개, 라: 0개

6 삼각자의 직각인 부분을 대었을 때 꼭 맞게 겹쳐지는 각을 찾습니다.

7 직사각형은 네 각이 모두 직각인 사각형입니다.

9 ⑤ 직각이 2개인 삼각형은 없습니다.

10 네 각이 모두 직각이고 네 변의 길이가 모두 같은 사각형을 그립니다.

11 ➡ 6개

12 ➡ 12개

13 정사각형은 직사각형이라고 할 수 있습니다.

14 직사각형 중에는 네 변의 길이가 같지 않은 사각형도 있습니다.

15

크고 작은 직각삼각형은 ㉠, ㉡, ㉢, ㉣, ㉠+㉡, ㉢+㉣, ㉠+㉡+㉢+㉣로 모두 7개입니다.

16 정사각형은 네 변의 길이가 모두 같으므로
$□+□+□+□=44$에서
$11+11+11+11=44$이므로 $□=11$입니다.

17 정사각형은 네 변의 길이가 모두 같으므로 가장 큰 정사각형이 되려면 직사각형의 짧은 변을 정사각형의 한 변으로 해야 합니다.
따라서 만든 정사각형의 한 변의 길이는 8 cm이므로 네 변의 길이의 합은 $8+8+8+8=32$ (cm)입니다.

18

찾을 수 있는 크고 작은 직사각형은
㉠, ㉡, ㉢, ㉣, ㉤, ㉠+㉡, ㉣+㉤,
㉠+㉡+㉢, ㉢+㉣+㉤, ㉠+㉡+㉢+㉣+㉤으
로 모두 10개입니다.

서술형
19

평가 기준	배점(5점)
각을 바르게 설명했나요?	2점
각이 아닌 까닭을 썼나요?	3점

서술형
20 예 철사의 길이는 $9+9+9+9=36\,(cm)$이므로
오른쪽 직사각형의 네 변의 길이의 합은 36 cm입니다.
$11+\square+11+\square=36$, $\square+\square=14$, $\square=7$입니다.

평가 기준	배점(5점)
철사의 길이를 구했나요?	2점
□ 안에 알맞은 수를 구했나요?	3점

사고력이 반짝   57쪽

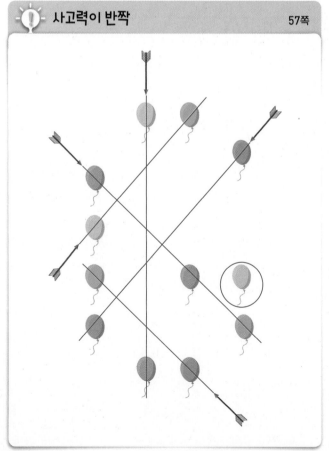

3 나눗셈

나눗셈은 3학년에서 처음 배우는 개념으로 2학년까지 학습한 덧셈, 뺄셈, 곱셈구구의 개념을 모두 이용하여 이해할 수 있는 새로운 내용입니다. 3학년의 나눗셈은 곱셈구구의 역연산으로써만 학습하지만 3학년 이후의 나눗셈들은 나머지가 있는 것, 나누는 수와 나머지의 관계, 두 자리 수를 나누기 등 나눗셈의 기본 원리를 바탕으로 한 여러 가지 개념을 한꺼번에 배우게 되므로 처음 나눗셈을 학습할 때 그 원리를 명확히 알 수 있도록 지도해 주세요. 또한 나눗셈이 가지는 분배법칙들의 성질을 초등 수준에서 느껴 볼 수 있도록 문제를 구성하였습니다. '분배법칙'이라는 용어를 사용하지 않아도 나누는 수를 분해하여 나눌 수 있음을 경험하게 되면 중등 과정에서 어려운 표현으로 연산의 법칙을 배우게 될 때 좀 더 쉽게 이해할 수 있습니다.

1 똑같이 나누기(1)   60쪽

1

2 $16\div8=2$ (또는 $16\div8$) / 2개

3 $28\div7=4$ (또는 $28\div7$) / 4개

1 사과 12개를 접시 4개에 똑같이 나누어 담으면 접시
1개에 3개씩 담을 수 있습니다.

2 초콜릿 16개를 8묶음으로 똑같이 나누면 한 묶음에 2개
씩이므로 한 명에게 2개씩 나누어 줄 수 있습니다.
➡ $16\div8=2$

3 호두파이 28개를 7묶음으로 똑같이 나누면 한 묶음에
4개씩이므로 한 상자에 4개씩 담을 수 있습니다.
➡ $28\div7=4$

2 똑같이 나누기(2)   61쪽

❶ 5, 3

4 6명

5 $12\div6=2$ (또는 $12\div6$) / 2개

6 (   ) (○)

4 도넛을 3개씩 묶으면 6묶음이 되므로 6명에게 나누어
줄 수 있습니다.

5 12−6−6＝0에서 6을 2번 빼면 0이 되므로 봉지는
2개 필요합니다.
이것을 나눗셈식으로 나타내면 12÷6＝2입니다.

6 24÷6＝4는 24를 6씩 4묶음으로 나누는 것이므로
24에서 6을 4번 빼야 합니다.
24−6−6−6−6＝0
　　　　몫 → 4번

---

3 곱셈과 나눗셈의 관계　62쪽

7 (1) 36, 4, 9 / 9개　(2) 36, 9, 4 / 4개

8 (1) 8 / 8, 4　(2) 8, 56 / 7, 56

---

8 (1) 4×8＝32를 나누는 수가 4인 나눗셈식과 8인 나
눗셈식으로 나타낼 수 있습니다.
(2) 56÷7＝8을 곱하는 수가 8인 곱셈식과 7인 곱셈
식으로 나타낼 수 있습니다.

---

4 나눗셈의 몫을 곱셈식으로 구하기　63쪽

9 5, 5　　　**10** 6, 6 / 6개

11 (1) 5, 5　(2) 7, 7

---

9 3×5＝15이므로 15÷3의 몫은 5입니다.

11 (1) 8과 곱해서 40이 되는 수는 5이므로 40÷8의 몫
은 5입니다.
(2) 9와 곱해서 63이 되는 수는 7이므로 63÷9의 몫
은 7입니다.

---

5 나눗셈의 몫을 곱셈구구로 구하기　64쪽

❶ 4 / 4, 5, 5

12 35÷5＝7 (또는 35÷5) / 7개

13 42÷7＝6 (또는 42÷7) / 6명

기본에서 응용으로

1 (1)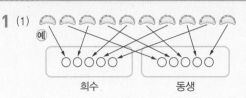
　　희수　　동생
(2) 5, 5

2 21 나누기 7은 3과 같습니다.

3 12, 3, 4

4 20÷4＝5 (또는 20÷4) / 5자루

5 6, 9　　　　　　　**6** 2개

7 6, 6, 6, 6, 4

8 12−3−3−3−3＝0 / 4

9 (1) 5번　(2) 20÷4＝5 (또는 20÷4)

10 32÷4＝8 (또는 32÷4) / 8명

11 30−5−5−5−5−5−5＝0 /
30÷5＝6 (또는 30÷5) / 6상자

12 54÷6＝9 (또는 54÷6) / 9일

13 (1) 4, 4　(2) 4, 4　　**14** (1) 6　(2) 9

15 3×9＝27, 9×3＝27 / 27÷9＝3,
27÷3＝9

16 (1) 6, 24　(2) 4　　**17** 21, 21, 7 / 7송이

18 5, 5, 5, 5

19 6×7＝42, 7×6＝42 /
42÷6＝7, 42÷7＝6

20 4, 4, 20 / 4　　**21** 56, 8, 56, 8

22 (　)(　)(○)　**23** (1) 9, 9　(2) 8, 8

24 8명　　**25** 5, 8, 5, 8, / 8

26 (1) 7　(2) 9　　**27** ＝

28 30÷5＝6 (또는 30÷5) / 6개

29 (○)(　)(　)

30 (위에서부터) 6, 18, 24 / 6 / 2, 3, 4

31 (1) 3　(2) 2, 4, 8

32 (1) 27÷3＝9 (또는 27÷3) / 9명
(2) 예 색종이 35장을 한 명에게 7장씩 나누어 주려고
합니다. 몇 명에게 나누어 줄 수 있을까요? / 5명

33 8잔　　　　　　　**34** 6명

35 2, 4, 6 / 4　　　　**36** 7

37 (위에서부터) 2, 6, 2, 3

38 27　　　　　　　　**39** ㉠

40 (1) $28 \div \square = 7$, 4　(2) $\square \div 5 = 3$, 15

41 $28 \div \square = 4$ / 7개　**42** $30 \div \square = 6$ / 5개

43 6

---

1 만두 10개를 두 사람이 똑같이 나누면 한 사람은 5개씩 먹을 수 있습니다.

4 연필 20자루를 필통 4개에 똑같이 나누어 담으면 필통 한 개에 $20 \div 4 = 5$(자루)씩 담을 수 있습니다.

5 공깃돌은 18개 있습니다. 네모 모양 접시는 3개이므로 한 접시에 $18 \div 3 = 6$(개)씩 놓을 수 있고, 동그란 모양 접시는 2개이므로 한 접시에 $18 \div 2 = 9$(개)씩 놓을 수 있습니다.

서술형
6 ⓐ 바구니 한 개에 담은 사과 수는 $16 \div 2 = 8$(개)씩이므로 접시 한 개에 담은 사과 수는 $8 \div 4 = 2$(개)씩입니다.

단계	문제 해결 과정
①	바구니 한 개에 담은 사과 수를 구했나요?
②	접시 한 개에 담은 사과 수를 구했나요?

7 24에서 6을 4번 빼면 0이 됩니다.

8 12에서 나누는 수 3을 0이 될 때까지 빼면 4번 뺄 수 있습니다. 이때 뺀 횟수 4가 몫이 됩니다.

9 (1) $20 - 4 - 4 - 4 - 4 - 4 = 0$
　　　　　　⎣＿＿＿＿⎦
　　　　　　　5번

10 32장을 4장씩 묶으면 8묶음입니다.
　➡ $32 \div 4 = 8$(명)

다른 풀이
$32 - 4 - 4 - 4 - 4 - 4 - 4 - 4 - 4 = 0$
➡ $32 \div 4 = 8$(명)

12 54쪽을 6쪽씩 묶으면 9묶음입니다. ➡ $54 \div 6 = 9$(일)

다른 풀이
$54 - 6 - 6 - 6 - 6 - 6 - 6 - 6 - 6 - 6 = 0$
➡ $54 \div 6 = 9$(일)

14 (1) $8 \times 6 = 48$ ➡ $48 \div 8 = \boxed{6}$
　　(2) $4 \times 9 = 36$ ➡ $36 \div \boxed{9} = 4$

15 3개씩 9줄, 9개씩 3줄을 각각 곱셈식으로 나타내면 $3 \times 9 = 27$, $9 \times 3 = 27$입니다.
나눗셈식으로 나타내면 $27 \div 9 = 3$, $27 \div 3 = 9$입니다.

17 장미는 모두 $7 \times 3 = 21$(송이)입니다.
21송이를 꽃병 3개에 똑같이 나누어 꽂는다면 꽃병 한 개에 $21 \div 3 = 7$(송이)씩 꽂아야 합니다.

18 두 수를 곱해서 30이 되는 수를 찾으면 $5 \times 6 = 30$, $6 \times 5 = 30$입니다.

$5 \times 6 = 30$ ⟨ $30 \div 5 = 6$
　　　　　　　$30 \div 6 = 5$

19 42, 6, 7 중에서 가장 큰 수가 42이므로 만들 수 있는 곱셈식은 $6 \times 7 = 42$, $7 \times 6 = 42$이고, 만들 수 있는 나눗셈식은 $42 \div 6 = 7$, $42 \div 7 = 6$입니다.

22 $24 \div 3 = 8$ ⟸ $3 \times 8 = 24$

서술형
24 ⓐ $32 \div 4$의 몫을 구할 수 있는 곱셈식은 $4 \times 8 = 32$이므로 $32 \div 4 = 8$입니다.
따라서 8명에게 사탕을 나누어 줄 수 있습니다.

단계	문제 해결 과정
①	나눗셈식과 곱셈식을 바르게 만들었나요?
②	몇 명에게 사탕을 나누어 줄 수 있는지 구했나요?

26 (1) 곱셈표에서 가로 5나 세로 5 중 한 곳을 선택해서 35를 찾습니다. ➡ $35 \div 5 = 7$
　　(2) 곱셈표에서 가로 7이나 세로 7 중 한 곳을 선택해서 63을 찾습니다. ➡ $63 \div 7 = 9$

27 $16 \div 4 = 4$, $32 \div 8 = 4$ ➡ $4 = 4$

28 곱셈표에서 가로 5나 세로 5 중 한 곳을 선택해서 30을 찾습니다. ➡ $30 \div 5 = 6$
따라서 봉지는 6개 필요합니다.

29 $63 \div 9 = 7$, $56 \div 7 = 8$, $40 \div 5 = 8$

30 나눗셈의 몫을 구하여 나눗셈표를 만듭니다.
이때 ▦$\div 1 =$ ▦, ▦$\div$▦$= 1$이 됨에 주의합니다.

31 (1) ⎡ $12 \div 3 = 4$
　　　⎣ $15 \div 3 = 5$
이므로 두 수를 모두 나눌 수 있는 수는 3입니다.
　　(2) ⎡ $8 \div 2 = 4$　⎡ $8 \div 4 = 2$　⎡ $8 \div 8 = 1$
　　　⎣ $16 \div 2 = 8$, ⎣ $16 \div 4 = 4$, ⎣ $16 \div 8 = 2$
이므로 두 수를 모두 나눌 수 있는 수는 2, 4, 8입니다.

32 (2) 예 $35 \div 7 = 5$이므로 5명에게 나누어 줄 수 있습니다.

33 건강주스를 한 잔 만드는 데 블루베리가 9개 필요합니다. $72 \div 9$의 몫을 구할 수 있는 곱셈식은 $9 \times 8 = 72$이므로 $72 \div 9 = 8$입니다. 따라서 건강주스를 8잔 만들 수 있습니다.

서술형
34 예 (지우개의 수) $= 8 \times 3 = 24$(개)
24개를 한 명에게 4개씩 나누어 주면 $24 \div 4 = 6$(명)에게 나누어 줄 수 있습니다.

단계	문제 해결 과정
①	지우개는 모두 몇 개인지 구했나요?
②	지우개를 몇 명에게 나누어 줄 수 있는지 구했나요?

35 몫을 가장 작게 하려면 나누어지는 수는 가장 작게, 나누는 수는 가장 크게 해야 합니다.
만들 수 있는 가장 작은 두 자리 수는 24이므로 나눗셈식을 만들면 $24 \div 6$입니다.
➡ $24 \div 6 = 4$

36 $42 \div \square = 6$ ➡ $42 \div 6 = \square$, $\square = 7$

37

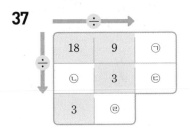

$18 \div 9 = \bigcirc$, $\bigcirc = 2$
$18 \div \bigcirc = 3$, $18 \div 3 = \bigcirc$, $\bigcirc = 6$
$\bigcirc \div 3 = \bigcirc$, $6 \div 3 = \bigcirc$, $\bigcirc = 2$
$9 \div 3 = \bigcirc$, $\bigcirc = 3$

38 $36 \div 4 = 9$이므로 $\square \div 3 = 9$입니다.
$3 \times 9 = \square$이므로 $\square = 27$입니다.

39 ㉠ $14 \div \square = 7$ ➡ $14 \div 7 = \square$, $\square = 2$
㉡ $\square \div 2 = 9$ ➡ $2 \times 9 = \square$, $\square = 18$
㉢ $36 \div 6 = \square$ ➡ $\square = 6$
㉣ $21 \div \square = 7$ ➡ $21 \div 7 = \square$, $\square = 3$

40 (1) $28 \div \square = 7$, $28 \div 7 = \square$, $\square = 4$
(2) $\square \div 5 = 3$, $5 \times 3 = \square$, $\square = 15$

41 $28 \div \square = 4$, $28 \div 4 = \square$, $\square = 7$

42 $30 \div \square = 6$, $30 \div 6 = \square$, $\square = 5$

43 3단 곱셈구구에서 곱의 십의 자리 수가 1인 곱셈식은 $3 \times 4 = 12$, $3 \times 5 = 15$, $3 \times 6 = 18$입니다.
따라서 나눗셈에서 몫이 될 수 있는 가장 큰 수는 $18 \div 3 = 6$에서 6입니다.

응용에서 최상위로 72~75쪽

1 6

1-1 4   **1-2** 40

2 16, 64

2-1 36, 63   **2-2** 3개

3 6그루

3-1 18개   **3-2** 5 m

4 1단계 예 오징어 1축이 20마리이므로 오징어는 모두 20마리이고, 북어 1쾌가 20마리이므로 북어 2쾌는 모두 $20 + 20 = 40$(마리)입니다.
2단계 예 $20 \div 5 = 4$이고 $40 \div 5 = 8$이므로 오징어는 4마리씩, 북어는 8마리씩 담을 수 있습니다.
/ 4마리, 8마리

4-1 8개

1 어떤 수를 $\square$라고 하면 잘못 계산한 식은 $\square \div 2 = 9$이므로 $2 \times 9 = \square$, $\square = 18$입니다.
따라서 바르게 계산하면 $18 \div 3 = 6$입니다.

1-1 어떤 수를 $\square$라고 하면 잘못 계산한 식은 $\square \div 2 = 8$이므로 $2 \times 8 = \square$, $\square = 16$입니다.
따라서 바르게 계산하면 $16 \div 4 = 4$입니다.

1-2 어떤 수를 $\square$라 하고, $\square$를 5로 나눈 몫을 $\triangle$라고 하면 $\square \div 5 = \triangle$이고 $\triangle \div 2 = 4$입니다.
$2 \times 4 = \triangle$, $\triangle = 8$이므로 $\square \div 5 = 8$입니다.
따라서 $5 \times 8 = \square$, $\square = 40$입니다.

2 만들 수 있는 두 자리 수는 14, 16, 41, 46, 61, 64이고, 이 중 8로 나누어지는 수는 $16 \div 8 = 2$, $64 \div 8 = 8$에서 16, 64입니다.

2-1 만들 수 있는 두 자리 수는 36, 38, 63, 68, 83, 86이고, 이 중 9로 나누어지는 수는 $36 \div 9 = 4$, $63 \div 9 = 7$에서 36, 63입니다.

2-2 만들 수 있는 두 자리 수는 10, 12, 13, 20, 21, 23, 30, 31, 32이고, 이 중 4로 나누어지는 수는 $12 \div 4 = 3$, $20 \div 4 = 5$, $32 \div 4 = 8$에서 12, 20, 32로 모두 3개입니다.

3 (간격 수)=(전체 길이)÷(간격)=$45 \div 9 = 5$(군데)
(필요한 나무 수)=(간격 수)+1=$5 + 1 = 6$(그루)

3-1 (간격 수)=$64 \div 8 = 8$(군데)
(도로 한쪽에 필요한 가로등 수)=$8 + 1 = 9$(개)
➡ (도로 양쪽에 필요한 가로등 수)=$9 \times 2 = 18$(개)

3-2

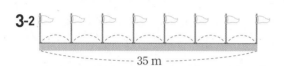

다리에 깃발을 8개 꽂았으므로 깃발 사이의 간격은 $8 - 1 = 7$(군데)입니다.
➡ (깃발 사이의 간격)=$35 \div 7 = 5$(m)

4-1 바늘 2쌈은 $24 + 24 = 48$(개)이므로 바늘 48개를 보관함 6개에 담는다면 보관함 한 개에는 $48 \div 6 = 8$(개)씩 담아야 합니다.

단원 평가 Level ❶
76~78쪽

1 18, 3, 6 / 6자루 **2** ( ) (○)

3 4, 24 / 24, 6, 4 / 24, 4, 6

4 8 **5** (1) 5, 5 (2) 9, 9

6 7 / $3 \times 7 = 21$, $7 \times 3 = 21$

7 5

8 $48 \div 8 = 6$ (또는 $48 \div 8$) / 6개

9 (1) > (2) = **10** ㉡, ㉢, ㉠

11 (1) 4, 7 / 28 (2) 54, 6 / 9

12 $49 \div \square = 7$ / 7 **13** ㉢

14 6 **15** 4에 ○표

16 5개 **17** 3

18 16개 **19** 3

20 8개

3 바둑돌을 6개씩 묶으면 4묶음이므로 바둑돌은 모두 $6 \times 4 = 24$(개)입니다.
나눗셈식으로 나타내면 $24 \div 6 = 4$, $24 \div 4 = 6$입니다.

4 40에서 8을 5번 빼면 0이 됩니다.
➡ $40 - 8 - 8 - 8 - 8 - 8 = 0$

5 (1) 4단 곱셈구구에서 곱이 20이 되는 것은 $4 \times 5 = 20$이므로 $20 \div 4$의 몫은 5입니다.
(2) 7단 곱셈구구에서 곱이 63이 되는 것은 $7 \times 9 = 63$이므로 $63 \div 7$의 몫은 9입니다.

6 $\blacksquare \div \blacktriangle = \bullet$ ⟨ $\blacktriangle \times \bullet = \blacksquare$
$\bullet \times \blacktriangle = \blacksquare$

7 35 cm를 똑같이 7칸으로 나누었으므로 한 칸은 $35 \div 7 = 5$ (cm)입니다.

9 (1) $16 \div 2 = 8$, $36 \div 6 = 6$ ➡ $8 > 6$
(2) $56 \div 7 = 8$, $40 \div 5 = 8$ ➡ $8 = 8$

10 ㉠ $48 \div 6 = 8$, ㉡ $12 \div 6 = 2$, ㉢ $30 \div 5 = 6$
따라서 몫이 작은 것부터 차례로 기호를 쓰면 ㉡, ㉢, ㉠입니다.

12 $49 \div \square = 7$, $49 \div 7 = \square$, $\square = 7$

13 7명이 남김없이 똑같이 나누어 먹으려면 사탕의 수가 7로 나누어져야 합니다.
$21 \div 7 = 3$이므로 사야 할 사탕의 수는 ㉢입니다.

14 $81 \div 9 = 9$ ➡ $54 \div \square = 9$, $54 \div 9 = \square$, $\square = 6$

15 나눗셈식의 몫을 가장 크게 하려면 나누어지는 수가 가장 커야 하므로 □ 안에 알맞은 수는 4입니다.

16 (남은 방울토마토의 수)=$50 - 5 = 45$(개)
따라서 $45 \div 9 = 5$이므로 접시는 5개 필요합니다.

17 $54 \div \heartsuit = 6$에서 $54 \div 6 = \heartsuit$, $\heartsuit = 9$입니다.
따라서 $\heartsuit \div 3 = \bullet$에서 $9 \div 3 = \bullet$, $\bullet = 3$입니다.

18 (간격 수)=$49 \div 7 = 7$(군데)
(한쪽에 설치한 가로등 수)=$7 + 1 = 8$(개)
(양쪽에 설치한 가로등 수)=$8 \times 2 = 16$(개)

서술형
19 예) 어떤 수를 □라고 하면 $\square \div 6 = 4$이므로 $6 \times 4 = \square$, $\square = 24$입니다.
따라서 바르게 계산하면 $24 \div 8 = 3$입니다.

평가 기준	배점(5점)
어떤 수를 구했나요?	3점
바르게 계산한 몫을 구했나요?	2점

서술형
20 예 (사과 수)=32+24=56(개)
　　　(한 봉지에 담은 사과 수)=56÷7=8(개)

평가 기준	배점(5점)
사과 수를 구했나요?	2점
한 봉지에 담은 사과 수를 구했나요?	3점

단원 평가 Level ❷

79~81쪽

1 4, 4, 4, 4, 4, 0 / 5　　**2** 15÷3=5

3 36, 9, 4

4 6×7=42 / 7×6=42

5 ©　　　　　　**6** (○) (　　) (○)

7 27÷3=9 (또는 27÷3) / 9묶음

8 6 cm　　　　**9** 40

10 5×7=35, 7×5=35 /
　　 35÷5=7, 35÷7=5

11 8　　　　　**12** ㉣

13 3, 9　　　　**14** 5, 30

15 5개, 4개　　**16** 1, 2, 3

17 4　　　　　**18** 16, 4

19 4개　　　　**20** 3개

1 20개를 4개씩 묶어 5번 덜어 내면 0이 됩니다.

4 ■÷▲=● ⟨ ▲×●=■
　　　　　　　　　　●×▲=■

5 2와 곱해서 18이 되는 수는 9이므로 알맞은 곱셈식을 찾으면 © 2×9=18입니다.

6 24÷8=3, 36÷6=6, 15÷5=3이므로 몫이 같은 나눗셈식은 24÷8, 15÷5입니다.

8 정사각형의 네 변의 길이는 모두 같으므로 가장 큰 정사각형의 한 변의 길이는 24÷4=6 (cm)입니다.

9 □÷8=5에서 8×5=□, □=40입니다.

10 곱해서 35가 되는 두 수는 5와 7입니다.
따라서 만들 수 있는 곱셈식은 5×7=35, 7×5=35이고, 나눗셈식은 35÷5=7, 35÷7=5입니다.

11 4□÷□=6에서 48÷8=6이므로 □ 안에 공통으로 들어갈 수는 8입니다.

12 ㉠ 63÷9=7, © 30÷6=5, © 42÷7=6,
㉣ 24÷3=8이므로 몫이 가장 큰 것은 ㉣입니다.

13

© × 4=36 ➡ 36÷4=©, ©=9
㉠ × 3=9 ➡ 9÷3=㉠, ㉠=3

14 20−5−5−5−5=0이므로 ◆=5입니다.
●÷6=5에서 6×5=●, ●=30입니다.

15 은서의 방법으로 하면 20÷4=5로 5개가 필요합니다.
동생의 방법으로 하면 20÷5=4로 4개가 필요합니다.

16 28÷7=4이므로 4>□입니다.
따라서 □ 안에 들어갈 수 있는 수는 1, 2, 3입니다.

17 어떤 수를 □라고 하면
□÷6=6, 6×6=□, □=36입니다.
따라서 바르게 계산하면 36÷9=4입니다.

18 ㉠÷©=4를 만족시키는 (㉠, ©)은 (4, 1), (8, 2), (12, 3), (16, 4), ...입니다.
이 중에서 ㉠+©=20인 것은 16+4=20이므로 ㉠=16, ©=4입니다.

서술형
19 예 (주머니 한 개에 담은 구슬 수)=32÷4=8(개)
　　 (친구 한 명에게 준 구슬 수)=8÷2=4(개)

평가 기준	배점(5점)
주머니 한 개에 담은 구슬 수를 구했나요?	2점
친구 한 명에게 준 구슬 수를 구했나요?	3점

서술형
20 예 만들 수 있는 두 자리 수는 24, 25, 42, 45, 52, 54입니다. 이 중에서 6으로 나누어지는 수는 24÷6=4, 42÷6=7, 54÷6=9로 모두 3개입니다.

평가 기준	배점(5점)
만들 수 있는 두 자리 수를 모두 구했나요?	2점
6으로 나누어지는 수는 모두 몇 개인지 구했나요?	3점

4 곱셈

(두 자리 수)×(한 자리 수)의 곱셈을 배우는 단원입니다. 2학년에 배운 곱셈구구를 바탕으로 곱하는 수가 커지는 만큼 곱의 크기도 커짐을 이해해야 단원 전체의 내용을 알 수 있습니다. 또한, 두 자리 수를 몇십과 몇으로 분해하여 곱하는 원리의 이해도 반드시 필요합니다.

그러므로 두 자리 수의 분해를 통한 곱셈의 원리를 잘 이해하지 못하는 경우 오른쪽과 같이 한 자리 수의 분해를 통한 곱셈의 예를 통해 충분히 이해한 후 두 자리 수의 곱셈 원리와 방법을 알 수 있도록 지도해 주세요.

$$\begin{array}{r} 2\times 3=6 \\ 4\times 3=12 \\ 6\times 3=18 \end{array}$$

이후 학년에서는 같은 곱셈의 원리로 더 큰 수들의 곱셈을 배우게 되므로 이번 단원의 학습 목표를 완벽하게 성취할 수 있도록 합니다.

수의 크기와 관계없이 적용되는 곱셈의 교환법칙, 결합법칙 등에 대한 3학년 수준의 문제들도 구성하였으므로 곱셈의 계산 방법 뿐만 아니라 연산의 법칙들도 느껴볼 수 있게 하여 중등 과정에서의 학습과도 연계될 수 있습니다.

1 (몇십)×(몇) 84쪽

❶ 10

1 50 / 5, 50

2 (1) 8, 80 (2) 42, 420

3 36, 360

4 (1) 40 (2) 140

1 $\underbrace{10+10+10+10+10}_{5번}=50 \Rightarrow 10\times\boxed{5}=\boxed{50}$

3 40을 4×10으로 생각하여 계산한 것입니다.

2 (몇십몇)×(몇)(1) 85쪽

5 (1) 20, 6, 26 (2) 60, 2, 62

6 3, 69

7 (1) 84 (2) 96 (3) 44 (4) 63

3 (몇십몇)×(몇)(2) 86쪽

8 (1) 120, 8, 128 (2) 210, 7, 217

9 (왼쪽에서부터) 5, 250, 255 / 255

10 (1) 288 (2) 166 (3) 189 (4) 246

10 (3)
$$\begin{array}{r} 6\,3 \\ \times3 \\ \hline 1\,8\,9 \end{array}$$
(4)
$$\begin{array}{r} 4\,1 \\ \times6 \\ \hline 2\,4\,6 \end{array}$$

4 (몇십몇)×(몇)(3) 87쪽

❶ 6, 4

11 (1) 50, 20, 70 (2) 70, 14, 84

12 72, 72

13 (1) 98 (2) 72 (3) 64 (4) 81

13 (3)
$$\begin{array}{r} {\scriptstyle 2} \\ 1\,6 \\ \times4 \\ \hline 6\,4 \end{array}$$
(4)
$$\begin{array}{r} {\scriptstyle 2} \\ 2\,7 \\ \times3 \\ \hline 8\,1 \end{array}$$

5 (몇십몇)×(몇)(4) 88쪽

14 (1) 120, 36, 156 (2) 320, 56, 376

15 60에 ○표 / 예 60, 60, 420

16 (1) 312 (2) 285 (3) 225 (4) 512

16 (3)
$$\begin{array}{r} {\scriptstyle 2} \\ 4\,5 \\ \times5 \\ \hline 2\,2\,5 \end{array}$$
(4)
$$\begin{array}{r} {\scriptstyle 3} \\ 6\,4 \\ \times8 \\ \hline 5\,1\,2 \end{array}$$

기본에서 응용으로 89~95쪽

1 (1) $30\times3=90$ (2) $20\times5=100$

2 4, 120   **3** 80, 240

4 8, 4, 80

5 $80 \times 5 = 400$ (또는 80×5) / 400채

6 10, 5

7 90개

8 2, 26

9 2, 90, 6, 96

10 88, 88

11

12 $12 \times 4 = 48$ (또는 12×4) / 48살

13 84 cm

14 70개

15 3, 249

16 62

17 ㉢

18 123, 126, 129

19 $72 \times 4 = 288$ (또는 72×4) / 288번

20 ⑳ 30, 30, 120, 120

21 사과

22 30

23 20, 60 / 7, 21 / 81

24 26, 52

25 (위에서부터) 45, 90

26 (1) < (2) >

27 (1) 12, 92 (2) 35, 85

28 57 cm

29 방법 1 ⑳ 14를 6번 더한 것과 같으므로 모두
$14 + 14 + 14 + 14 + 14 + 14 = 84$(문제)
를 풀 수 있습니다.

방법 2 ⑳ 10문제씩 6일이면 $10 \times 6 = 60$(문제),
4문제씩 6일이면 $4 \times 6 = 24$(문제)이므로 모
두 $60 + 24 = 84$(문제)를 풀 수 있습니다.

30 54개

31 서아, 6개

32 6, 6, 180, 54, 234

33 (위에서부터) 200, 100

34
$$\begin{array}{r} 2 \\ 5\,8 \\ \times \quad 3 \\ \hline 1\,7\,4 \end{array}$$

35 189개

36 ㉢ / ⑳ 38을 어림하면 40쯤이므로 38×4를 어림
하여 구하면 약 $40 \times 4 = 160$입니다.

37 4, 7, 301

38 359 cm

39 6

40 3

41 4

42 4상자

43 6

44 (위에서부터) 3, 2

45 29

46 84

47 231

48 252

1 (1) 30씩 3묶음 ➡ $30 + 30 + 30$ ➡ $30 \times 3 = 90$
(2) 20을 5번 더한 것 ➡ $20 \times 5 = 100$

2 과자가 30개씩 4상자이므로 $30 \times 4 = 120$(개)입니다.

3 곱해지는 수가 20에서 60으로 3배가 되었으므로 곱도
3배가 됩니다.

4 곱해서 160이 되는 곱셈식을 만들어야 하므로
곱이 16이 되는 두 수를 생각해 봅니다.
$20 \times \underline{8} = \underline{160}$, $40 \times \underline{4} = \underline{160}$, $80 \times \underline{2} = \underline{160}$

6 $130 = 13 \times \boxed{10}$
$\quad\quad = 13 \times 2 \times \boxed{5}$

> ★ 학부모 지도 가이드
>
> 수를 더 이상 나눌 수 없을 때까지 나누어 곱셈으로 나타
> 내는 것을 소인수분해라고 합니다. 소인수분해는 중등의
> '자연수의 성질'에서 본격적인 학습을 통해 하게 되지만 5
> 학년에서 '최대공약수', '최소공배수'를 배울 때에도 사용
> 되는 개념입니다.
> 이와 같이 초등 과정에서 배우는 곱셈은 이후 중등의 개
> 념으로 이어지게 되므로 곱셈하는 방법만을 학습하기 보
> 다는 수를 곱셈으로 나타내 수의 성질을 알아볼 수 있도
> 록 지도합니다.

7 (민영이가 가지고 있는 구슬 수) $= 10 \times 3 = 30$(개)
(도윤이가 가지고 있는 구슬 수) $= 30 \times 3 = 90$(개)

8 13씩 2번 뛰어 세었으므로 $13 \times 2 = 26$입니다.

9 32를 $30 + 2$로 생각하여 계산한 것입니다.

10 곱해지는 수는 11에서 22로 2배가 되었고 곱하는 수
는 8에서 4로 반이 되었으므로 두 곱셈식의 결과는 같
습니다.

11 $41 \times 2 = 82$, $23 \times 2 = 46$, $31 \times 3 = 93$

13 정사각형의 네 변의 길이는 모두 같습니다.
(정사각형의 네 변의 길이의 합)
$=$ (한 변의 길이) $\times 4$
$= 21 \times 4 = 84$ (cm)

14 (진호가 만든 종이배 수) $= 11 \times 2 = 22$(개)
(미주가 만든 종이배 수) $= 24 \times 2 = 48$(개)
➡ (두 사람이 만든 종이배 수) $= 22 + 48 = 70$(개)

15 곱셈에서는 두 수를 바꾸어 곱해도 곱은 같습니다.

➡ $\blacksquare \times \blacktriangle = \blacktriangle \times \blacksquare$

16 $62 \times 3 = 62 + 62 + 62 = \underline{62 \times 2} + 62$

17 $91 \times 4 = 91 + 91 + 91 + 91$
$= 91 \times 3 + 91$
$= 91 \times 5 - 91$
$= 90 + 90 + 90 + 90 + 1 + 1 + 1 + 1$

18 곱하는 수가 3으로 같고 곱해지는 수가 1씩 커지면 곱은 3씩 커집니다.

서술형
21 예 (사과의 수) $= 43 \times 3 = 129$(개)
(배의 수) $= 21 \times 5 = 105$(개)
이때 $129 > 105$이므로 사과가 더 많습니다.

단계	문제 해결 과정
①	사과와 배의 수를 각각 구했나요?
②	사과와 배 중에서 어느 것이 더 많은지 구했나요?

22 $8 \times 4 = 32$에서 30을 십의 자리로 올림하여 쓴 것이므로 30을 나타냅니다.

23 27을 20과 7로 나누어 각각 3을 곱한 후 두 곱을 더합니다.

24 곱해지는 수가 2배가 되면 곱도 2배가 됩니다.

25 $\begin{array}{c} 15 \times 3 = 45 \\ {\scriptstyle 2배} \downarrow \qquad \downarrow {\scriptstyle 2배} \\ 15 \times 6 = 90 \end{array}$

26 (1) $25 \times 2 = 50$, $14 \times 4 = 56$ ➡ $50 < 56$
(2) $16 \times 6 = 96$, $46 \times 2 = 92$ ➡ $96 > 92$

27 (1) 23을 20과 3으로 나누어 각각 4를 곱한 후 두 곱을 더합니다.
➡ $23 \times 4 = 20 \times 4 + 3 \times 4 = 80 + 12 = 92$
(2) 17을 10과 7로 나누어 각각 5를 곱한 후 두 곱을 더합니다.
➡ $17 \times 5 = 10 \times 5 + 7 \times 5 = 50 + 35 = 85$

28 (이어 붙인 막대의 전체 길이)
$=$ (막대 3개의 길이)
$= 19 \times 3 = 57$ (cm)

서술형
29

단계	문제 해결 과정
①	한 가지 방법으로 구했나요?
②	다른 한 가지 방법으로 구했나요?

30 (놓으려는 의자 수) $= 8 \times 12 = 12 \times 8 = 96$(개)
(남는 의자 수) $= 150 - 96 = 54$(개)

31 (서아가 담은 젤리 수) $= 13 \times 6 = 78$(개)
(은희가 담은 젤리 수) $= 18 \times 4 = 72$(개)
따라서 서아가 젤리를 $78 - 72 = 6$(개) 더 많이 담았습니다.

32 39를 $30 + 9$로 생각하여 계산한 것입니다.

33 $8 = 4 \times 2$로 생각하여 계산한 것입니다.
$25 \times 8 = 25 \times 4 \times 2 = 100 \times 2 = 200$

34 일의 자리 계산에서 올림한 수 2를 십의 자리 계산에 더하지 않고 내려썼습니다.

35 27개씩 7바구니이므로 야구공은 모두
$27 \times 7 = 189$(개)입니다.

36 38을 어림하면 40쯤이므로 38×4를 어림하여 구하면 약 $40 \times 4 = 160$입니다.
따라서 당근의 수는 160개보다 적을 것 같으므로 당근을 모두 넣을 수 있는 상자는 ⓒ입니다.

37 $\begin{array}{r} {\scriptstyle 2} \\ 4\,3 \\ \times \quad 7 \\ \hline 3\,0\,1 \end{array}$ $\qquad \begin{array}{r} {\scriptstyle 1} \\ 7\,3 \\ \times \quad 4 \\ \hline 2\,9\,2 \end{array}$

따라서 곱이 가장 큰 곱셈식은 $43 \times 7 = 301$입니다.

다른 풀이

두 번 곱해지는 한 자리 수에 더 큰 수를 넣으면 곱이 더 큽니다. ➡ $43 \times 7 = 301$

38 (파란색 리본 5개의 길이) $= 35 \times 5 = 175$ (cm)
(초록색 리본 4개의 길이) $= 46 \times 4 = 184$ (cm)
➡ (이어 붙인 리본의 전체 길이) $= 175 + 184$
$= 359$ (cm)

39 83을 어림하면 80쯤입니다. $80 \times 6 = 480$, $80 \times 7 = 560$이므로 ☐ 안에 6과 7을 넣어 봅니다.
$83 \times 6 = 498$, $83 \times 7 = 581$이므로 500에 더 가까운 수는 498입니다. 따라서 ☐ 안에 알맞은 수는 6입니다.

40 $90 \times 2 = 180$이므로 $60 \times \square = 180$입니다.

$6 \times \square = 18$이므로 $\square = 3$입니다.

다른 풀이

$90 \times 2 = 60 \times \square$에서

$10 \times 9 \times 2 = 10 \times 6 \times \square$이므로

$9 \times 2 = 6 \times \square$, $\square = 3$입니다.

41 $42 \times 2 = 84$이므로 $21 \times \square = 84$입니다.

$21 \times 4 = 84$에서 $\square = 4$입니다.

다른 풀이

$$21 \times \boxed{4} = 42 \times 2$$

(2배 / 2배)

42 (전체 감의 수)$= 16 \times 5 = 80$(개)

한 상자에 20개씩 담을 때의 상자 수를 $\square$개라고 하면

$20 \times \square = 80$이고 $2 \times \square = 8$이므로 $\square = 4$입니다.

따라서 4상자가 됩니다.

43 $\square \times 4$의 일의 자리 수가 4인 경우는

$1 \times 4 = 4$, $6 \times 4 = 24$입니다.

$\square = 1$이면 $11 \times 4 = 44\ (\times)$

$\square = 6$이면 $16 \times 4 = 64\ (\bigcirc)$

44
$$\begin{array}{r} \text{ⓒ}\ 7 \\ \times \quad \text{㉠} \\ \hline 7\ 4 \end{array}$$

$7 \times$㉠의 일의 자리 수가 4인 경우는 $7 \times 2 = 14$이므로 ㉠$= 2$입니다.

$7 \times 2 = 14$에서 10을 올림하므로 ⓒ$\times 2 + 1 = 7$,

ⓒ$\times 2 = 6$, ⓒ$= 3$입니다.

45
$$\begin{array}{r} \text{㉠}\ \text{ⓒ} \\ \times \quad 8 \\ \hline 2\ 3\ 2 \end{array}$$

ⓒ$\times 8$의 일의 자리 수가 2인 경우는 $4 \times 8 = 32$, $9 \times 8 = 72$이므로 ⓒ$= 4$ 또는 ⓒ$= 9$입니다.

ⓒ$= 4$이면 ㉠$\times 8 + 3 = 23$에서 ㉠에 알맞은 수는 없습니다.

ⓒ$= 9$이면 ㉠$\times 8 + 7 = 23$, ㉠$\times 8 = 16$, ㉠$= 2$입니다.

따라서 ㉠$= 2$, ⓒ$= 9$이므로 29입니다.

46 어떤 수를 $\square$라고 하면 $\square + 3 = 31$에서

$\square = 31 - 3$, $\square = 28$입니다.

따라서 바르게 계산하면 $28 \times 3 = 84$입니다.

서술형
47 예 어떤 수를 $\square$라고 하면 $\square - 7 = 26$에서

$\square = 26 + 7$, $\square = 33$입니다.

따라서 바르게 계산하면 $33 \times 7 = 231$입니다.

단계	문제 해결 과정
①	어떤 수를 구했나요?
②	바르게 계산한 값을 구했나요?

48 어떤 수를 $\square$라고 하여 잘못 계산한 식을 세우면

$\square \div 6 = 7$에서 $6 \times 7 = \square$, $\square = 42$입니다.

따라서 바르게 계산하면 $42 \times 6 = 252$입니다.

응용에서 최상위로
96~99쪽

1 184 cm

1-1 124 cm   **1-2** 30 cm

2 1, 2, 3

2-1 1, 2, 3, 4, 5   **2-2** 1, 2, 3

3 3, 1, 5, 155

3-1 3, 2, 7, 224

3-2 5, 4, 8, 432 / 4, 5, 2, 90

4 140, 272

1단계 예 (로봇청소기의 하루 전기 소비량)

　　$= 70 \times 2 = 140$ (와트시)

(공기청정기의 하루 전기 소비량)

　　$= 34 \times 8 = 272$ (와트시)

2단계 예 $140 + 272 = 412$ (와트시)

/ 412 와트시

4-1 459 와트시

1 (색 테이프 8장의 길이의 합)$= 30 \times 8 = 240$ (cm)

8 cm씩 겹친 부분이 7군데이므로 겹친 부분의 길이의 합은 $8 \times 7 = 56$ (cm)입니다.

따라서 이어 붙인 색 테이프의 전체 길이는

$240 - 56 = 184$ (cm)입니다.

1-1 (색 테이프 9장의 길이의 합)$= 20 \times 9 = 180$ (cm)

7 cm씩 겹친 부분이 8군데이므로 겹친 부분의 길이의 합은 $7 \times 8 = 56$ (cm)입니다.

따라서 이어 붙인 색 테이프의 전체 길이는

$180 - 56 = 124$ (cm)입니다.

1-2 (색 테이프 5장의 길이의 합)$=28 \times 5=140$ (cm)
5 cm씩 겹친 부분이 4군데이므로 겹친 부분의 길이의
합은 $5 \times 4=20$ (cm)입니다.
➡ (이어 붙인 색 테이프의 전체 길이)
$\qquad =140-20=120$ (cm)
장식 한 개를 만드는 데 사용한 색 테이프의 길이를
□ cm라고 하면 □$\times 4=120$이고 $30 \times 4=120$이
므로 □$=30$입니다.

2 13을 10쯤으로 어림하면 $10 \times 5=50$이므로 □ 안에
4를 넣어 봅니다.
$13 \times 4=52$이고 $13 \times □ <50$이므로 □ 안에는 4보
다 작은 수인 1, 2, 3이 들어갈 수 있습니다.

> **주의** □ 안에 들어갈 수 있는 수는 여러 개이므로 한 개만
> 을 생각하여 틀리지 않도록 해야 합니다.

2-1 23을 20쯤으로 어림하면 $20 \times 6=120$이므로 □ 안
에 5와 6을 넣어 봅니다.
$23 \times 5=115$, $23 \times 6=138$이므로 □ 안에 들어갈
수 있는 수는 6보다 작은 수인 1, 2, 3, 4, 5입니다.

2-2 $38 \times 2=76$이고, $19 \times 4=76$이므로 □ 안에 들어
갈 수 있는 수는 4보다 작은 수인 1, 2, 3입니다.

> **다른 풀이**
> 19의 2배가 38이므로 □ 안에 2의 2배인 4를 넣으면
> $38 \times 2=19 \times 4$임을 알 수 있습니다. 따라서 □ 안에
> 는 4보다 작은 수인 1, 2, 3이 들어갈 수 있습니다.

3 두 번 곱해지는 한 자리 수에 가장 큰 수를 넣고, 그 다
음 큰 수를 두 자리 수의 십의 자리, 나머지 수를 일의
자리에 넣습니다.

3-1 큰 수부터 차례로 쓰면 7, 3, 2이므로 곱이 가장 큰 곱
셈식은 $32 \times 7=224$입니다.

> **주의** 큰 수부터 차례로 배열하여 $73 \times 2=146$이라고 잘
> 못 만들지 않도록 합니다.

3-2 큰 수부터 차례로 쓰면 8, 5, 4, 2이므로 곱이 가장 큰
곱셈식은 $54 \times 8=432$이고, 곱이 가장 작은 곱셈식
은 $45 \times 2=90$입니다.

4-1 책상 조명의 하루 전기 소비량은 $25 \times 3=75$ (와트시)
이고, 가습기의 하루 전기 소비량은 $48 \times 8=384$ (와
트시)입니다.
따라서 책상 조명과 가습기의 하루 전기 소비량의 합은
$75+384=459$ (와트시)입니다.

단원 평가 Level ❶   100~102쪽

1 $80 \times 7=560$
2 (왼쪽에서부터) 60, 18, 78
3 (1) 306 (2) 72 (3) 210 (4) 94
4 ㉣
5
6
$$\begin{array}{r} \overset{2}{5}3 \\ \times \ \ 7 \\ \hline 371 \end{array}$$
7 39
8 105, 126
9 4
10 72 cm
11 ㉡
12 148장
13 432
14 126
15 4
16 208개
17 5
18 81, 90
19 수혁, 21쪽
20 225

1 80을 7번 더한 수는 $80 \times 7=560$입니다.

2 $26=20+6$으로 생각하여 각각 3을 곱합니다.

3 (4)
$$\begin{array}{r} \overset{1}{4}7 \\ \times \ \ 2 \\ \hline 94 \end{array}$$

4 $28 \times 4=28 \times 3+28$
$\qquad\quad =28+28+28+28$
$\qquad\quad =20+20+20+20+8+8+8+8$

5
$$11 \times 6=66 \qquad 13 \times 6=78 \qquad 12 \times 4=48$$
$$\scriptstyle \times 2\downarrow \quad \uparrow \times 2 \qquad \times 2\downarrow \quad \uparrow \times 2 \qquad \times 2\downarrow \quad \uparrow \times 2$$
$$22 \times 3=66 \qquad 26 \times 3=78 \qquad 24 \times 2=48$$

6 일의 자리의 곱 $3 \times 7=21$에서 20을 올림하여 십의 자
리의 곱 $5 \times 7=35$에 2를 더해야 합니다.

7 39×9는 39를 9번 더한 값이므로 39×10에서 39를
뺀 것과 같습니다.

8 곱해지는 수는 21이고, 곱하는 수가 1씩 커지므로 곱
은 21씩 커집니다.

9 $60 \times 6=360$이므로 $90 \times □=360$입니다.
$9 \times 4=36$이므로 □$=4$입니다.

10 (이어 붙인 막대의 전체 길이)=(막대 3개의 길이)
$\qquad\qquad\qquad\qquad\qquad =24 \times 3=72$ (cm)

11 ㉠
$$\begin{array}{r} 1 \\ 3\ 7 \\ \times\ \ 2 \\ \hline 7\ 4 \end{array}$$
㉡
$$\begin{array}{r} 7\ 2 \\ \times\ \ \ 3 \\ \hline 2\ 1\ 6 \end{array}$$
㉢
$$\begin{array}{r} 7\ 3 \\ \times\ \ \ 2 \\ \hline 1\ 4\ 6 \end{array}$$

따라서 곱이 가장 큰 것은 ㉡입니다.

12 승훈이가 모은 칭찬 붙임딱지는 37장씩 4묶음으로 모두 $37 \times 4 = 148$(장)입니다.

13 어떤 수를 □라고 하면 □$\div 9 = 8$이므로
$9 \times 8 =$□, □$= 72$입니다.
따라서 어떤 수와 6의 곱은 $72 \times 6 = 432$입니다.

14 $6 \times 7 = 42$이므로 ◆$= 42$입니다.
따라서 $42 \times 3 = 126$이므로 ♥$= 126$입니다.

15 □$\times 8$의 일의 자리 수가 2인 경우는 $4 \times 8 = 32$,
$9 \times 8 = 72$이므로 □$= 4$ 또는 □$= 9$입니다.
□$= 4$이면 $34 \times 8 = 272$ (○)
□$= 9$이면 $39 \times 8 = 312$ (×)

16 (한 상자에 남아 있는 자두의 수)$= 32 - 6 = 26$(개)
(8상자에 남아 있는 자두의 수)$= 26 \times 8 = 208$(개)

17 $15 \times 4 = 60$이고, 13을 10쯤으로 어림하면
$10 \times 6 = 60$이므로 □ 안에 4와 5를 넣어 봅니다.
$13 \times 4 = 52$, $13 \times 5 = 65$이므로 □ 안에는 4보다 큰 수가 들어갈 수 있습니다.
따라서 □ 안에 들어갈 수 있는 수 중에서 가장 작은 수는 5입니다.

18 십의 자리 수와 일의 자리 수의 합이 9인 두 자리 수는 18, 27, 36, 45, 54, 63, 72, 81, 90이고, 십의 자리 수가 일의 자리 수보다 더 큰 수는 54, 63, 72, 81, 90입니다. 이 중에서 4배 한 값이 300보다 큰 수는 81, 90입니다.

서술형
19 예 (진주가 읽은 동화책의 쪽수)$= 28 \times 5 = 140$(쪽)
(수혁이가 읽은 동화책의 쪽수)$= 23 \times 7 = 161$(쪽)
따라서 수혁이가 동화책을 $161 - 140 = 21$(쪽) 더 많이 읽었습니다.

평가 기준	배점(5점)
진주와 수혁이가 읽은 동화책의 쪽수를 각각 구했나요?	3점
누가 동화책을 몇 쪽 더 많이 읽었는지 구했나요?	2점

서술형
20 예 가장 큰 몇십몇은 가장 큰 수를 십의 자리에, 둘째로 큰 수를 일의 자리에 놓습니다.
따라서 만들 수 있는 가장 큰 수는 75이고, 남은 수는 3이므로 $75 \times 3 = 225$입니다.

평가 기준	배점(5점)
가장 큰 몇십몇을 구했나요?	2점
가장 큰 몇십몇과 남은 수의 곱을 구했나요?	3점

단원 평가 Level ❷
103~105쪽

1 (1) 50×7에 ○표 (2) 30×9에 ○표

2 7, 210, 7, 217 **3** ㉢

4 108, 108 **5** 46, 368

6 >

7
$$\begin{array}{r} 8\ 5 \\ \times\ \ \ 9 \\ \hline 4\ 5 \\ 7\ 2\ 0 \\ \hline 7\ 6\ 5 \end{array}$$

8 315 **9** 6, 4, 30

10 135명 **11** 4개

12 $18 \times 4 = 72$ (또는 18×4) / 72 cm

13 96개 **14** 46

15 35개 **16** (위에서부터) 7, 2

17 110 cm **18** 424

19 190 **20** 477 m

2 31을 $30 + 1$로 생각하여 계산한 것입니다.

3 $14 \times 2 = 14 + 14$
$ = 14 \times 3 - 14$
$ = 10 + 10 + 4 + 4$
$ = 10 \times 2 + 4 \times 2$

4 곱해지는 수는 18에서 36으로 2배가 되었고 곱하는 수는 6에서 3으로 반이 되었으므로 곱은 같습니다.

5 $23 \times 2 = 46$, $46 \times 8 = 368$

6 $56 \times 4 = 224$, $73 \times 3 = 219 \Rightarrow 224 > 219$

7 십의 자리 계산 8×9는 실제로 80×9이므로 720을 쓰거나 72를 백의 자리부터 써야 합니다.

8 가장 큰 수: 45, 가장 작은 수: 7 $\Rightarrow 45 \times 7 = 315$

9 곱해서 240이 되는 곱셈식을 만들어야 하므로
(몇)$\times$(몇)이 24가 되는 두 수를 생각해 봅니다.
$\underline{40} \times \underline{6} = \underline{240}$, $\underline{60} \times \underline{4} = \underline{240}$, $\underline{30} \times \underline{8} = \underline{240}$

10 (승합차 15대에 탄 사람 수)$= 15 \times 9 = 135$(명)

11 (상자에 담은 사과 수)$= 19 \times 4 = 76$(개)
(남은 사과 수)$= 80 - 76 = 4$(개)

12 정사각형은 네 변의 길이가 같으므로 정사각형의 네 변의 길이의 합은 $18 \times 4 = 72$ (cm)입니다.

13 무늬 한 개를 만드는 데 사용한 모양 조각은 $12 \times 2 = 24$(개)입니다. 따라서 무늬 4개를 만드는 데 사용한 모양 조각은 모두 $24 \times 4 = 96$(개)입니다.

14 ㉠ 26의 7배 ➡ $26 \times 7 = 182$
㉡ $34 + 34 + 34 + 34$ ➡ $34 \times 4 = 136$
따라서 $182 - 136 = 46$입니다.

15 강의실에 둔 공기 정화 식물은 $15 \times 7 = 105$(개)입니다. 따라서 남은 공기 정화 식물은 $140 - 105 = 35$(개)입니다.

16
$$\begin{array}{r} 2\,㉠ \\ \times \qquad 8 \\ \hline ㉡\,1\,6 \end{array}$$
㉠$\times 8$의 일의 자리 수가 6인 경우는 ㉠$=2$ 또는 ㉠$=7$일 때입니다.
㉠$=2$이면 $22 \times 8 = 176$이므로 문제와 맞지 않습니다.
㉠$=7$이면 $27 \times 8 = 216$이므로 ㉠$=7$, ㉡$=2$입니다.

17 (색 테이프 6장의 길이의 합)$= 25 \times 6 = 150$ (cm)
8 cm씩 겹친 부분이 5군데이므로 겹친 부분의 길이의 합은 $8 \times 5 = 40$ (cm)입니다.
따라서 이어 붙인 색 테이프의 전체 길이는 $150 - 40 = 110$ (cm)입니다.

18 두 번 곱해지는 한 자리 수에 가장 큰 수를 넣고, 둘째로 큰 수를 두 자리 수의 십의 자리, 셋째로 큰 수를 일의 자리에 넣습니다. 큰 수부터 차례로 쓰면 8, 5, 3, 2이므로 곱이 가장 큰 곱셈식은 $53 \times 8 = 424$입니다.

서술형
19 ⒠ 어떤 수를 □라고 하면 □$-5=33$이므로 □$=33+5$, □$=38$입니다.
따라서 바르게 계산하면 $38 \times 5 = 190$입니다.

평가 기준	배점(5점)
어떤 수를 구했나요?	2점
바르게 계산한 값을 구했나요?	3점

서술형
20 ⒠ 나무가 54그루이므로 나무 사이의 간격 수는 $54 - 1 = 53$(군데)입니다.
따라서 도로의 길이는 $53 \times 9 = 477$ (m)입니다.

평가 기준	배점(5점)
나무 사이의 간격 수를 구했나요?	2점
도로의 길이를 구했나요?	3점

주의 간격 수가 아닌 나무 수를 곱하여 $54 \times 9 = 486$ (m)라고 구하지 않도록 합니다.

5 길이와 시간

길이와 시간은 일상생활과 가장 밀접한 단원입니다. 신발의 치수는 cm보다 작은 단위인 mm를 사용하고, 이동 거리를 계산할 때는 km와 m의 단위를 사용합니다.
또 밥 먹는 데 걸리는 시간은 분 단위를 사용하고, 영화 보는 데 걸리는 시간은 시간 등의 단위를 사용합니다.
이와 같이 일상생활 속 다양한 길이, 시간 단위를 통해 학생들이 수학의 유용성을 인식하고 수학에 대한 흥미를 느낄 수 있도록 해 주세요. 특히 1분은 60초, 1시간은 60분임을 이용하여 시간의 덧셈, 뺄셈에서 받아올림과 받아내림은 60을 기준으로 한다는 것이 기존의 자연수의 덧셈, 뺄셈과의 차이점이라는 것을 확실히 알 수 있도록 지도해 주세요.

1 1 cm보다 작은 단위 108쪽

1 (1) ├──────────────
　　9 밀리미터
(2) ├──────────────
　　6 센티미터 3 밀리미터

2 (1) mm, cm (2) mm, mm

3 5, 2, 52

2 (1) $34 \, mm = 30 \, mm + 4 \, mm = 3 \, cm \, 4 \, mm$
(2) $7 \, cm \, 8 \, mm = 70 \, mm + 8 \, mm = 78 \, mm$

2 1 m보다 큰 단위 109쪽

❶ 1050 m에 ○표, 1005 m에 ○표

4 3 km 100 m, 3 킬로미터 100 미터

5 4, 500

6 (1) 9000 (2) 6 (3) 7800 (4) 5, 900

7 (1) 700 m (2) 400 m

5 1 km가 4개이므로 4 km이고 4 km보다 500 m 더 길므로 4 km 500 m입니다.

6 (3) $7 \, km \, 800 \, m = 7000 \, m + 800 \, m = 7800 \, m$
(4) $5900 \, m = 5000 \, m + 900 \, m = 5 \, km \, 900 \, m$

7 (1) $1\,km=1000\,m$이므로 $1\,km$는 $300\,m$보다 $700\,m$ 더 긴 길이입니다.

(2) $1\,km=1000\,m$이므로 $1\,km$는 $600\,m$보다 $400\,m$ 더 긴 길이입니다.

3 길이와 거리를 어림하고 재어 보기 110쪽

8 예 9 cm / 8 cm 6 mm

9 (1) cm (2) mm (3) km

10 ㉢

기본에서 응용으로

111~114쪽

1 mm에 ○표　　　　**2** 4, 8, 48

3 (1) 50 mm (2) 10 cm (3) 12 cm

4 (1) 10 (2) 25

5

6 도윤　　　　**7** 5 cm 4 mm

8 ㉡ / 예 806 mm는 80 cm 6 mm입니다.

9 (　)
(○)　　　　**10** (1) 3, 750 (2) 8605

11 300 m, 550 m　　**12** 9, 600 / 9300

13 (1) cm (2) m (3) km

14 1 km　　　　**15** ㉡, ㉢, ㉣, ㉠

16 2 km 500 m

17 (1) mm에 ○표 (2) km에 ○표

18 (1) 7 km 300 m (2) 270 mm
(3) 19 m 50 cm

19 수빈　　　　**20** 500 m

21 치과, 빵집

22 (1) 100 m (2) 1000 m (3) 1 km

23 (1) 13, 3 (2) 6, 5 (3) 9, 600 (4) 1, 500

24 6 cm　　　　**25** 900 m

26 225 km 995 m　　**27** 36 cm 1 mm

---

2 4 cm보다 8 mm 더 긴 것
➡ 4 cm 8 mm=48 mm

3 1 cm=10 mm입니다.
(1) 5 cm=50 mm
(2) 100 mm=10 cm
(3) 120 mm=12 cm

4 (1) 2 cm=20 mm이고 10+10=20이므로
□=10입니다.
(2) 5 cm=50 mm이고 25+25=50이므로
□=25입니다.

5 403 mm=400 mm+3 mm
　　　　　=40 cm 3 mm
430 mm=43 cm
43 mm=40 mm+3 mm=4 cm 3 mm

6 63 cm=630 mm, 61 cm 8 mm=618 mm이고 630>618>605이므로 한 걸음의 길이가 가장 긴 사람은 도윤입니다.

7 1 cm가 5칸이고 1 mm가 4칸이므로 지우개의 길이는 5 cm 4 mm입니다.

9 내 방에서 거실까지의 거리 ➡ m
서울에서 부산까지의 거리 ➡ km

10 (2) 8 km 605 m=8000 m+605 m=8605 m

11 1 km=1000 m이므로 1 km는 100 m보다 900 m 더 긴 길이, 700 m보다 300 m 더 긴 길이, 450 m 보다 550 m 더 긴 길이입니다.

12 1km를 10칸으로 나누었으므로 한 칸은 100m입니다.

14 340+660=1000 (m)이고, 1000 m=1 km이므로 준영이네 집에서 약국을 지나 서점까지의 거리는 1 km입니다.

15 ㉡ 5200 m=5 km 200 m
㉣ 4700 m=4 km 700 m
➡ ㉡>㉢>㉣>㉠

참고 단위를 같게 만든 후 길이를 비교합니다.

서술형
16 예 250 m의 10배는 2500 m이므로
2500m=2000m+500m=2km 500m입니다.

단계	문제 해결 과정
①	250 m의 10배가 몇 m인지 구했나요?
②	경은이네 집에서 도서관까지의 거리는 몇 km 몇 m인지 구했나요?

19 정아: 운동장 둘레의 길이는 약 300 m입니다.
서준: 한라산의 높이는 약 2 km입니다.

20 예나네 집에서 약국까지의 거리는 약 250 m이므로 약국에서 도서관까지의 거리도 약 250 m입니다. 따라서 예나네 집에서 도서관까지의 거리는 약 500 m입니다.

21 예나네 집에서 도서관까지의 거리가 약 500 m이므로 예나네 집에서 도서관까지의 거리의 2배쯤 되는 곳을 찾으면 치과, 빵집입니다.

22 (1) 1분에 약 50 m를 걸으므로 2분 동안 걷는 거리는 약 50×2=100 (m)입니다.

(2) 10배 $\Big($ 2분 ⟶ 100 m $\Big)$ 10배
　　　　 20분 ⟶ 1000 m

(3) 1000 m=1 km

23 (1)
```
      1
   5 cm 9 mm
 + 7 cm 4 mm
 ──────────
  13 cm 3 mm
```
(2)
```
   15  10
   1̶6̶ cm 3 mm
 -  9 cm 8 mm
 ──────────
   6 cm 5 mm
```
(3)
```
      1
   5 km 700 m
 + 3 km 900 m
 ──────────
   9 km 600 m
```
(4)
```
   10  1000
   1̶1̶ km 200 m
 -  9 km 700 m
 ──────────
   1 km 500 m
```

24 29 mm=2 cm 9 mm이므로
2 cm 9 mm+3 cm 1 mm=6 cm입니다.

25 2800 m=2 km 800 m
(걸어간 거리)=3 km 700 m-2 km 800 m
　　　　　　　=900 m

26 수영: 3800 m=3 km 800 m
(전체 거리)
=3 km 800 m+180 km+42 km 195 m
=183 km 800 m+42 km 195 m
=225 km 995 m

27 (주황색 테이프의 길이)
=19 cm 2 mm-2 cm 3 mm=16 cm 9 mm
따라서 초록색 테이프와 주황색 테이프의 길이의 합은
19 cm 2 mm+16 cm 9 mm=36 cm 1 mm
입니다.

---

4 1분보다 작은 단위　　115쪽

1 (1) 4시 35분 25초　(2) 10시 50분 8초

2 (1) 60, 95　(2) 120, 2, 30

1 (1) 초침이 숫자 5를 가리키므로 25초입니다.
(2) 초침이 숫자 1에서 작은 눈금 3칸 더 간 곳을 가리키므로 8초입니다.

5 시간의 덧셈　　116쪽

3 (1) 22, 45　(2) (위에서부터) 1, 60 / 10, 42, 10
(3) 7, 15, 45

4 2시 7분 50초

5 (위에서부터) 20, 20, 12, 36, 15

3 (3)
```
      2시   20분 15초
 + 4시간   55분 30초
 ──────────────
      6시   75분 45초
      +1시간 ← 60분
 ──────────────
      7시   15분 45초
```

4
```
   2시 3분 40초
 +     4분 10초
 ──────────────
   2시 7분 50초
```

5
```
   12시 15분 20초
 +      20분 55초
 ──────────────
   12시 35분 75초
      +1분 ← 60초
 ──────────────
   12시 36분 15초
```

6 시간의 뺄셈　　117쪽

6 (1) 15, 25　(2) (위에서부터) 47, 60 / 3, 32, 24
(3) 4, 30, 25

7 2, 55 /

8 2, 20, 40

6 (3)

$$\begin{array}{r} \overset{4}{\cancel{5}}\text{시 }\overset{60}{15}\text{분 }50\text{초} \\ -\quad\quad 45\text{분 }25\text{초} \\ \hline 4\text{시 }30\text{분 }25\text{초} \end{array}$$

7

$$\begin{array}{r} \overset{2}{\cancel{3}}\text{시 }\overset{60}{20}\text{분} \\ -\quad\quad 25\text{분} \\ \hline 2\text{시 }55\text{분} \end{array}$$

8

$$\begin{array}{r} 8\text{시 }\quad 30\text{분 }40\text{초} \\ -\ 6\text{시간 }10\text{분} \\ \hline 2\text{시 }\quad 20\text{분 }40\text{초} \end{array}$$

기본에서 응용으로
118~121쪽

28 (1) 2시 30분 40초 (2) 9시 33분 17초

29 민희

30 (1) 초 (2) 시간 (3) 분

31

32 (1) 250 (2) 5, 40

33 (위에서부터) 6, 12 / 298

34 ㉡, ㉣, ㉢, ㉠

35 ㉠

36 (1) 2, 16, 14 (2) 8, 25, 52

37 ㉲ 시는 시끼리, 분은 분끼   3시 15분
　　리, 초는 초끼리 더하지 ＋　　4분 25초
　　않았습니다.　　　　　　　3시 19분 25초

38 4분 25초

39 ㉠

40

41 (1) 15, 44 (2) 6, 50, 25

42 36초

43 3시 17분 5초

44 (1) 21, 28 (2) 1, 24

45 33초

46 1시간 52분 33초

---

47 4시간 20분 1초

48 (위에서부터) 40, 2, 4

49 (위에서부터) 11, 34, 45

50 (위에서부터) 18, 5, 18

51 11시간 18분 30초   **52** 오전 6시 51분 35초

53 2시간 48분 56초

28 (1) 초침이 숫자 8을 가리키므로 40초입니다.
　　(2) 초침이 숫자 3에서 작은 눈금 2칸 더 간 곳을 가리
　　키므로 17초입니다.

29 초침이 숫자 4에서 작은 눈금 1칸 더 간 곳을 가리키므
　로 10시 9분 21입니다.

31 20초일 때는 초침이 숫자 4를 가리키므로 초침이 반
　바퀴 더 돌면 숫자 10을 가리키게 됩니다.

32 (1) 4분 10초＝240초＋10초＝250초
　　(2) 340초＝300초＋40초＝5분 40초

33 372초＝360초＋12초＝6분 12초
　4분 58초＝240초＋58초＝298초

34 ㉡ 3분 15초＝180초＋15초＝195초
　㉢ 2분 50초＝120초＋50초＝170초
　따라서 195초＞190초＞170초＞157초이므로 시간
　이 긴 것부터 차례로 기호를 쓰면 ㉡, ㉣, ㉢, ㉠입니다.

서술형
35 ㉲ 270초＝240초＋30초＝4분 30초 ➡ ㉠＝30
　200초＝180초＋20초＝3분 20초 ➡ ㉡＝20
　따라서 30＞20이므로 □ 안에 알맞은 수가 더 큰 것
　은 ㉠입니다.

단계	문제 해결 과정
①	㉠, ㉡에 알맞은 수를 구했나요?
②	□안에 알맞은 수가 더 큰 것의 기호를 썼나요?

36 (1)

$$\begin{array}{r} 2\text{시 }10\text{분 }50\text{초} \\ +\quad\quad 5\text{분 }24\text{초} \\ \hline 2\text{시 }15\text{분 }74\text{초} \\ +1\text{분}\leftarrow-60\text{초} \\ \hline 2\text{시 }16\text{분 }14\text{초} \end{array}$$

　　(2)

$$\begin{array}{r} 6\text{시 }55\text{분 }40\text{초} \\ +\ 1\text{시간 }30\text{분 }12\text{초} \\ \hline 7\text{시 }85\text{분 }52\text{초} \\ +1\text{시간}\leftarrow-60\text{분} \\ \hline 8\text{시 }25\text{분 }52\text{초} \end{array}$$

37

단계	문제 해결 과정
①	잘못 계산한 까닭을 바르게 썼나요?
②	바르게 계산했나요?

38 2분 30초＋1분 55초＝3분 85초＝4분 25초

39 ㉠ 108초＝60초＋48초＝1분 48초
　➡ 1분 42초＋1분 48초＝2분 90초＝3분 30초
　㉡ 116초＝60초＋56초＝1분 56초
　➡ 1분 56초＋1분 35초＝2분 91초＝3분 31초

40 운동을 시작한 시각은 3시 48분입니다.
　95분＝60분＋35분＝1시간 35분이므로
　(운동을 끝낸 시각)＝3시 48분＋1시간 35분
　　　　　　　　　　＝4시 83분＝5시 23분

41 (1)
```
     24   60
    2̶5̶분  17초
  －  9분  33초
 ─────────────
    15분  44초
```
(2)
```
     7    60
    8̶시  30분  40초
  － 1시간 40분  15초
 ──────────────────
    6시  50분  25초
```

42
```
    2   60
   3̶분  19초
 － 2분  43초
 ──────────
        36초
```

43 4시 25분 10초－1시간 8분 5초＝3시 17분 5초

44 (1)
```
    48분  50초
 － 27분  22초
 ─────────────
    21분  28초
```
(2)
```
    1    60
   2̶시간  23분
 －       59분
 ─────────────
    1시간  24분
```

45 가장 **빠른** 모둠은 선우네 모둠이고, 가장 느린 모둠은
　주하네 모둠입니다.
　➡ 4분 15초－3분 42초＝33초

46 예 영화가 시작한 시각은 7시 23분 5초이고, 영화가
　끝난 시각은 9시 15분 38초입니다.
　따라서 영화 상영 시간은
　9시 15분 38초－7시 23분 5초＝1시간 52분 33초
　입니다.

단계	문제 해결 과정
①	시각이 각각 몇 시 몇 분 몇 초인지 알았나요?
②	영화 상영 시간을 구했나요?

47 (영어를 공부한 시간)
　＝2시간 30분 13초－40분 25초
　＝1시간 49분 48초
　(수학과 영어를 공부한 시간)
　＝2시간 30분 13초＋1시간 49분 48초
　＝4시간 20분 1초

48
```
     4 시   38분   ㉠초
 ＋  ㉢시간  25분  55초
 ──────────────────────
     7 시    ㉡분  35초
```
　㉠초＋55초＝95초, ㉠＝40
　1분＋38분＋25분＝64분, ㉡＝4
　1시간＋4시＋㉢시간＝7시, ㉢＝2

49
```
    ㉢시   10분  25초
 －  3 시   ㉡분  40초
 ─────────────────────
    7 시간  35분  ㉠초
```
　60초＋25초－40초＝㉠초, ㉠＝45
　60분＋10분－1분－㉡분＝35분, ㉡＝34
　㉢시－1시간－3시＝7시간, ㉢＝11

50
```
     9 시    8분   ㉠초
 －  ㉢시간   ㉡분  53초
 ───────────────────────
     3 시    49분  25초
```
　60초＋㉠초－53초＝25초, ㉠＝18
　60분＋8분－1분－㉡분＝49분, ㉡＝18
　9시－1시간－㉢시간＝3시, ㉢＝5

51 하루는 24시간이므로
　(밤의 길이)＝24시간－12시간 41분 30초
　　　　　　　＝11시간 18분 30초

52 (해가 뜬 시각)
　＝(해가 진 시각)－(낮의 길이)
　＝18시 45분 15초－11시간 53분 40초
　＝6시 51분 35초

53 하루는 24시간이므로 낮의 길이는
　24시간－13시간 24분 28초＝10시간 35분 32초입
　니다.
　따라서 밤의 길이는 낮의 길이보다
　13시간 24분 28초－10시간 35분 32초＝2시간 48분
　56초 더 길었습니다.

1 오후 12시 20분

1-1 오후 12시 20분   **1-2** 오전 9시 50분

2 오전 9시 58분 36초

2-1 오전 10시 58분 15초

2-2 오전 10시 2분 9초

3 1 km 750 m

3-1 3 km 300 m   **3-2** 8 km 650 m

4 1단계 예 125초＋147초＋511초
　　＝272초＋511초＝783초＝13분 3초
　　2단계 예 오후 6시 24분＋13분 3초
　　＝오후 6시 37분 3초
　/ 오후 6시 37분 3초

4-1 오후 5시 16분 7초

---

1 (4교시 동안의 수업 시간과 쉬는 시간)
　＝40분＋10분＋40분＋10분＋40분＋10분＋40분
　＝190분＝3시간 10분
　(점심 시간 시작 시각)
　＝(1교시 수업 시작 시각)
　　＋(4교시 동안의 수업 시간과 쉬는 시간)
　＝오전 9시 10분＋3시간 10분
　＝오후 12시 20분

1-1 (4교시 동안의 수업 시간과 쉬는 시간)
　＝45분＋10분＋45분＋10분＋45분＋10분＋45분
　＝210분＝3시간 30분
　(점심 시간 시작 시각)＝오전 8시 50분＋3시간 30분
　　　　　　　　　　　＝오후 12시 20분

1-2 둘째 경기가 끝났을 때 경기는 40분씩 2번이고, 쉬는
　시간은 1번이므로 첫째 경기를 시작한 시각은
　40분＋10분＋40분＝90분 전입니다.
　(첫째 경기를 시작한 시각)
　＝오전 11시 20분－90분
　＝오전 11시 20분－1시간 30분
　＝오전 9시 50분
　다른 풀이
　(둘째 경기를 시작한 시각)
　＝오전 11시 20분－40분＝오전 10시 40분

(첫째 경기가 끝난 시각)
＝오전 10시 40분－10분＝오전 10시 30분
(첫째 경기를 시작한 시각)
＝오전 10시 30분－40분＝오전 9시 50분

2 일주일은 7일이므로 늦어지는 시간은
　12×7＝84(초) ➡ 1분 24초입니다.
　따라서 일주일 후 오전 10시에 이 시계가 가리키는 시
　각은 오전 10시－1분 24초＝오전 9시 58분 36초입
　니다.

2-1 일주일은 7일이므로 늦어지는 시간은
　15×7＝105(초) ➡ 1분 45초입니다.
　따라서 일주일 후 오전 11시에 이 시계가 가리키는 시
　각은 오전 11시－1분 45초＝오전 10시 58분 15초
　입니다.

2-2 일주일은 7일이므로 빨라지는 시간은
　20×7＝140(초) ➡ 2분 20초입니다.
　따라서 일주일 후 오전 9시 59분 49초에 이 시계가 가
　리키는 시각은
　오전 9시 59분 49초＋2분 20초＝오전 10시 2분 9초
　입니다.

3 (㉠~㉡)
　＝(㉠~㉢)＋(㉢~㉣)－(㉡~㉣)
　＝3 km 400 m＋4 km 50 m－5 km 700 m
　＝7 km 450 m－5 km 700 m
　＝1 km 750 m

3-1 (㉢~㉣)
　＝(㉠~㉡)＋(㉡~㉣)－(㉠~㉢)
　＝5 km 500 m＋3 km 750 m－5 km 950 m
　＝9 km 250 m－5 km 950 m
　＝3 km 300 m

3-2 (㉠~㉣)
　＝(㉠~㉢)＋(㉡~㉣)－(㉡~㉢)
　＝6 km 250 m＋5 km 370 m－2 km 970 m
　＝11 km 620 m－2 km 970 m
　＝8 km 650 m

4-1 (누리호 발사 후 위성 모사체 분리까지 걸린 시간)
　＝127초＋147초＋693초＝274초＋693초
　＝967초＝16분 7초
　(위성 모사체 분리 시각)＝오후 5시＋16분 7초
　　　　　　　　　　　　＝오후 5시 16분 7초

단원 평가 Level ❶

126~128쪽

1 63

2 (1) 60 (2) 3, 4 (3) 9400 (4) 21, 5

3

4 (1) 60, 100 (2) 50, 2, 50

5 (1) 초 (2) 시간 (3) 분

6 ㉡

7 5, 400

8 태민

9 수윤

10 3분 55초

11 ㉡, ㉠, ㉢

12 (위에서부터) (1) 12, 45, 72 / 1, 60 / 12, 46, 12

  (2) 14, 60 / 12, 4, 24

13 5시 5분

14 11시 24분 2초

15 1 km 800 m

16 병원, 도서관

17 오후 12시 59분

18 2시간 48분 36초

19 4시 20분

20 60 m

---

2 1 cm＝10 mm, 1 km＝1000 m임을 이용합니다.

3 22초이므로 숫자 4에서 작은 눈금 2칸 더 간 곳을 가리키도록 그립니다.

6 ㉠ 운동장 한 바퀴의 길이, ㉢ 10층 건물의 높이는 m 단위로 나타내기에 알맞습니다.

7 1 km를 10칸으로 나누었으므로 눈금 한 칸은 100 m입니다. 5 km에서 4칸 더 간 곳은 5 km 400 m입니다.

8 주연: 내 손톱의 길이는 약 10 mm야.
승아: 칠판 긴 쪽의 길이는 약 2 m야.
혜린: 축구 골대의 높이는 약 244 cm야.

9 단위를 같게 하여 길이를 비교합니다.
40 cm 8 mm＝408 mm이므로
480 mm＞408 mm입니다.
따라서 색 테이프를 더 많이 사용한 사람은 수윤입니다.

10 235초＝180초＋55초＝3분 55초

---

11 ㉡ 90초＝60초＋30초＝1분 30초입니다.
2분＞1분 40초＞90초이므로 시간이 짧은 것부터 차례로 기호를 쓰면 ㉡, ㉠, ㉢입니다.

13 시계가 나타내는 시각은 3시 40분입니다.
➡ 3시 40분＋1시간 25분＝5시 5분

14 (도착한 시각)＝(출발한 시각)＋(걸린 시간)
    ＝9시 35분 27초＋1시간 48분 35초
    ＝10시 83분 62초＝11시 24분 2초

15 영희네 집에서 약국까지의 거리는 약 600 m이고, 영희네 집에서 은행까지의 거리는 약 600 m의 3배쯤 되므로 약 1800 m＝약 1 km 800 m입니다.

16 영희네 집에서 약국까지의 거리의 2배가 약 1 km 200 m이므로 영희네 집에서 약국까지의 거리의 2배쯤 되는 곳을 찾으면 병원, 도서관입니다.

17 오전 10시부터 오후 1시까지는 3시간이므로 시계는 20×3＝60(초) ➡ 1분이 늦어집니다.
따라서 이날 오후 1시에 시계가 가리키는 시각은
오후 1시－1분＝오후 12시 59분입니다.

18 하루는 24시간이므로 낮의 길이는
24시간－13시간 24분 18초＝10시간 35분 42초입니다. 따라서 밤의 길이는 낮의 길이보다
13시간 24분 18초－10시간 35분 42초
＝2시간 48분 36초 더 깁니다.

서술형
19 ⓔ 60분＝1시간이므로
100분＝60분＋40분＝1시간 40분입니다.
따라서 책 읽기를 끝낸 시각은
2시 40분＋1시간 40분＝3시 80분＝4시 20분입니다.

평가 기준	배점(5점)
100분을 몇 시간 몇 분으로 나타냈나요?	2점
책 읽기를 끝낸 시각을 구했나요?	3점

서술형
20 ⓔ (집에서 학교를 지나 도서관까지의 거리)
＝1 km 750 m＋630 m＝2 km 380 m이므로
집에서 공원까지의 거리가
2km 380m－2km 320m＝60m 더 가깝습니다.

평가 기준	배점(5점)
집에서 학교를 지나 도서관까지의 거리를 구했나요?	2점
집에서 공원까지의 거리가 몇 m 더 가까운지 구했나요?	3점

단원 평가 Level ❷
129~131쪽

1 5 cm 3 mm, 5 센티미터 3 밀리미터

2 (1) 11, 16, 28 (2) 4, 54, 19

3 (1) cm (2) mm (3) m

4 >

5 (1) 2 km 500 m (2) 158 mm (3) 1 m 50 cm

6 5 cm 7 mm   **7** 5 km 350 m

8 ㉡, ㉣, ㉢, ㉠   **9** >

10 1시간 20분   **11**

12 ㉡   **13** 4시 20분

14 2 m   **15** 2시간 10분 14초

16 영우   **17** 8, 30, 14

18 2시간 44분 35초   **19** 1 km 550 m

20 2시간 20분 19초

---

4 510초=480초+30초=8분 30초이므로
8분 30초>7분 10초입니다.

6 1 cm가 5칸이고 1 mm가 7칸이므로 머리핀의 길이
는 5 cm 7 mm입니다.

7 1000 m=1 km이므로
5350 m=5 km 350 m입니다.

8 ㉢ 4200 m=4 km 200 m,
㉣ 5040 m=5 km 40 m
➡ 6 km 100 m>5 km 40 m>4 km 200 m
  >3 km

9 17 cm 4 mm=174 mm이므로
17 cm 4 mm>169 mm입니다.

10 초침이 한 바퀴 도는 데 걸리는 시간은 1분이므로 초침
이 80바퀴를 도는 데 걸리는 시간은 80분입니다.
80분=60분+20분이므로 한영이가 축구를 한 시간
은 1시간 20분입니다.

11
```
           1
   2시  20분  25초
 +     10분  50초
 ─────────────────
   2시  31분  15초
```

12 ㉠ 2573 m=2 km 573 m
㉡ 5003 m=5 km 3 m

13 3시 55분+25분=4시 20분

14 정글 짐의 폭은 한 칸의 폭의 5배이므로
약 40×5=200 (cm) ➡ 약 2 m입니다.

15 1시간 15분 44초+54분 30초
=1시간 69분 74초
=2시간 10분 14초

16 (영우가 연주한 시간)
=1시 31분 45초−1시 25분 12초=6분 33초
(지은이가 연주한 시간)
=3시 52분 50초−3시 48분 28초=4분 22초
따라서 영우가 더 오래 연주했습니다.

17
```
   ㉢시간  ㉡분  23초
 −  4 시간  55분  ㉠초
 ─────────────────────
    3 시간  35분   9초
```
23초−㉠초=9초, ㉠=14
60분+㉡분−55분=35분, ㉡=30
㉢시간−1시간−4시간=3시간, ㉢=8

18 오후 1시 15분은 13시 15분이므로
13시 15분−10시 30분 25초=2시간 44분 35초

^{서술형}
19 예 (걸어간 거리)
=30 km 400 m−28 km 850 m
=1 km 550 m

평가 기준	배점(5점)
걸어간 거리를 구하는 식을 세웠나요?	2점
걸어간 거리를 구했나요?	3점

^{서술형}
20 예 (도착한 시각)=12시 16분 20초−5분 47초
=12시 10분 33초
(달린 시간)=12시 10분 33초−9시 50분 14초
=2시간 20분 19초

평가 기준	배점(5점)
도착한 시각을 구했나요?	2점
달린 시간을 구했나요?	3점

6 분수와 소수

일상생활에서 피자나 케이크를 똑같이 나누는 상황을 통해서 전체를 등분하는 경우, 또 길이나 무게를 잴 때 더 정확하게 재기 위해 소수점으로 나타내는 경우를 학생들은 이미 경험해 왔습니다. 이와 같이 자연수로는 정확하게 나타낼 수 없는 양을 표현하기 위해 분수와 소수가 등장하였습니다. 이때 분수와 소수를 수직선에 나타내 봄으로써 같은 수를 분수와 소수로 나타낼 수 있음을 알게 합니다.
(예) $\frac{1}{10}=0.1$, $\frac{2}{10}=0.2$, ...)
분수와 소수를 단절시켜 각각의 수로 인식하지 않도록 주의합니다.
분수와 소수의 크기 비교는 수를 보고 비교하는 것보다는 시각적으로 나타내어 색칠한 부분이 몇 칸 더 많은지, 0.1이 몇 개 더 많은지 비교하면 쉽게 이해할 수 있습니다. 시각적으로 보여준 후 원리를 찾아내어 수만으로 크기를 비교할 수 있도록 지도해 주세요.

1 똑같이 나누기   134쪽

1 나, 라, 마   **2** (1) 3개 (2) 5개

3 예

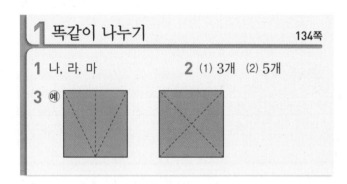

1 나, 마: 전체를 똑같이 셋으로 나눈 도형
라: 전체를 똑같이 둘로 나눈 도형

2 분수 알아보기   135쪽

❶ 6, 4

4 (1) $\frac{3}{6}$, 6분의 3 (2) $\frac{2}{4}$, 4분의 2

5 (1) $\frac{2}{6}$, $\frac{4}{6}$ (2) $\frac{7}{9}$, $\frac{2}{9}$

4 (1) 전체를 똑같이 나눈 칸 수: 6 ⎫
      색칠한 칸 수: 3   ⎭ ➡ $\frac{3}{6}$
   (2) 전체를 똑같이 나눈 칸 수: 4 ⎫
      색칠한 칸 수: 2   ⎭ ➡ $\frac{2}{4}$

5 (1) 전체를 똑같이 6으로 나눈 것 중 2만큼은 색칠하고 4만큼은 색칠하지 않았습니다.
   (2) 전체를 똑같이 9로 나눈 것 중 7만큼은 색칠하고 2만큼은 색칠하지 않았습니다.

3 단위분수 알아보기   136쪽

❶ 1, 1, 분자

6 (1) 예   / 2   (2) 예   / 5

7 (1) 예   (2) 예

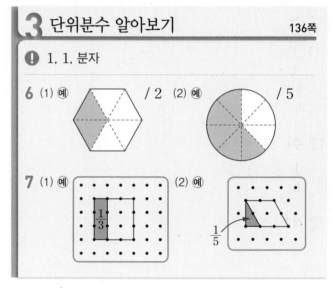

7 (1) $\frac{1}{3}$은 전체를 똑같이 3으로 나눈 것 중의 1이므로 전체는 $\frac{1}{3}$이 3개입니다. 따라서 $\frac{1}{3}$을 2개 더 그립니다.

   (2) $\frac{1}{5}$은 전체를 똑같이 5로 나눈 것 중의 1이므로 전체는 $\frac{1}{5}$이 5개입니다. 따라서 $\frac{1}{5}$을 4개 더 그립니다.

4 분모가 같은 분수의 크기 비교   137쪽

8 $\frac{3}{6}$ 예 $\frac{5}{6}$ 예

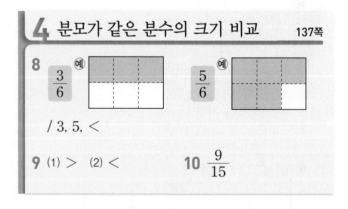

/ 3, 5, <

9 (1) > (2) <   **10** $\frac{9}{15}$

9 (1) 7>4이므로 $\frac{7}{9}>\frac{4}{9}$입니다.

   (2) 9<11이므로 $\frac{9}{12}<\frac{11}{12}$입니다.

10 수직선에서는 오른쪽에 있을수록 큰 수이므로
$\frac{2}{15}<\frac{7}{15}<\frac{9}{15}$입니다.

11 (예)

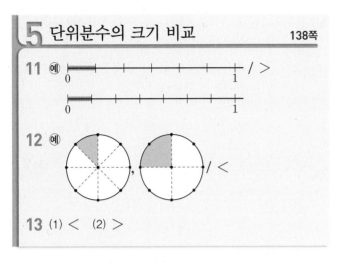

/ >

12 (예)

, / <

13 (1) <　　(2) >

11 수직선에 나타낸 길이가 $\frac{1}{6}$이 $\frac{1}{7}$보다 더 길므로 $\frac{1}{6}>\frac{1}{7}$입니다.

12 색칠한 부분의 크기가 $\frac{1}{4}$이 $\frac{1}{8}$보다 더 크므로 $\frac{1}{8}<\frac{1}{4}$ 입니다.

13 (1) $12>9$이므로 $\frac{1}{12}<\frac{1}{9}$

(2) $15<20$이므로 $\frac{1}{15}>\frac{1}{20}$

기본에서 응용으로
139~144쪽

1 가, 다, 마

2 ②, ④

3 (예)

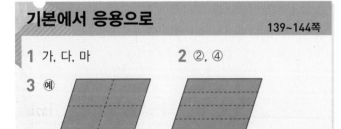

4 장우 / (예) 장우가 자른 조각을 겹쳐 보면 크기와 모양이 똑같지 않기 때문입니다.

5 4

6

7 (예)

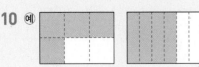

/ 8분의 5

8 라

9 경수 / (예) 경수는 전체를 똑같이 6으로 나눈 것 중 1만큼 색칠하였으므로 바르게 색칠한 사람은 경수입니다.

10 (예)

11 4조각

12 시윤

13 태리, $\frac{4}{9}$

14 (1) $\frac{1}{3}$　(2) $\frac{1}{3}$

15 $\frac{2}{5}$

16 $\frac{7}{10}$, $\frac{3}{10}$

17 $\frac{6}{8}$

18 $\frac{4}{12}$

19 $\frac{1}{2}$, $\frac{1}{3}$, $\frac{1}{6}$

20 에 ○표

21 (1) 3　(2) 4　(3) $\frac{1}{8}$　(4) $\frac{1}{10}$

22 $\frac{1}{3}$ / $\frac{1}{3}$, 3 / $\frac{1}{3}$, 2

23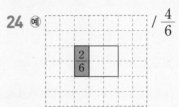

24 (예) / $\frac{4}{6}$

25 10 cm

26 28 cm

27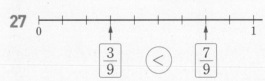

28 ㉠

29 민우

30 $\frac{5}{10}$, $\frac{6}{10}$, $\frac{7}{10}$, $\frac{8}{10}$

31 윤호

32 $\frac{1}{15}$, $\frac{1}{10}$, $\frac{1}{9}$, $\frac{1}{7}$

33 지수

34 4개

35 $\frac{1}{5}$

36 5개

37 2, 3, 4

38 9, 10

39 $\frac{1}{6}$, $\frac{1}{7}$, $\frac{1}{8}$

40 14개

1 가, 마: 전체를 똑같이 둘로 나눈 도형
다: 전체를 똑같이 넷으로 나눈 도형

2 나눈 2조각의 모양과 크기가 같은 도형을 찾습니다.

3 4조각의 모양과 크기가 같도록 나눕니다.

4

단계	문제 해결 과정
①	잘못 나눈 사람의 이름을 썼나요?
②	잘못 나눈 까닭을 썼나요?

5

➡ 전체를 똑같이 6으로 나눈 것 중의 4입니다.

7 전체를 똑같이 8로 나눈 것 중의 5이므로 5칸을 색칠합니다.

8 가, 나, 다 ➡ $\frac{4}{6}$, 라 ➡ $\frac{3}{6}$

9

단계	문제 해결 과정
①	바르게 색칠한 사람의 이름을 썼나요?
②	바르게 색칠한 까닭을 썼나요?

10 사각형을 똑같이 6칸으로 나눈 후 그중의 4칸을 색칠합니다.

11 영서가 먹은 피자는 오른쪽과 같으므로 영서가 먹은 피자는 4조각입니다.

12 건우와 지안이가 설명하는 분수는 $\frac{3}{7}$이고, 시윤이가 설명하는 분수는 $\frac{3}{8}$입니다.

13 땅이 똑같이 9칸으로 나누어져 있고, 그중 선호의 땅은 2칸, 지우의 땅은 3칸, 태리의 땅은 4칸이므로 태리의 땅이 가장 넓습니다. 태리가 가진 땅은 전체를 똑같이 9로 나눈 것 중의 4이므로 전체의 $\frac{4}{9}$입니다.

14 (1) ➡ $\frac{1}{3}$

(2) ➡ $\frac{1}{3}$

15 색칠하지 않은 부분은 전체를 똑같이 5로 나눈 것 중의 2이므로 전체의 $\frac{2}{5}$입니다.

16 남은 부분과 먹은 부분은 각각 전체를 똑같이 10으로 나눈 것 중의 7, 3이므로 분수로 나타내면 전체의 $\frac{7}{10}$, $\frac{3}{10}$입니다.

17 (남은 케이크의 조각 수)=8−2=6(조각)
따라서 남은 케이크는 전체의 $\frac{6}{8}$입니다.

18 (남은 떡의 조각 수)=12−3−5=4(조각)
따라서 남은 떡은 전체의 $\frac{4}{12}$입니다.

23 부분에 한 조각을 붙이면 전체 모양이 되므로 부분에 한 조각을 붙이면 어떤 모양이 될지 생각하며 찾습니다.

24 부분 $\frac{2}{6}$는 단위분수 $\frac{1}{6}$이 2개인 수이므로 전체를 완성하려면 $\frac{1}{6}$을 4개 더 그려야 합니다.

25 전체의 $\frac{1}{5}$의 길이가 2 cm이면 전체는 2 cm의 5배입니다. ➡ 2×5=10 (cm)

26 남은 색 테이프는 전체의 $\frac{1}{7}$이므로 전체 길이는 4 cm의 7배입니다.
➡ 4×7=28 (cm)

27 전체 9칸 중의 3칸은 $\frac{3}{9}$이고, 7칸은 $\frac{7}{9}$입니다. 수직선에서 오른쪽에 있는 수가 더 큰 수이므로 $\frac{3}{9}<\frac{7}{9}$입니다.

28 $\frac{1}{11}$이 5개인 수는 $\frac{5}{11}$이므로 $\frac{8}{11}>\frac{5}{11}$입니다.

29 예 민우가 마신 우유는 전체의 $\frac{4}{6}$입니다.
$\frac{2}{6}<\frac{4}{6}$이므로 우유를 더 많이 마신 사람은 민우입니다.

단계	문제 해결 과정
①	민우가 마신 우유는 전체의 얼마인지 구했나요?
②	우유를 더 많이 마신 사람은 누구인지 구했나요?

30 4보다 크고 9보다 작은 수는 5, 6, 7, 8이므로 구하는 분수는 $\frac{5}{10}$, $\frac{6}{10}$, $\frac{7}{10}$, $\frac{8}{10}$입니다.

31 4<5<6이므로 $\frac{4}{7}<\frac{5}{7}<\frac{6}{7}$입니다.
따라서 가장 긴 철사를 가지고 있는 사람은 윤호입니다.

32 분자가 모두 1이므로 분모가 클수록 작은 수입니다.

33 4<5<8이므로 $\frac{1}{4}>\frac{1}{5}>\frac{1}{8}$입니다.
따라서 물을 가장 많이 마신 사람은 지수입니다.

34 $\frac{1}{8}$ 보다 크고 $\frac{1}{3}$ 보다 작은 단위분수는 분모가 8보다 작고 3보다 큰 수이므로 $\frac{1}{7}$, $\frac{1}{6}$, $\frac{1}{5}$, $\frac{1}{4}$ 로 모두 4개입니다.

35 단위분수는 분자는 1이고, 분모가 작을수록 더 큰 수입니다.
5<8<9이므로 가장 큰 단위분수는 가장 작은 수인 5를 분모에 놓은 $\frac{1}{5}$입니다.

36 분모가 20으로 같으므로 $\frac{12}{20}<\frac{\square}{20}<\frac{18}{20}$에서 12<□<18입니다.
따라서 □ 안에 들어갈 수 있는 수는 13, 14, 15, 16, 17로 모두 5개입니다.

37 분자가 1로 같으므로 $\frac{1}{5}<\frac{1}{\square}$에서 5>□입니다.
따라서 □ 안에 들어갈 수 있는 수는 2, 3, 4입니다.

38 $\frac{11}{14}>\frac{\square}{14}$에서 11>□이므로 □=10, 9, 8, …이고, $\frac{1}{\square}<\frac{1}{8}$에서 □>8이므로 □=9, 10, 11, …입니다.
따라서 □ 안에 공통으로 들어갈 수 있는 수는 9, 10입니다.

39 단위분수 중에서 $\frac{1}{5}$보다 작은 분수는 분모가 5보다 큰 $\frac{1}{6}$, $\frac{1}{7}$, $\frac{1}{8}$, $\frac{1}{9}$, …이고, 이 중 분모가 9보다 작은 분수는 $\frac{1}{6}$, $\frac{1}{7}$, $\frac{1}{8}$입니다.

40 분자가 1인 분수는 단위분수이고, 단위분수 중에서 $\frac{1}{16}$보다 큰 분수는 분모가 16보다 작습니다.
또 분모가 1보다 크므로 분모가 될 수 있는 수는 2, 3, …, 15입니다.
따라서 조건을 만족시키는 분수는 $\frac{1}{2}$, $\frac{1}{3}$, …, $\frac{1}{15}$로 모두 14개입니다.

6 소수 알아보기 (1) 145쪽

❶ 0.7

1 (1) $\frac{4}{10}$ (2) 0.4, 영점사

2 (왼쪽에서부터) 0.2, $\frac{4}{10}$, 0.6, $\frac{9}{10}$

3 (1) $\frac{3}{10}$, 0.3   (2) $\frac{5}{10}$, 0.5

7 소수 알아보기 (2) 146쪽

4 (위에서부터) 3, 3, 3.3

5 9.7

6 (1) 4.2   (2) 7.3

4 3과 0.3만큼은 3.3입니다.

6 (1) 4 cm 2 mm = 4 cm + 0.2 cm
$\qquad\qquad$ = 4.2 cm
(2) 73 mm = 70 mm + 3 mm
$\qquad\qquad$ = 7 cm + 0.3 cm
$\qquad\qquad$ = 7.3 cm

8 소수의 크기 비교 147쪽

7
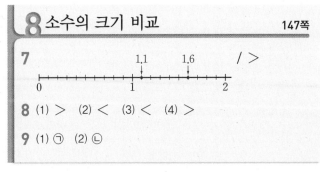

8 (1) >   (2) <   (3) <   (4) >

9 (1) ㉠   (2) ㉡

8 (1) 3.4>3.2   (2) 8.6<9.1
$\quad\;\;$ ⌐4>2⌐   ⌐8<9⌐
(3) 5.4<5.9   (4) 8.4>7.7
$\quad\;\;$ ⌐4<9⌐   ⌐8>7⌐

9 (1) ㉠ 3.7 ㉡ 3.5 ➡ 3.7>3.5
(2) ㉠ 0.5 ㉡ 0.8 ➡ 0.5<0.8

기본에서 응용으로

41 $\frac{6}{10}$, 0.6

42

43 (1) 8 (2) 0.3 (3) 5 (4) 0.6

44 0.6 m

45 0.5, 0.3

46 5.4

47 (1) 3.7 (2) 5.1

48 (1) 2.5 (2) 71

49 5.8 cm

50 1.4 km, 2.6 km

51 ㉢

52 (1) < (2) >

53 ㉡

54 ㉢, ㉡

55 7개

56 수요일

57 3, 4

58 7.5

59 2.4

60 8.6, 8.3

41 전체를 똑같이 10으로 나눈 것 중의 6이므로
$\frac{6}{10}$=0.6입니다.

43 (3) $\frac{1}{10}$이 ▲개인 수는 $\frac{▲}{10}$ 또는 0.▲로 나타낼 수 있습니다.

44 1 m를 똑같이 10으로 나눈 것 중의 1은 0.1 m입니다. 승현이에게 남은 색 테이프는 6조각이므로 0.6 m입니다.

45 동생: 똑같이 나눈 10조각 중 5조각 ➡ $\frac{5}{10}$=0.5

정호: 똑같이 나눈 10조각 중 3조각 ➡ $\frac{3}{10}$=0.3

46 $\frac{4}{10}$=0.4이므로 5와 $\frac{4}{10}$는 5와 0.4만큼인 5.4입니다.

47 (1) 1 mm=0.1 cm이고 3 cm 7 mm는 37 mm이므로 0.1 cm가 37개이면 3.7 cm입니다.
(2) 1 mm=0.1 cm이고 0.1 cm가 51개이면 5.1 cm입니다.

48 (1) 0.1이 20개 ➡ 2
　　　 0.1이 5개 ➡ 0.5
　　　─────────────
　　　 0.1이 25개 ➡ 2.5

49 8 mm=0.8 cm이므로 이어 붙인 색 테이프의 전체 길이는 5와 0.8만큼인 5.8 cm입니다.

50 1 km를 똑같이 10으로 나눈 한 칸의 길이는 0.1 km입니다.
준우네 집에서 도서관까지의 거리는 1에서 0.4만큼 더 간 거리이므로 1.4 km입니다.
준우네 집에서 영화관까지의 거리는 2에서 0.6만큼 더 간 거리이므로 2.6 km입니다.

51 ㉠ 16 ㉡ 24 ㉢ 31
➡ 31>24>16이므로 ㉢>㉡>㉠입니다.

52 (1) 0.7<0.9 (2) 8.3>7.9

53 ㉠ 9 cm 1 mm=9.1 cm이므로 9.1<9.5입니다.
따라서 길이가 더 긴 것은 ㉡입니다.

54 ㉠ 4.2 ㉡ 4 ㉢ 4.5 ㉣ 4.4
4.5>4.4>4.2>4이므로 ㉢>㉣>㉠>㉡입니다.
따라서 가장 큰 수는 ㉢, 가장 작은 수는 ㉡입니다.

55 소수점 왼쪽 부분이 5로 같으므로 2<□이어야 합니다.
따라서 □ 안에 들어갈 수 있는 수는 3, 4, 5, 6, 7, 8, 9로 모두 7개입니다.

56 $\frac{8}{10}$=0.8, $\frac{9}{10}$=0.9이므로
2.7>2.3>2.1>1.8>0.9>0.8입니다.
따라서 수요일에 가장 많이 걸었습니다.

57 리본 점수가 곤봉 점수보다는 높고 공 점수보다는 낮으므로 7.2<7.□<7.5입니다.
소수점 왼쪽 부분이 7로 같으므로 소수 부분을 비교하면 2<□<5이어야 합니다.
따라서 □ 안에 들어갈 수 있는 수는 3, 4입니다.

58 7>5>3>1이므로 가장 큰 수 7을 소수점 왼쪽 부분에 놓고, 둘째로 큰 수 5를 소수 부분에 놓습니다.
➡ 7.5

서술형
59 예 2<4<6이므로 가장 작은 수 2를 소수점 왼쪽 부분에 놓고, 둘째로 작은 수 4를 소수 부분에 놓습니다.
따라서 가장 작은 소수는 2.4입니다.

단계	문제 해결 과정
①	가장 작은 소수를 만드는 방법을 알고 있나요?
②	가장 작은 소수를 만들었나요?

60 가장 큰 소수: 가장 큰 수 8을 소수점 왼쪽 부분에 놓고, 둘째로 큰 수 6을 소수 부분에 놓습니다. ➡ 8.6
둘째로 큰 소수: 가장 큰 수 8을 소수점 왼쪽 부분에 놓고, 셋째로 큰 수 3을 소수 부분에 놓습니다. ➡ 8.3

응용에서 최상위로
151~154쪽

1 7, 8, 9

1-1 5, 6, 7, 8, 9   **1-2** 8, 9

2 $\frac{1}{4}$

2-1 $\frac{1}{8}$ **2-2** $\frac{4}{8}$

3 0.4

3-1 0.2   **3-2** 양파

4 1단계 예 전체 칸 수는 $9 \times 9 = 81$(칸)이고, 색칠된 부분의 칸 수는 $5 \times 5 = 25$(칸)입니다.
2단계 예 $\dfrac{(\text{색칠된 부분의 칸 수})}{(\text{전체 칸 수})} = \dfrac{25}{81}$

/ $\dfrac{25}{81}$

4-1 $\dfrac{9}{16}$

---

1 $\dfrac{6}{10} = 0.6$이므로 소수점 왼쪽 부분이 0으로 같습니다. 따라서 소수 부분을 비교하면 $6 < \square$이므로 $\square$ 안에 들어갈 수 있는 수는 7, 8, 9입니다.

1-1 $0.4 = \dfrac{4}{10}$이므로 $\dfrac{4}{10} < \dfrac{\square}{10}$입니다.
분모가 10으로 같으므로 분자만 비교하면 $4 < \square$입니다. 따라서 $\square$ 안에 들어갈 수 있는 수는 5, 6, 7, 8, 9입니다.

다른 풀이
$\square$는 1부터 9까지의 수이므로 $\dfrac{\square}{10} = 0.\square$입니다.
소수점 왼쪽 부분이 0으로 같으므로 소수 부분만 비교하면 $4 < \square$입니다. 따라서 $\square$ 안에 들어갈 수 있는 수는 5, 6, 7, 8, 9입니다.

1-2 $\dfrac{7}{10} = 0.7$이므로 0.7보다 크고 1.2보다 작은 수 중에서 $0.\square$인 수는 0.8, 0.9입니다.
따라서 $\square$ 안에 들어갈 수 있는 수는 8, 9입니다.

---

2 한 번 접으면 똑같이 둘로 나누어지고, 두 번 접으면 똑같이 넷으로 나누어집니다. 따라서 전체를 똑같이 4로 나눈 것 중의 1이므로 $\dfrac{1}{4}$입니다.

2-1 색종이 1장 $\xrightarrow[\text{접음}]{\text{반으로}}$ 2조각 $\xrightarrow[\text{접음}]{\text{반으로}}$ 4조각 $\xrightarrow[\text{접음}]{\text{반으로}}$ 8조각

 따라서 전체를 똑같이 8로 나눈 것 중의 1이므로 $\dfrac{1}{8}$입니다.

2-2 종이 1장 $\xrightarrow[\text{접음}]{\text{반으로}}$ 2조각 $\xrightarrow[\text{접음}]{\text{반으로}}$ 4조각 $\xrightarrow[\text{접음}]{\text{반으로}}$ 8조각

따라서 전체 8조각 중 색칠된 부분은 4조각이므로 $\dfrac{4}{8}$입니다.

3

| 장미 | 해바라기 | | 국화 | |

국화를 심은 부분은 전체의 $\dfrac{4}{10} = 0.4$입니다.

3-1

| 누나 | | 형 | | 현중 |

현중이가 먹은 부분은 전체의 $\dfrac{2}{10} = 0.2$입니다.

3-2

| 배추 | | 양파 | | 무 |

배추는 3칸, 양파는 4칸, 무는 3칸이므로 가장 넓은 부분에 심은 것은 양파입니다.

4-1 셋째 도형에서 전체 칸 수는 $4 \times 4 = 16$(칸)이고, 색칠된 부분의 칸 수는 $3 \times 3 = 9$(칸)입니다.
따라서 셋째 도형에서
$\dfrac{(\text{색칠된 부분의 칸 수})}{(\text{전체 칸 수})} = \dfrac{9}{16}$입니다.

단원 평가 Level ❶
155~157쪽

1 ④   **2** $\dfrac{2}{6}$

3 $\dfrac{8}{10}$, 0.8   **4** (1) 0.6 (2) 7 (3) 32

5 라

6 (위에서부터) 0.9, 0.5, $\dfrac{2}{10}$

7 예

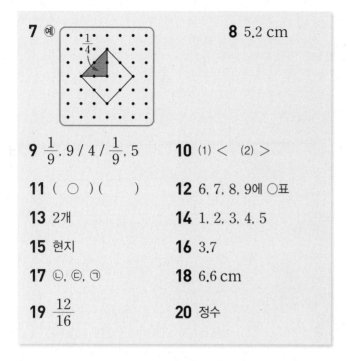

8 5.2 cm

9 $\frac{1}{9}$, 9 / 4 / $\frac{1}{9}$, 5

10 (1) < (2) >

11 (○) ( )

12 6, 7, 8, 9에 ○표

13 2개

14 1, 2, 3, 4, 5

15 현지

16 3.7

17 ㉡, ㉢, ㉠

18 6.6 cm

19 $\frac{12}{16}$

20 정수

---

1 나눈 세 조각의 모양과 크기가 같은 도형은 ④입니다.

2 파란색 부분은 전체를 똑같이 6으로 나눈 것 중의 2이므로 $\frac{2}{6}$입니다.

5 가: $\frac{2}{4}$, 나: $\frac{3}{5}$, 다: $\frac{2}{3}$, 라: $\frac{3}{4}$

6 0부터 1까지 똑같이 10칸으로 나누었으므로 한 칸은 $\frac{1}{10}$=0.1입니다.

8 5 cm에서 작은 눈금 2칸을 더 간 곳이므로 5 cm 2 mm입니다.
5 cm 2 mm=5 cm+0.2 cm=5.2 cm

10 (1) $\frac{1}{10}$이 41개인 수는 4.1입니다. ➡ 4<4.1
(2) 0.1이 13개인 수는 1.3입니다. ➡ 1.3>0.9

11 6 cm 2 mm=6.2 cm입니다.
5.8<6.2이므로 길이가 더 짧은 것은 5.8 cm입니다.

12 5.4<□.2에서 소수 부분의 크기를 비교하면 4>2이므로 소수점 왼쪽 부분은 □>5입니다.
따라서 □ 안에 들어갈 수 있는 수는 6, 7, 8, 9입니다.

13 단위분수는 분모가 클수록 작은 수입니다.
$\frac{1}{6}$보다 크고 $\frac{1}{3}$보다 작은 단위분수는 분모가 3보다 크고 6보다 작은 수이므로 $\frac{1}{4}$, $\frac{1}{5}$로 모두 2개입니다.

---

14 분모가 11로 같으므로 분자의 크기를 비교하면 □<6 입니다. 따라서 □ 안에 들어갈 수 있는 수는 1, 2, 3, 4, 5입니다.

15 $\frac{6}{10}$=0.6이고, 0.6>0.4이므로 현지네 집에서 문구점까지의 거리가 더 가깝습니다.

16 3<5<7이므로 가장 작은 소수는 3.5이고, 둘째로 작은 소수는 3.7입니다.

17 ㉠ 5.5, ㉢ 6.1 ➡ 7.3>6.1>5.5

18 24 mm+24 mm+18 mm=66 mm
66 mm=60 mm+6 mm=6 cm+0.6 cm
=6.6 cm

서술형
19 예 소희와 친구들이 먹고 남은 수박은 16−4=12(조각)입니다.
따라서 남은 수박은 전체 수박을 똑같이 16으로 나눈 것 중의 12이므로 $\frac{12}{16}$입니다.

평가 기준	배점(5점)
남은 수박이 몇 조각인지 구했나요?	2점
남은 수박은 전체의 얼마인지 분수로 나타냈나요?	3점

서술형
20 예 $\frac{7}{10}$ cm=0.7 cm, 1 cm 2 mm=1.2 cm
이므로 1.3 cm>1.2 cm>0.7 cm입니다.
따라서 가장 긴 색 테이프를 가지고 있는 사람은 정수입니다.

평가 기준	배점(5점)
민수와 유리가 가진 색 테이프의 길이를 소수로 나타냈나요?	2점
가장 긴 색 테이프를 가진 사람은 누구인지 구했나요?	3점

단원 평가 Level ❷

158~160쪽

1 8, 2, $\frac{2}{8}$, 8분의 2

2 다

3 (선 잇기)

4 $\frac{5}{9}$

5 5, 0.7, 5.7

6 (1) > (2) <

7 나, 라

8 (1) 5.8 (2) 3.4

9 (   ) (○)   **10** 9.5 cm

11 17

12 $\frac{8}{11}$, $\frac{3}{11}$, $\frac{10}{11}$ / 3모둠, 1모둠, 2모둠

13 5   **14** ②

15 동생   **16** 선우, 2조각

17 5, 6, 7   **18** 0.4, 0.5

19 ㉡   **20** 6개

---

2 가, 나, 라는 $\frac{3}{5}$, 다는 $\frac{3}{6}$을 나타냅니다.

3 $\frac{2}{10}=0.2$ ➡ 영점이, $\frac{9}{10}=0.9$ ➡ 영점구,

$\frac{5}{10}=0.5$ ➡ 영점오

4 전체를 똑같이 9로 나눈 것 중의 5이므로 $\frac{5}{9}$입니다.

6 (1) $8>5$이므로 $\frac{8}{9}>\frac{5}{9}$입니다.

(2) $8>6$이므로 $\frac{1}{8}<\frac{1}{6}$입니다.

7
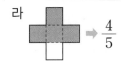

8 (1) $58\,\text{mm}=50\,\text{mm}+8\,\text{mm}$
$=5\,\text{cm}+0.8\,\text{cm}=5.8\,\text{cm}$

(2) $3\,\text{cm}\,4\,\text{mm}=3\,\text{cm}+0.4\,\text{cm}=3.4\,\text{cm}$

9 0.1이 8개인 수는 0.8이고, $\frac{1}{10}$이 9개인 수는

$\frac{9}{10}=0.9$입니다. 따라서 $0.8<0.9$입니다.

10 $5\,\text{mm}=0.5\,\text{cm}$이므로 9와 0.5만큼인 9.5 cm입니다.

11 $\frac{5}{6}$는 $\frac{1}{6}$이 5개입니다. ➡ ㉠=5

$\frac{1}{12}$이 7개이면 $\frac{7}{12}$입니다. ➡ ㉡=12

따라서 ㉠+㉡=5+12=17입니다.

12 $10>8>3$이므로 $\frac{10}{11}>\frac{8}{11}>\frac{3}{11}$입니다.

13 $\frac{1}{6}<\frac{1}{\square}$이므로 $6>\square$입니다. 따라서 $\square$ 안에 들어갈 수 있는 수는 2, 3, 4, 5이므로 가장 큰 수는 5입니다.

14 ①, ④, ⑤를 비교하면 $\frac{1}{5}>\frac{1}{7}>\frac{1}{8}$이고,

②, ③, ④를 비교하면 $\frac{4}{5}>\frac{2}{5}>\frac{1}{5}$입니다.

따라서 $\frac{4}{5}>\frac{2}{5}>\frac{1}{5}>\frac{1}{7}>\frac{1}{8}$입니다.

15

	현우			동생		

현우가 전체의 $\frac{3}{8}$을 마셨으므로 동생은 전체의 $\frac{5}{8}$를 마셨습니다.

$3<5$에서 $\frac{3}{8}<\frac{5}{8}$이므로 동생이 더 많이 마셨습니다.

16 이서: 전체를 똑같이 3으로 나눈 것 중의 1을 먹었으므로 2조각을 먹었습니다.

선우: 전체를 똑같이 6으로 나눈 것 중의 4를 먹었으므로 4조각을 먹었습니다.

따라서 선우가 $4-2=2$(조각) 더 많이 먹었습니다.

17 $\frac{4}{10}=0.4$이고, $0.4<0.\square<0.8$이므로 $4<\square<8$입니다.

따라서 $\square$ 안에 들어갈 수 있는 수는 5, 6, 7입니다.

18 $\frac{6}{10}=0.6$이고, 0.1이 3개인 수는 0.3이므로 0.3보다 크고 0.6보다 작은 소수는 0.4, 0.5입니다.

19 (서술형) ㉠ $\frac{7}{9}$은 $\frac{1}{9}$이 7개인 수이므로 ㉠$=\frac{1}{9}$입니다.

$\frac{3}{11}$은 $\frac{1}{11}$이 3개인 수이므로 ㉡$=\frac{1}{11}$입니다.

$\frac{1}{9}>\frac{1}{11}$이므로 더 작은 분수는 ㉡입니다.

평가 기준	배점(5점)
㉠과 ㉡에 알맞은 수를 구했나요?	2점
㉠과 ㉡ 중 더 작은 분수를 구했나요?	3점

20 (서술형) 소수점 왼쪽 부분에는 5와 6이 올 수 있습니다.

따라서 만들 수 있는 소수 중에서 5보다 큰 소수는 5.3, 5.4, 5.6, 6.3, 6.4, 6.5로 모두 6개입니다.

평가 기준	배점(5점)
소수점 왼쪽 부분에 올 수 있는 수를 구했나요?	2점
5보다 큰 소수는 몇 개인지 구했나요?	3점

1 덧셈과 뺄셈

서술형 문제
2~5쪽

1 9, 9, 4	**2** 345	**3** 594
4 367	**5** 476명	**6** 지오, 294개
7 658 cm	**8** 1154	

1 예 일의 자리 계산: $10+1-$다$=7$, $11-$다$=7$,
　　　　　　　　 다$=11-7=4$
　　십의 자리 계산: $10+5-1-$나$=5$, $14-$나$=5$,
　　　　　　　　 나$=14-5=9$
　　백의 자리 계산: 가$-1-2=6$, 가$-3=6$,
　　　　　　　　 가$=6+3=9$

단계	문제 해결 과정
①	가, 나, 다를 구하는 식을 바르게 세웠나요?
②	가, 나, 다에 알맞은 수를 각각 구했나요?

2 예 $257+\square=603$일 때 $\square=603-257$이므로
　　$\square=346$입니다.
　　$\square$가 346보다 크면 계산 결과가 603보다 크므로 $\square$는
　　346보다 작아야 합니다.
　　따라서 $\square$ 안에 들어갈 수 있는 가장 큰 세 자리 수는
　　345입니다.

단계	문제 해결 과정
①	$257+\square=603$일 때 $\square$의 값을 구했나요?
②	$\square$ 안에 들어갈 수 있는 가장 큰 세 자리 수를 구했나요?

3 예 ♥$=$◆$+$◆$=395+395=790$이므로
　　★$=$♥$-196=790-196=594$입니다.

단계	문제 해결 과정
①	♥의 값을 구했나요?
②	★의 값을 구했나요?

4 예 찢어진 수 카드에 적힌 수를 $\square$라고 하면
　　$645+\square=923$이므로 $\square=923-645=278$입니다.
　　따라서 수 카드에 적힌 두 수의 차는 $645-278=367$
　　입니다.

단계	문제 해결 과정
①	찢어진 수 카드에 적힌 수를 구했나요?
②	수 카드에 적힌 두 수의 차를 구했나요?

5 예 (지하철에 타고 있는 사람 수)
　　$=345+287=632$(명)
　　따라서 지하철에 타고 있는 어른은
　　$632-156=476$(명)입니다.

단계	문제 해결 과정
①	지하철에 타고 있는 사람은 모두 몇 명인지 구했나요?
②	지하철에 타고 있는 어른은 몇 명인지 구했나요?

6 예 (민수가 캔 감자와 고구마 수의 합)
　　$=152+136=288$(개)
　　(지오가 캔 감자와 고구마 수의 합)
　　$=285+297=582$(개)
　　$288<582$이므로 지오가 캔 감자와 고구마 수의 합이
　　$582-288=294$(개) 더 많습니다.

단계	문제 해결 과정
①	민수와 지오가 캔 감자와 고구마 수의 합을 각각 구했나요?
②	누가 몇 개 더 많이 캤는지 구했나요?

7 예 (색 테이프 3장의 길이의 합)
　　$=284+284+284$
　　$=568+284=852$(cm)
　　(겹쳐진 부분의 길이의 합)
　　$=97+97=194$(cm)
　　따라서 이어 붙인 색 테이프의 전체 길이는
　　$852-194=658$(cm)입니다.

단계	문제 해결 과정
①	색 테이프 3장의 길이의 합과 겹쳐진 부분의 길이의 합을 각각 구했나요?
②	이어 붙인 색 테이프의 전체 길이를 구했나요?

8 예 수 카드로 만들 수 있는 가장 큰 세 자리 수는 865
　　이고 가장 작은 세 자리 수는 356입니다.
　　어떤 수를 $\square$라고 하면 $\square+356=645$이므로
　　$\square=645-356=289$입니다.
　　따라서 바르게 계산한 값은 $289+865=1154$입니다.

단계	문제 해결 과정
①	수 카드로 만들 수 있는 가장 큰 세 자리 수와 가장 작은 세 자리 수를 각각 구했나요?
②	어떤 수를 구했나요?
③	바르게 계산한 값을 구했나요?

1 (1) 679　(2) 356	**2** 1230
3 29, 14, 500, 15, 515	**4** (교차선)
5 140	**6** 718　**7** (1) > (2) >
8 518번	**9** 579 cm　**10** 1103
11 ㉡, ㉠, ㉢	**12** 579　**13** 634
14 824, 367	**15** 517개　**16** 678 m
17 예 596, 398, 295 / 699	**18** 347
19 1830	**20** 861

1 (1)
```
    1
  3 9 4
+ 2 8 5
───────
  6 7 9
```
(2)
```
  7 10
  8 2 7
- 4 7 1
───────
  3 5 6
```

2 $543+687=1230$ (cm)

3 700에서 200을 빼고 29에서 14를 뺍니다.

4 $216+482=698$
$724-138=586$
$678-247=431$

5 □ 안에 들어갈 수는 백의 자리에서 받아내림한 수와 십의 자리에 남은 수의 합이므로 14이고 실제로 나타내는 값은 140입니다.
```
    8 [14] 10
    9  5  6
  - 3  8  9
  ──────────
    5  6  7
```

6 $□-257=461$이므로 $□=461+257=718$입니다.

7 (1) $659+286=945$ ⓥ 898
(2) $807-345=462$ ⓥ 460

8 (민규가 넘은 줄넘기 수)
　＝(성호가 넘은 줄넘기 수)＋152
　＝$366+152=518$(번)

9 8 m 28 cm＝828 cm이므로
　(남은 리본의 길이)＝$828-249=579$ (cm)

10 가장 큰 수: 708, 가장 작은 수: 395
➡ $708+395=1103$

11 ㉠ $497+125=622$
㉡ $924-253=671$
㉢ $976-389=587$
➡ $671>622>587$

12 100이 7개, 10이 15개, 1이 27개인 수는
$700+150+27=877$입니다.
따라서 877보다 298만큼 더 작은 수는
$877-298=579$입니다.

13 어떤 수를 □라고 하면 $□+287=921$이므로
$□=921-287=634$입니다.
따라서 어떤 수는 634입니다.

14 두 수의 차의 일의 자리 숫자가 7인 두 수는
824와 367, 904와 367입니다.
$824-367=457$, $904-367=537$이므로
차가 457인 두 수는 824와 367입니다.

15 (현아가 지금 가지고 있는 종이학의 수)
　＝$673-298+142$
　＝$375+142=517$(개)

16 (민지네 집 ~ 공원)
　＝(민지네 집 ~ 병원)＋(학교 ~ 공원)－(학교 ~ 병원)
　＝$584+369-275$
　＝$953-275=678$ (m)

17 계산 결과가 가장 크려면 가장 큰 수와 둘째로 큰 수의 합에서 가장 작은 수를 빼야 합니다.
$596>398>295$이므로 계산 결과가 가장 큰 식을 만들면 $596+398-295$이고
$596+398-295=994-295=699$입니다.
$398+596-295$로 계산해도 답은 같습니다.

18 $172=520-□$일 때 $□=520-172=348$이므로
□ 안에 들어갈 수 있는 수는 348보다 작은 수입니다.
따라서 □ 안에 들어갈 수 있는 가장 큰 세 자리 수는 347입니다.

서술형
19 예 두 수의 합이 가장 크려면 준석이와 유나가 만들 수 있는 가장 큰 수를 더하면 됩니다. 따라서 준석이가 만들 수 있는 가장 큰 수는 976이고 유나가 만들 수 있는 가장 큰 수는 854이므로 $976+854=1830$입니다.

평가 기준	배점(5점)
두 수의 합이 가장 크려면 만들 수 있는 가장 큰 수를 더해야 한다는 것을 알고 있나요?	1점
준석이와 유나가 만들 수 있는 가장 큰 수를 각각 구했나요?	2점
두 수의 합이 가장 큰 경우는 얼마인지 구했나요?	2점

서술형

20 예) 어떤 세 자리 수의 십의 자리 숫자와 일의 자리 숫자를 바꾸어 만든 수를 □라고 하면 □+394=941이므로 □=941-394=547입니다.

따라서 어떤 세 자리 수는 574이므로 574보다 287만큼 더 큰 수는 574+287=861입니다.

평가 기준	배점(5점)
어떤 세 자리 수를 구했나요?	3점
어떤 세 자리 수보다 287만큼 더 큰 수를 구했나요?	2점

다시 점검하는 **단원 평가** Level ❷

9~11쪽

1 678	**2** 64, 71, 700, 135, 835
3 848	**4** (풀이 참조) **5** >

4
$$
\begin{array}{r}
{\scriptstyle 4\ 13\ 10}\\
\cancel{5}\,\cancel{4}\,0\\
-\ 2\ 7\ 5\\
\hline
2\ 6\ 5
\end{array}
$$

6 (위에서부터) 1634, 699   **7** 557그루

8 683

9 (위에서부터) (1) 9, 3, 4 (2) 8, 5, 7

10 232 m   **11** ㉠ 873, ㉡ 478

12 560   **13** 267개

14 파란색 끈, 191 cm   **15** 965

16 1126명   **17** 192   **18** 163

19 1233   **20** 세하, 39 킬로칼로리

1 296+382=678

2 300과 400을 더하고 64와 71을 더합니다.

3 100이 3개, 10이 11개, 1이 12개인 수는 300+110+12=422입니다.
따라서 422보다 426만큼 더 큰 수는 422+426=848입니다.

4 십의 자리에서 일의 자리로, 백의 자리에서 십의 자리로 받아내림한 것을 생각하지 않고 계산하였습니다.

5
$$
\begin{array}{r}
{\scriptstyle 1\ 1}\\
4\ 8\ 7\\
+\ 3\ 7\ 5\\
\hline
8\ 6\ 2
\end{array}
\quad > \quad
\begin{array}{r}
{\scriptstyle\ \ 1}\\
1\ 9\ 4\\
+\ 6\ 6\ 3\\
\hline
8\ 5\ 7
\end{array}
$$

6 986+648=1634, 986-287=699

7 685-128=557(그루)

8 832-149=683

9 (1)
$$
\begin{array}{r}
6\ ㉡\ 8\\
+\ ㉢\ 5\ ㉠\\
\hline
1\ 0\ 5\ 2
\end{array}
$$
일의 자리 계산: 8+㉠=12, ㉠=12-8, ㉠=4
십의 자리 계산: 1+㉡+5=15, ㉡+6=15, ㉡=15-6, ㉡=9
백의 자리 계산: 1+6+㉢=10, 7+㉢=10, ㉢=10-7, ㉢=3

(2)
$$
\begin{array}{r}
㉢\ 7\ ㉠\\
-\ 4\ 9\ 6\\
\hline
3\ ㉡\ 9
\end{array}
$$
일의 자리 계산: 10+㉠-6=9, 4+㉠=9, ㉠=9-4, ㉠=5
십의 자리 계산: 10+7-1-9=㉡, ㉡=7
백의 자리 계산: ㉢-1-4=3, ㉢-5=3, ㉢=3+5, ㉢=8

10 294<472<526이므로 채영이네 집에서 가장 가까운 곳은 병원이고 가장 먼 곳은 학교입니다.
따라서 가장 가까운 곳은 가장 먼 곳보다 526-294=232 (m) 더 가깝습니다.

11 ㉡+447=925 ➡ ㉡=925-447=478
㉠-395=478 ➡ ㉠=478+395=873

12
$$
\begin{array}{r}
7\ 2\ ㉠\\
+\ ㉡\ 6\ 8\\
\hline
8\ 9\ 6
\end{array}
$$
일의 자리 계산: ㉠+8=16, ㉠=16-8, ㉠=8
십의 자리 계산: 1+2+6=9
백의 자리 계산: 7+㉡=8, ㉡=8-7, ㉡=1
따라서 두 수는 728, 168이므로
(두 수의 차)=728-168=560입니다.

13 (형석이가 주운 밤의 수)=925−276−382
　　　　　　　　　　　　　=649−382
　　　　　　　　　　　　　=267(개)

14 (남은 빨간색 끈의 길이)=932−758=174 (cm)
　　(남은 파란색 끈의 길이)=760−395=365 (cm)
　　따라서 남은 끈의 길이는 파란색 끈이
　　365−174=191 (cm) 더 깁니다.

15 어떤 수를 □라고 하면 □−284=397이므로
　　□=397+284=681입니다.
　　따라서 바르게 계산하면 681+284=965입니다.

16 (민서네 학교의 여학생 수)=627−128=499(명)
　　➡ (민서네 학교의 전체 학생 수)
　　　　=627+499=1126(명)

17 283◉374=283+283−374
　　　　　　　　=566−374=192

18 576+182=758이므로 758=920−□일 때
　　□=920−758=162입니다.
　　따라서 758 > 920−□를 만족하는 □는 162보다
　　큰 수이므로 □ 안에 들어갈 수 있는 가장 작은 세 자리
　　수는 163입니다.

^{서술형}
19 예 수 카드로 만들 수 있는 가장 큰 수는 875이고 가장
　　작은 수는 357, 둘째로 작은 수는 358입니다.
　　따라서 만들 수 있는 가장 큰 수와 둘째로 작은 수의 합
　　은 875+358=1233입니다.

평가 기준	배점(5점)
가장 큰 수와 둘째로 작은 수를 각각 구했나요?	2점
가장 큰 수와 둘째로 작은 수의 합을 구했나요?	3점

^{서술형}
20 예 (세영이가 먹은 음식의 열량)
　　　=363+247+255
　　　=610+255=865(킬로칼로리)
　　(세하가 먹은 음식의 열량)
　　　=363+541=904(킬로칼로리)
　　따라서 세하가 먹은 음식의 열량이 세영이가 먹은 음식
　　의 열량보다 904−865=39(킬로칼로리) 더 높습니
　　다.

평가 기준	배점(5점)
세영이와 세하가 먹은 음식의 열량을 각각 구했나요?	3점
누가 먹은 음식의 열량이 몇 킬로칼로리 더 높은지 구했나요?	2점

2 평면도형

서술형 문제
12~15쪽

1 예 직각삼각형은 한 각이 직각인 삼각형인데 주어진 도
형에는 직각이 없으므로 직각삼각형이 아닙니다.

2 예 직사각형은 네 각이 모두 직각인 사각형인데 주어진
도형은 네 각이 모두 직각이 아니므로 직사각형이
아닙니다.

3 예 정사각형은 네 각이 모두 직각이고, 네 변의 길이가
모두 같은 사각형인데 주어진 도형은 네 각이 모두
직각이지만 네 변의 길이가 모두 같지 않으므로 정사
각형이 아닙니다.

4 7개　　　**5** 2 cm　　　**6** 24 cm

7 10개　　　**8** 26개

1

단계	문제 해결 과정
①	직각삼각형에 대하여 바르게 설명했나요?
②	주어진 도형이 직각삼각형이 아닌 까닭을 바르게 설명했나요?

2

단계	문제 해결 과정
①	직사각형에 대하여 바르게 설명했나요?
②	주어진 도형이 직사각형이 아닌 까닭을 바르게 설명했나요?

3

단계	문제 해결 과정
①	정사각형에 대하여 바르게 설명했나요?
②	주어진 도형이 정사각형이 아닌 까닭을 바르게 설명했나요?

4
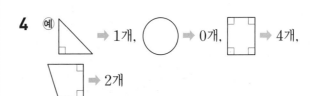

따라서 도형에서 찾을 수 있는 직각은 모두
1+0+4+2=7(개)입니다.

단계	문제 해결 과정
①	도형에서 직각의 수를 각각 구했나요?
②	도형에서 찾을 수 있는 직각은 모두 몇 개인지 구했나요?

5 ⓔ 가와 나는 직사각형이므로 마주 보는 변의 길이가 같습니다.

직사각형 가의 네 변의 길이의 합은

$11+6+11+6=34$ (cm),

직사각형 나의 네 변의 길이의 합은

$7+9+7+9=32$ (cm)입니다.

따라서 두 직사각형의 네 변의 길이의 합의 차는

$34-32=2$ (cm)입니다.

단계	문제 해결 과정
①	두 직사각형 가와 나의 네 변의 길이의 합을 각각 구했나요?
②	두 직사각형 가와 나의 네 변의 길이의 합의 차를 구했나요?

6 ⓔ 정사각형 ㄱㄴㄷㅅ에서

(변 ㄴㄷ)=(변 ㄱㄴ)=15 cm이므로

(변 ㄷㄹ)=21−15=6 (cm)입니다.

따라서 정사각형 ㄷㄹㅁㅂ의 네 변의 길이의 합은

$6+6+6+6=24$ (cm)입니다.

단계	문제 해결 과정
①	변 ㄷㄹ의 길이를 구했나요?
②	정사각형 ㄷㄹㅁㅂ의 네 변의 길이의 합을 구했나요?

7 ⓔ 작은 각 1개로 이루어진 각:

ㄱ, ㄴ, ㄷ, ㄹ ➡ 4개

작은 각 2개로 이루어진 각:

ㄱ+ㄴ, ㄴ+ㄷ, ㄷ+ㄹ

➡ 3개

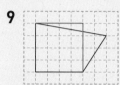

작은 각 3개로 이루어진 각:

ㄱ+ㄴ+ㄷ, ㄴ+ㄷ+ㄹ ➡ 2개

작은 각 4개로 이루어진 각: ㄱ+ㄴ+ㄷ+ㄹ ➡ 1개

따라서 크고 작은 각은 모두 $4+3+2+1=10$(개)입니다.

단계	문제 해결 과정
①	작은 각 1개, 2개, 3개, 4개로 이루어진 각의 수를 각각 구했나요?
②	도형에서 찾을 수 있는 크고 작은 각은 모두 몇 개인지 구했나요?

8 ⓔ 작은 정사각형 1개로 이루어진 정사각형: 16개

작은 정사각형 4개로 이루어진 정사각형: 8개

작은 정사각형 9개로 이루어진 정사각형: 2개

따라서 크고 작은 정사각형은 모두

$16+8+2=26$(개)입니다.

단계	문제 해결 과정
①	작은 정사각형 1개, 4개, 9개로 이루어진 정사각형의 수를 각각 구했나요?
②	크고 작은 정사각형은 모두 몇 개인지 구했나요?

다시 점검하는 단원 평가 Level ❶

16~18쪽

1 ⑤

2 (1) 선분 ㄱㄴ (또는 선분 ㄴㄱ) (2) 반직선 ㄹㄷ

3 ④　　　　**4** 직각삼각형　　**5** ㄹ

6 7개　　　　**7** 8개　　　　**8** ㄷ

9

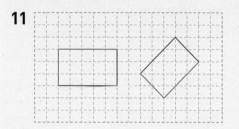

10 각 ㄱㅇㅂ(또는 각 ㅂㅇㄱ), 각 ㄹㅇㅂ(또는 각 ㅂㅇㄹ), 각 ㄴㅇㄷ(또는 각 ㄷㅇㄴ), 각 ㄷㅇㅁ(또는 각 ㅁㅇㄷ)

11

12 7 cm　　　**13** (1) 나, 마　(2) 마

14 ②　　　　**15** 20 cm　　　**16** ⑤

17 24 cm　　　**18** 18개

19 ⓔ 직사각형은 네 각이 모두 직각인 사각형인데 주어진 도형은 네 각이 모두 직각이 아니므로 직사각형이 아닙니다.

20 49 cm

1 직선은 선분을 양쪽으로 끝없이 늘인 곧은 선입니다.

2 (1) 두 점 ㄱ, ㄴ을 곧게 이은 선이므로 선분 ㄱㄴ 또는 선분 ㄴㄱ이라고 합니다.

(2) 점 ㄹ에서 시작하여 점 ㄷ을 지나는 끝없이 늘인 곧은 선이므로 반직선 ㄹㄷ이라고 합니다.

3 ①, ⑤ 점 ㄴ을 각의 꼭짓점이라 합니다.

② 각의 꼭짓점은 점 ㄴ으로 1개입니다.

③, ④ 각 ㄱㄴㄷ 또는 각 ㄷㄴㄱ이라고 씁니다.

4 한 각이 직각인 삼각형을 직각삼각형이라고 합니다.

5 ㄱ 4개, ㄴ 0개, ㄷ 3개, ㄹ 5개

6 삼각자의 직각 부분과 꼭 겹쳐지는 부분은 7개입니다.

7 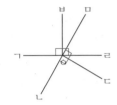 ➡ 8개

8 ㉢ 정사각형은 네 변의 길이가 모두 같으므로 길이가 다른 변은 없습니다.

9 네 각이 모두 직각이 되고 네 변의 길이가 모두 같도록 한 꼭짓점을 옮깁니다.

10 직각을 찾아 표시해 보면 직각은 모두 4개입니다.

11 직사각형은 네 각이 모두 직각인 사각형이므로 직각이 되도록 선분을 그립니다.

12 직사각형은 마주 보는 두 변의 길이가 서로 같으므로 짧은 변의 길이를 □ cm라고 하면 $9+□+9+□=32$ 에서 $□+□=14$, $□=7$입니다.
따라서 직사각형의 짧은 변의 길이는 7 cm입니다.

13 (1) 네 각이 모두 직각인 사각형을 찾습니다.
   (2) 네 각이 모두 직각이고 네 변의 길이가 모두 같은 사각형을 찾습니다.

14 삼각형 ㄱㄴㄷ이 직각삼각형이 되기 위해서는 각 ㄱㄴㄷ이 직각이 되도록 꼭짓점 ㄱ의 위치를 잡으면 됩니다.
따라서 꼭짓점 ㄷ과 일직선 위에 있는 ②로 꼭짓점 ㄱ을 옮기면 됩니다.

15 펼친 도형은 정사각형입니다.
정사각형의 네 변의 길이는 5 cm로 모두 같으므로
$5+5+5+5=20$ (cm)입니다.

16

17 만든 직사각형의 긴 변의 길이는 $3+3+3=9$ (cm), 짧은 변의 길이는 3 cm입니다.
따라서 직사각형의 네 변의 길이의 합은
$9+3+9+3=24$ (cm)입니다.

18 작은 직사각형 1개로 이루어진 직사각형 ➡ 6개
작은 직사각형 2개로 이루어진 직사각형 ➡ 7개
작은 직사각형 3개로 이루어진 직사각형 ➡ 2개
작은 직사각형 4개로 이루어진 직사각형 ➡ 2개
작은 직사각형 6개로 이루어진 직사각형 ➡ 1개
따라서 크고 작은 직사각형은 모두
$6+7+2+2+1=18$(개)입니다.

서술형
19

평가 기준	배점(5점)
직사각형에 대하여 바르게 설명했나요?	2점
주어진 도형이 직사각형이 아닌 까닭을 바르게 설명했나요?	3점

서술형
20 예 직사각형 한 개를 만드는 데 필요한 철사의 길이는
$7+4+7+4=22$ (cm)입니다.
따라서 영호가 처음에 가지고 있던 철사의 길이는
$22+22+5=49$ (cm)입니다.

평가 기준	배점(5점)
직사각형 한 개를 만드는 데 필요한 철사의 길이를 구했나요?	3점
영호가 처음에 가지고 있던 철사의 길이를 구했나요?	2점

다시 점검하는 단원 평가 Level ❷ 19~21쪽

1 (1) ㉠, ㉢ (2) ㉡, ㉤ (3) ㉣, ㉥, ㉧

2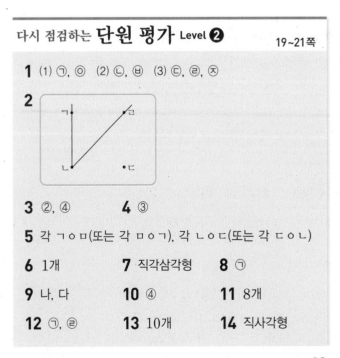

3 ②, ④ **4** ③

5 각 ㄱㅁㅁ(또는 각 ㅁㅁㄱ), 각 ㄴㅁㄷ(또는 각 ㄷㅁㄴ)

6 1개 **7** 직각삼각형 **8** ㉠

9 나, 다 **10** ④ **11** 8개

12 ㉠, ㉣ **13** 10개 **14** 직사각형

15 (예)

16 11 cm **17** 56 cm **18** 21개

19 (예) 각은 한 점에서 그은 두 반직선으로 이루어진 도형인데 주어진 도형은 반직선과 굽은 선으로 이루어져 있으므로 각이 아닙니다.

20 20 cm

1 (1) 선분을 양쪽으로 끝없이 늘인 곧은 선을 찾습니다.
(2) 한 점에서 시작하여 한쪽으로 끝없이 늘인 곧은 선을 찾습니다.
(3) 두 점을 곧게 이은 선을 찾습니다.

2 각 ㄱㄴㄷ은 점 ㄴ이 각의 꼭짓점이 되도록 그립니다.

3 한 점에서 그은 두 반직선으로 이루어진 도형을 각이라고 합니다.

4 ① 1개, ② 2개, ③ 4개, ④ 0개, ⑤ 0개

6 직사각형은 네 각이 모두 직각인 사각형이므로 가, 나, 바의 3개이고, 정사각형은 네 각이 모두 직각이고 네 변의 길이가 모두 같은 사각형이므로 가, 바의 2개입니다.
➡ 3−2=1(개)

7

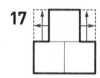

한 각이 직각인 삼각형인 직각삼각형이 됩니다.

8 ㉡ 직사각형은 네 각이 모두 직각인 사각형이고, 정사각형은 네 각이 모두 직각이고 네 변의 길이가 모두 같은 사각형이므로 직사각형을 정사각형이라고 할 수 없습니다.
㉢ 직사각형은 마주 보는 변의 길이가 항상 같습니다.

9 한 각이 직각인 삼각형을 찾으면 나, 다입니다.

10 한 각이 직각인 삼각형을 직각삼각형이라고 합니다. 직각삼각형은 삼각형이므로 변과 꼭짓점이 각각 3개씩입니다.

11 삼각자의 직각 부분과 꼭 겹쳐지는 부분은 8개입니다.

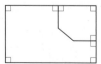

12 ㉠ ㉡ ㉢ ㉣

13 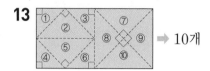 ➡ 10개

14 빨강, 파랑, 노랑으로 칠해진 부분은 네 각이 모두 직각인 사각형이므로 직사각형입니다.

16 (직사각형 가의 네 변의 길이의 합)
=13+9+13+9
=44 (cm)
정사각형 나의 한 변의 길이를 □ cm라고 하면
□+□+□+□=44이므로 □=11입니다.
따라서 정사각형 나의 한 변의 길이는 11 cm입니다.

17 굵은 선의 길이는 한 변의 길이가 7+7=14 (cm)인 정사각형의 네 변의 길이의 합과 같습니다.
➡ (굵은 선의 길이)=14+14+14+14=56 (cm)

18 작은 정사각형 1개로 이루어진 직사각형 ➡ 7개
작은 정사각형 2개로 이루어진 직사각형 ➡ 8개
작은 정사각형 3개로 이루어진 직사각형 ➡ 3개
작은 정사각형 4개로 이루어진 직사각형 ➡ 2개
작은 정사각형 6개로 이루어진 직사각형 ➡ 1개
따라서 크고 작은 직사각형은 모두
7+8+3+2+1=21(개)입니다.

서술형
19

평가 기준	배점(5점)
각에 대하여 바르게 설명했나요?	2점
주어진 도형이 각이 아닌 까닭을 바르게 설명했나요?	3점

서술형
20 (예) 짧은 변의 길이가 7 cm이므로 가장 큰 정사각형의 한 변의 길이는 7 cm입니다. 한 변의 길이가 7 cm인 정사각형을 자르고, 남은 직사각형의 짧은 변의 길이는 10−7=3 (cm), 긴 변의 길이는 7 cm입니다.
따라서 자르고 남은 직사각형의 네 변의 길이의 합은 3+7+3+7=20 (cm)입니다.

평가 기준	배점(5점)
가장 큰 정사각형의 한 변의 길이를 구했나요?	2점
자르고 남은 직사각형의 네 변의 길이의 합을 구했나요?	3점

3 나눗셈

1 9모둠	**2** 8분	**3** 4
4 7	**5** 22그램	**6** 42, 6
7 7시간	**8** 3시간	

1 예 민서네 반 전체 학생 수는 $6+5+7+9=27$(명)입니다.
따라서 27명의 학생들을 3명씩 모둠으로 만들면 $27÷3=9$(모둠)이 됩니다.

단계	문제 해결 과정
①	민서네 반 전체 학생 수를 구했나요?
②	학생들을 3명씩 모둠으로 만들면 몇 모둠이 되는지 구했나요?

2 예 혜수가 1분 동안 만든 송편의 수는 $6÷3=2$(개)입니다.
따라서 혜수가 송편 16개를 만드는 데 걸리는 시간은 $16÷2=8$(분)입니다.

단계	문제 해결 과정
①	혜수가 1분 동안 만든 송편의 수를 구했나요?
②	혜수가 송편 16개를 만드는 데 걸리는 시간을 구했나요?

3 예 어떤 수를 □라고 하면 □$÷8=3$이므로 $8×3=$□, □$=24$입니다.
따라서 바르게 계산한 몫은 $24÷6=4$입니다.

단계	문제 해결 과정
①	어떤 수를 구했나요?
②	바르게 계산한 몫을 구했나요?

4 예 수 카드로 만들 수 있는 두 자리 수는 23, 24, 32, 34, 42, 43입니다.
이 중에서 6으로 나누어지는 수는 $24÷6=4$, $42÷6=7$이므로 24, 42입니다.
따라서 6으로 나눈 몫이 가장 큰 나눗셈식의 몫은 7입니다.

단계	문제 해결 과정
①	만들 수 있는 두 자리 수 중에서 6으로 나누어지는 수를 모두 구했나요?
②	6으로 나눈 몫이 가장 큰 나눗셈식의 몫을 구했나요?

5 예 노란색 구슬 한 개의 무게는 $35÷5=7$(그램)입니다.
초록색 구슬 한 개의 무게는 $24÷3=8$(그램)입니다.
따라서 노란색 구슬 2개의 무게는 $7×2=14$(그램),
초록색 구슬 한 개의 무게는 8그램이므로 셋째 저울에서 구슬의 무게는 $14+8=22$(그램)입니다.

단계	문제 해결 과정
①	노란색 구슬과 초록색 구슬 한 개의 무게를 각각 구했나요?
②	셋째 저울에서 구슬의 무게는 몇 그램인지 구했나요?

6 예 두 수 중 큰 수를 가, 작은 수를 나라고 하면 가$÷$나$=7$입니다.
가$÷$나$=7$인 경우를 찾아보면
..., $35÷5=7$, $42÷6=7$, $49÷7=7$, ...
등이 있습니다. 이 중 두 수의 합이 48인 경우는 $42÷6=7$입니다.
따라서 조건을 모두 만족시키는 두 수는 42, 6입니다.

단계	문제 해결 과정
①	두 수를 가와 나라고 하고 알맞은 식을 세웠나요?
②	조건을 모두 만족시키는 두 수를 구했나요?

7 예 가 기계와 나 기계가 동시에 한 시간 동안 만들 수 있는 부품은 $4+5=9$(개)입니다.
따라서 부품 63개를 만드는 데 걸리는 시간은 $63÷9=7$(시간)입니다.

단계	문제 해결 과정
①	가 기계와 나 기계가 동시에 한 시간 동안 만들 수 있는 부품의 수를 구했나요?
②	가 기계와 나 기계가 부품 63개를 만드는 데 걸리는 시간을 구했나요?

8 예 (기계 한 대가 한 시간 동안 만드는 부품의 수)
$=15÷5=3$(개)
(기계 한 대가 만들어야 할 부품의 수)
$=54÷6=9$(개)
따라서 한 시간에 부품을 3개씩 만드는 기계가 부품 9개를 만드는 데 걸리는 시간은 $9÷3=3$(시간)이므로 구하는 시간은 3시간입니다.

단계	문제 해결 과정
①	기계 한 대가 한 시간 동안 만드는 부품의 수를 구했나요?
②	기계 한 대가 만들어야 할 부품의 수를 구했나요?
③	기계 6대가 부품 54개를 만드는 데 걸리는 시간을 구했나요?

다시 점검하는 **단원 평가** Level ❶   26~28쪽

1 3

2 $10 \div 2 = 5$ / 10 나누기 2는 5와 같습니다.

3 $6 \times 9 = 54$ **4** 8, 4   **5** ㉣

6 9 / 45, 5, 9   **7** ㉢   **8** 3개

9 ㉡   **10** 6쪽   **11** 7개

12 9   **13** 9개   **14** 8

15 12, 18, 24   **16** 6마리   **17** 12

18 현수네 모둠, 1개

19 ⓔ 책 40권을 책꽂이 5칸에 똑같이 나누어 꽂으려고 합니다. 책꽂이 한 칸에 책을 몇 권씩 꽂아야 할까요? / 8권

20 7 cm

1 빵 12개를 4묶음으로 똑같이 나누면 한 묶음에 3개씩 이므로 $12 \div 4 = 3$입니다.

2 10에서 2를 5번 빼면 0이 되므로 나눗셈식으로 나타 내면 $10 \div 2 = 5$입니다.

3 나누는 수가 6이므로 필요한 곱셈식은 6단 곱셈구구 중에서 곱이 54인 곱셈식입니다.
➡ $6 \times 9 = 54$

4 $64 \div 8 = 8$, $8 \div 2 = 4$

5 ㉠ 16개는 4개씩 4묶음이므로 $4 \times 4 = 16$입니다.
㉡ 16개를 8개씩 2번 덜어 낼 수 있으므로
$16 \div 8 = 2$입니다.
㉢ 16개를 4개씩 4번 덜어 낼 수 있으므로
$16 \div 4 = 4$입니다.
㉣ 16개는 2개씩 8묶음이므로 $2 \times 8 = 16$입니다.

6 감자 45개를 5개씩 9번 덜어 낼 수 있으므로
$45 \div 5 = 9$입니다.

7 ㉠ $15 \div 3 = 5$
㉡ $32 \div 8 = 4$
㉢ $28 \div 4 = 7$

8 3으로 나누어지는 수는 3단 곱셈구구의 곱입니다.
$3 \times 9 = 27$ ➡ $27 \div 3 = 9$
$3 \times 4 = 12$ ➡ $12 \div 3 = 4$
$3 \times 5 = 15$ ➡ $15 \div 3 = 5$
따라서 3으로 나누어지는 수는 27, 12, 15로 모두 3개 입니다.

9 ㉠ $32 \div 8 = 4$
㉡ $16 \div 2 = 8$
㉢ $45 \div 9 = 5$
㉣ $21 \div 3 = 7$

10 일주일은 7일이므로 하루에 $42 \div 7 = 6$(쪽)씩 읽어야 합니다.

11 삼각형 한 개를 만드는 데 필요한 면봉은 3개이므로 면 봉 21개로 만들 수 있는 삼각형은 모두
$21 \div 3 = 7$(개)입니다.

12 $20 \div 5 = 4$이므로 $36 \div \square = 4$입니다.
따라서 $\square \times 4 = 36$이므로 $\square = 9$입니다.

13 (필요한 주머니의 수)$= 36 \div 4 = 9$(개)

14 어떤 수를 $\square$라고 하면 $\square \div 4 = 6$이므로
$4 \times 6 = \square$, $\square = 24$입니다.
따라서 어떤 수를 3으로 나눈 몫은 $24 \div 3 = 8$입니다.

15 $\square$ 안에 들어갈 수 있는 수는 11, 12, 13, ..., 27, 28, 29입니다. 이 중에서 6으로 나누어지는 경우는
$12 \div 6 = 2$, $18 \div 6 = 3$, $24 \div 6 = 4$이므로 구하는
수는 12, 18, 24입니다.

16 (염소 8마리의 다리 수의 합)$= 4 \times 8 = 32$(개)
(닭의 다리 수의 합)$= 44 - 32 = 12$(개)
➡ (닭의 수)$= 12 \div 2 = 6$(마리)

17 $72 \div \blacksquare = 8$에서 $\blacksquare \times 8 = 72$, $\blacksquare = 9$
$9 \div \blacktriangle = 3$에서 $\blacktriangle \times 3 = 9$, $\blacktriangle = 3$
➡ $\blacksquare + \blacktriangle = 9 + 3 = 12$

18 (현수네 모둠 한 학생이 가진 구슬의 수)
$= 54 \div 9 = 6$(개)
(성연이네 모둠 한 학생이 가진 구슬의 수)
$= 40 \div 8 = 5$(개)
따라서 한 학생이 가진 구슬은 현수네 모둠이
$6 - 5 = 1$(개) 더 많습니다.

서술형
19 (예) (책꽂이 한 칸에 꽂아야 할 책의 수)
$=40 \div 5=8$(권)

평가 기준	배점(5점)
나눗셈식을 이용하여 몫을 구하는 문제를 만들었나요?	3점
만든 문제의 답을 바르게 구했나요?	2점

서술형
20 (예) 사용하고 남은 색 테이프의 길이는
$60-11=49$ (cm)입니다.
따라서 길이가 49 cm인 색 테이프를 7도막으로 똑같이 자르면 한 도막의 길이는 $49 \div 7=7$ (cm)입니다.

평가 기준	배점(5점)
사용하고 남은 색 테이프의 길이를 구했나요?	2점
한 도막의 길이를 구했나요?	3점

다시 점검하는 **단원 평가 Level ❷**
29~31쪽

1 12, 2, 6　　　　　**2** $8 \times 6=48$

3 (○)
　( )

4 $54 \div 9=6$, $54 \div 6=9$

5 　　　　**6** $<$

7 (1) $18 \div 3=6$ (2) $3 \times 6=18$, $6 \times 3=18$

8 6개　　　　　**9** $56 \div \square=8$ / 7

10 8반　　　　　**11** ㉠ 6, ㉡ 4, ㉢ 2, ㉣ 9

12 8명

13 (예) 구슬 27개를 한 학생에게 9개씩 나누어 주면 3명에게 나누어 줄 수 있습니다.

14 ㉣　　　　　**15** 7장

16 27, 36, 63, 72　　**17** 3개

18 64　　　　　**19** 28개

20 8

---

1 밤 12개를 2개의 접시에 똑같이 나누어 담으면 접시 한 개에 밤이 6개씩입니다. ➡ $12 \div 2=6$

2 나누는 수가 8이므로 필요한 곱셈식은 8단 곱셈구구 중에서 곱이 48인 곱셈식입니다. ➡ $8 \times 6=48$

---

3 $30 \div 6=5$ ➡ 30에서 6을 5번 빼면 0이 됩니다.
　➡ $30-6-6-6-6-6=0$
　　　　　5번

4 $9 \times 6=54$　　　　$9 \times 6=54$
　$54 \div 9=6$　　　　$54 \div 6=9$

5 $36 \div 9=4$, $14 \div 2=7$, $27 \div 3=9$
　$49 \div 7=7$, $20 \div 5=4$, $72 \div 8=9$

6 $42 \div 7=6$, $35 \div 5=7$ ➡ $6<7$

7 (2) $\blacksquare \div \bullet = \blacktriangle$ ⟨ $\bullet \times \blacktriangle = \blacksquare$
　　　　　　　　　　 $\blacktriangle \times \bullet = \blacksquare$

8 (한 명이 가지는 바늘 수)$=24 \div 4=6$(개)

9 $56 \div \square=8$ ➡ $\square \times 8=56$, $\square=7$

10 한 반에서 4명씩 출전하여 모두 32명의 학생이 출전하였으므로 영규네 학교의 3학년은 모두 $32 \div 4=8$(반)입니다.

11 $36 \div 6=㉠$, $㉠=6$
　$6 \div ㉡=3$ ➡ $㉡ \times 3=6$, $㉡=2$
　$㉡ \div ㉢=2$, $㉡ \div 2=2$ ➡ $2 \times 2=㉡$, $㉡=4$
　$36 \div ㉢=㉣$, $36 \div 4=㉣$, $㉣=9$

12 (전체 사탕 수)$=12+12+12+12=48$(개)
　➡ (나누어 줄 수 있는 사람 수)$=48 \div 6=8$(명)

13 구슬이 $9 \times 3=27$(개)이므로 나눗셈식 $27 \div 9=3$에 알맞은 문장을 만듭니다.

14 ㉠ $63 \div \square=9$ ➡ $\square \times 9=63$, $\square=7$
　㉡ $\square \div 2=4$ ➡ $2 \times 4=\square$, $\square=8$
　㉢ $35 \div 7=\square$, $\square=5$
　㉣ $72 \div \square=8$ ➡ $\square \times 8=72$, $\square=9$

15 (친구 4명에게 나누어 줄 색종이 수)
　$=33-5=28$(장)
　➡ (친구 한 명에게 나누어 줄 색종이 수)
　$=28 \div 4=7$(장)

16 만들 수 있는 두 자리 수는 23, 26, 27, 32, 36, 37, 62, 63, 67, 72, 73, 76입니다. 이 중에서 9로 나누어지는 수는 $27 \div 9 = 3$, $36 \div 9 = 4$, $63 \div 9 = 7$, $72 \div 9 = 8$이므로 27, 36, 63, 72입니다.

17 (정민이가 어머니께 받은 곶감의 수)
$= 18 \div 2 = 9$(개)
(정민이가 하루에 먹어야 하는 곶감의 수)
$= 9 \div 3 = 3$(개)

18 어떤 수를 □라고 하면 $\square \div 8 = \triangle$이고 $\triangle \div 4 = 2$이므로 $4 \times 2 = \triangle$, $\triangle = 8$입니다.
$\square \div 8 = 8$이므로 $8 \times 8 = \square$, $\square = 64$입니다.
따라서 어떤 수는 64입니다.

서술형
19 ⑩ 긴 변, 짧은 변의 길이가 각각 8 cm의 몇 배인지 알아보면 $56 \div 8 = 7$(배), $32 \div 8 = 4$(배)이므로 정사각형을 7개씩 4줄 만들 수 있습니다.
따라서 정사각형을 $7 \times 4 = 28$(개)까지 만들 수 있습니다.

평가 기준	배점(5점)
긴 변과 짧은 변의 길이가 각각 8 cm의 몇 배인지 구했나요?	3점
정사각형을 몇 개까지 만들 수 있는지 구했나요?	2점

서술형
20 ⑩ 4단 곱셈구구 중에서 곱의 십의 자리 숫자가 2인 곱셈식은 $4 \times 5 = 20$, $4 \times 6 = 24$, $4 \times 7 = 28$이므로 $20 \div 4 = 5$, $24 \div 4 = 6$, $28 \div 4 = 7$입니다.
따라서 나눗셈의 몫이 가장 클 때는 몫이 7일 때이므로 □ 안에 알맞은 숫자는 8입니다.

평가 기준	배점(5점)
4단 곱셈구구 중에서 곱의 십의 자리 숫자가 2인 곱셈식을 모두 찾았나요?	2점
나눗셈의 몫이 가장 클 때 □ 안에 알맞은 숫자를 구했나요?	3점

4 곱셈

서술형 문제

32~35쪽

1 방법 1 ⑩ $22 \times 4 = 22 + 22 + 22 + 22 = 88$입니다.
  방법 2 ⑩ 22×4에서 $20 \times 4 = 80$이고, $2 \times 4 = 8$이므로 $80 + 8 = 88$입니다.

2 배, 3개   **3** 337개   **4** 174 cm

5 384개, 416개   **6** 124개   **7** 4, 5

8 459

1

단계	문제 해결 과정
①	한 가지 방법으로 설명했나요?
②	다른 방법으로도 설명했나요?

2 ⑩ (사과의 수)$= 18 \times 4 = 72$(개)
(배의 수)$= 25 \times 3 = 75$(개)
따라서 $72 < 75$이므로 배가 $75 - 72 = 3$(개) 더 많습니다.

단계	문제 해결 과정
①	사과와 배의 수를 각각 구했나요?
②	사과와 배 중에서 어느 것이 몇 개 더 많은지 구했나요?

3 ⑩ (두발자전거의 바퀴 수)$= 62 \times 2 = 124$(개)
(세발자전거의 바퀴 수)$= 71 \times 3 = 213$(개)
따라서 자전거 바퀴는 모두 $124 + 213 = 337$(개)입니다.

단계	문제 해결 과정
①	두발자전거와 세발자전거의 바퀴 수를 각각 구했나요?
②	자전거 바퀴는 모두 몇 개인지 구했나요?

4 ⑩ (성아가 처음에 가지고 있던 철사의 길이)
$= 32 \times 4 = 128$ (cm)
(성아가 친구에게 더 받은 후 가지고 있는 철사의 길이)
$= 128 + 46 = 174$ (cm)

단계	문제 해결 과정
①	성아가 처음에 가지고 있던 철사의 길이를 구했나요?
②	성아가 친구에게 더 받은 후 가지고 있는 철사의 길이를 구했나요?

5 ⑩ (가 제과점에서 8일 동안 사용하는 달걀 수)
$= 48 \times 8 = 384$(개)

(나 제과점에서 8일 동안 사용하는 달걀의 수)
$=52×8=416$(개)

단계	문제 해결 과정
①	두 제과점에서 8일 동안 사용하는 달걀 수를 구하는 각각의 식을 바르게 세웠나요?
②	두 제과점에서 8일 동안 사용하는 달걀 수를 각각 구했나요?

6 예 하루에 사용하는 달걀 수의 차는 $52-48=4$(개)입니다.
따라서 5월은 31일까지 있으므로 5월 한 달 동안 사용하는 달걀 수의 차는 $31×4=124$(개)입니다.

단계	문제 해결 과정
①	하루에 사용하는 달걀 수의 차를 구했나요?
②	5월 한 달 동안 사용하는 달걀 수의 차를 구했나요?

7 예 32를 어림하면 30쯤이므로 어림하여 계산하면
$30×\square=120$인 경우에는 $\square=4$이고,
$30×\square=180$인 경우에는 $\square=6$입니다.
$\square=4$이면 $32×\square$가 120보다 크고,
$\square=6$이면 $32×\square$는 180보다 큽니다.
따라서 $\square$ 안에 들어갈 수 있는 수는 4, 5입니다.

단계	문제 해결 과정
①	32를 어림하여 계산한 결과가 120과 180인 경우의 $\square$의 값을 각각 구했나요?
②	①에서 구한 값으로 $\square$ 안에 들어갈 수 있는 수를 모두 구했나요?

8 예 곱이 가장 크려면 두 번 곱해지는 한 자리 수에 가장 큰 수를 놓고, 둘째로 큰 수를 두 자리 수의 십의 자리에, 셋째로 큰 수를 일의 자리에 놓습니다.
큰 수부터 차례로 쓰면 9, 5, 1, 0이므로 곱이 가장 큰 곱셈식은 $51×9=459$입니다.

단계	문제 해결 과정
①	곱이 가장 크게 되는 경우를 알고 식을 바르게 세웠나요?
②	①에서 세운 식을 바르게 계산하여 가장 큰 곱을 구했나요?

다시 점검하는 **단원 평가** Level **❶**

36~38쪽

1 50, 3, 150 **2** 2, 80 / 2, 4 / 84

3 69 **4** ③

5 (1) 75 (2) 85 (3) 76 (4) 56

---

6 ④	**7**	**8** 217
9 <	**10** 344	**11** ⓒ
12 36	**13** 90개	**14** ④, ⑤
15 39대	**16** 112 cm	
17 (위에서부터) 8, 3, 4		**18** 354 cm
19 34	**20** 348	

1 50씩 3번 뛰어 세었으므로
$50+50+50=50×3=150$입니다.

2 $42×2$를 $40×2$와 $2×2$를 더하여 계산합니다.

3 $23×3=69$

4 $21×4=84$
③ $41+41=41×2=82$

5 (3)
$$\begin{array}{r} 1 \\ 3\,8 \\ \times\quad 2 \\ \hline 7\,6 \end{array}$$
(4)
$$\begin{array}{r} 1 \\ 1\,4 \\ \times\quad 4 \\ \hline 5\,6 \end{array}$$

6 ① 40의 6배: $40×6=240$
② $60+60+60+60=60×4=240$
③ 30씩 8묶음: $30×8=240$
④ $50×5=250$
⑤ $80×3=240$

7　$40×8=320$　　$30×9=270$
　$×2\downarrow\ \ \uparrow×2$　　$×3\downarrow\ \ \uparrow×3$
　$80×4=320$　　$90×3=270$
　$50×6=300$

8 $31×7=217$

9 $71×5=355,\ 51×7=357$
➡ $355<357$

10 $43>34>8>2$이므로 가장 큰 수는 43이고 둘째로 작은 수는 8입니다.
➡ $43×8=344$

11 ㉠ 24×2=48
㉡ 22×3=66
㉢ 11×9=99
㉣ 32×3=96

12 26의 8배: 26×8=208
67씩 3묶음: 67×3=201
43+43+43+43=43×4=172
➡ 208>201>172이므로 208−172=36입니다.

13 (판 굴의 수)=30×7=210(개)
따라서 남은 굴은 300−210=90(개)입니다.

14 ① 61×6=366
② 74×2=148
③ 82×3=246

15 (주차되어 있는 자동차의 수)=13×3=39(대)

16 굵은 선의 길이는 정사각형의 한 변의 길이의 8배이므로 14×8=112 (cm)입니다.

17   4 3
  ×   ㉠
  ─────
  ㉡ ㉢ 4

일의 자리 계산에서 3×㉠=□4이므로 ㉠=8입니다.
따라서 43×8=344이므로 ㉡=3, ㉢=4입니다.

18 (색 테이프 9장의 길이의 합)=50×9=450 (cm)
12 cm씩 겹쳐진 부분은 8군데이므로
(겹쳐진 부분의 길이의 합)=12×8=96 (cm)입니다.
➡ (이어 붙인 색 테이프의 전체 길이)
  =450−96=354 (cm)

서술형
19 예 ㉠ 32×5=160이고, ㉡ 63×2=126입니다.
따라서 160>126이므로 160−126=34입니다.

평가 기준	배점(5점)
㉠과 ㉡의 곱을 각각 구했나요?	3점
두 곱의 차를 구했나요?	2점

서술형
20 예 어떤 수를 □라고 하면 □−6=52이므로
52+6=□, □=58입니다.
따라서 바르게 계산하면 58×6=348입니다.

평가 기준	배점(5점)
어떤 수를 구했나요?	2점
바르게 계산한 값을 구했나요?	3점

다시 점검하는 **단원 평가** Level ❷　39~41쪽

1 ㉣

2 45×2=90 (또는 45×2) / 90개

3 10　　**4** 36, 72　　**5** 182컵

6 (　　) (○)　　**7** 342개

8 (위에서부터) 72, 270, 90, 216

9 ③　　**10** ✕ (점들을 잇는 선)

11 190장, 342장　　**12** 7

13 6　　**14** 350　　**15** 7, 8, 9

16 56개　　**17** 39

18 7, 2, 9, 648

19 방법 1 예 26을 7번 더한 것과 같으므로
26+26+26+26+26+26+26
=182(쪽) 읽을 수 있습니다.
방법 2 예 20쪽씩 7일이면 20×7=140(쪽)이고
6쪽씩 7일이면 6×7=42(쪽)이므로 모두
140+42=182(쪽) 읽을 수 있습니다.

20 145 cm

1 ㉠, ㉡, ㉢ 180　㉣ 140

3 7×2=14에서 10을 십의 자리로 올림하여 쓴 것이므로 10을 나타냅니다.

5 (민지가 일주일 동안 마시는 물의 양)=14×7=98(컵)
(수연이가 일주일 동안 마시는 물의 양)
=12×7=84(컵)
➡ 98+84=182(컵)

6 37×7=259, 92×3=276 ➡ 259<276

7 (6일 동안 접은 종이학의 수)=57×6=342(개)

8 18×4=72, 5×54=54×5=270,
18×5=90, 4×54=54×4=216

9 ① 108, ② 100, ③ 96, ④ 105, ⑤ 116
➡ 116>108>105>100>96

11 정민: 38×5=190(장), 성재: 38×9=342(장)

12

$$\begin{array}{r} \overset{3}{} \\ \square\,4 \\ \times\quad 8 \\ \hline 5\,9\,2 \end{array}$$

지워진 숫자를 □라고 하면
$4\times8=32$이므로 $\square\times8+3=59$,
$\square\times8=56$, $\square=7$

13 $42\times3=126$이므로 $21\times\square=126$입니다.

$$\underbrace{21\times\overbrace{\square}^{2\times6}=126}_{1\times6}\text{에서 }\square=6\text{입니다.}$$

14 어떤 수를 □라고 하면 $\square-7=43$이므로
$43+7=\square$, $\square=50$
따라서 바르게 계산하면 $50\times7=350$입니다.

15 $16\times6=96$, $16\times7=112$이므로 □ 안에 들어갈 수
있는 수는 6보다 큰 수인 7, 8, 9입니다.

16 (전체 초콜릿의 수)$=14\times8=112$(개)
한 상자에 넣어야 하는 초콜릿 수를 □개라 하면
$\square+\square=112$에서 $56+56=112$이므로 $\square=56$입
니다.

17

$$\begin{array}{r} \bigcirc\,\bigcirc \\ \times\quad 6 \\ \hline 2\,3\,4 \end{array}$$

$\bigcirc\times6$의 일의 자리 숫자가 4이므로 $\bigcirc$은
4 또는 9입니다.
$\bigcirc=4$이면 $\bigcirc\times6+2=23$에서 $\bigcirc$에 알
맞은 수는 없습니다.
$\bigcirc=9$이면 $\bigcirc\times6+5=23$에서 $\bigcirc\times6=18$, $\bigcirc=3$
입니다.
따라서 □ 안에 알맞은 두 자리 수는 39입니다.

18 두 번 곱해지는 한 자리 수에 가장 큰 수를 놓고, 둘째
로 큰 수를 두 자리 수의 십의 자리에, 나머지 수를 일
의 자리에 놓습니다. $9>7>2$이므로 곱이 가장 큰 곱
셈식은 $72\times9=648$입니다.

19

평가 기준	배점(5점)
한 가지 방법으로 계산했나요?	2점
다른 방법으로도 계산했나요?	3점

서술형
20 (예) (종이 테이프 4장의 길이의 합)
$=40\times4=160$ (cm)
5 cm씩 겹친 부분은 3군데이므로 겹친 부분의 길이의
합은 $5\times3=15$ (cm)입니다.
따라서 이어 붙인 종이 테이프의 전체 길이는
$160-15=145$ (cm)입니다.

평가 기준	배점(5점)
종이 테이프 4장의 길이의 합을 구했나요?	2점
이어 붙인 종이 테이프의 전체 길이를 구했나요?	3점

5 길이와 시간

서술형 문제

1 1460 m	**2** 경찰서, 100 m
3 오후 3시 15분	**4** 11시 24분 8초
5 200 cm	**6** 오후 9시 45분
7 약 4000걸음	**8** 32분 14초

1 (예) 걸어서 간 거리는 전체 거리에서 기차를 타고 간 거
리를 뺍니다.
따라서 걸어서 간 거리는
$83\ \text{km}-81\ \text{km}\ 540\ \text{m}=1\ \text{km}\ 460\ \text{m}=1460\ \text{m}$
입니다.

단계	문제 해결 과정
①	식을 바르게 세웠나요?
②	걸어서 간 거리는 몇 m인지 구했나요?

2 (예) (도서관을 거쳐서 가는 거리)
$=1\ \text{km}\ 450\ \text{m}+1\ \text{km}\ 600\ \text{m}=3\ \text{km}\ 50\ \text{m}$
(경찰서를 거쳐서 가는 거리)
$=850\ \text{m}+2\ \text{km}\ 100\ \text{m}=2\ \text{km}\ 950\ \text{m}$
따라서 경찰서를 거쳐서 가는 거리가
$3\ \text{km}\ 50\ \text{m}-2\ \text{km}\ 950\ \text{m}=100\ \text{m}$ 더 짧습니다.

단계	문제 해결 과정
①	도서관과 경찰서를 거쳐서 가는 거리를 각각 구했나요?
②	어느 곳을 거쳐서 가는 거리가 몇 m 더 짧은지 구했나요?

3 (예) 혜영이와 선아가 전화를 한 시각:
오후 1시-20분$=$오후 12시 40분
혜영이와 선아가 만나기로 한 시각:
오후 12시 40분$+2$시간 35분$=15$시 15분
$=$오후 3시 15분

단계	문제 해결 과정
①	혜영이와 선아가 전화를 한 시각을 구했나요?
②	혜영이와 선아가 만나기로 한 시각을 구했나요?

4 (예) 68초$=1$분 8초
경선이가 동화책을 읽는 데 걸리는 시간:
1분$\times96+8$초$\times96=96$분$+768$초
$=60$분$+36$분$+600$초$+120$초$+48$초
$=1$시간$+36$분$+10$분$+2$분$+48$초
$=1$시간$+48$분$+48$초$=1$시간 48분 48초

경선이가 동화책을 읽기 시작한 시각은 9시 35분 20초
이므로 책 읽기를 마치는 시각은
9시 35분 20초＋1시간 48분 48초＝11시 24분 8초
입니다.

단계	문제 해결 과정
①	경선이가 동화책을 읽는 데 걸리는 시간을 구했나요?
②	경선이가 책 읽기를 마치는 시각을 구했나요?

5 ⑩ 굵은 선의 길이는 가장 큰
정사각형의 둘레의 길이와 같습
니다.
500 mm＝50 cm이므로
굵은 선의 길이는
50×4＝200 (cm)입니다.

단계	문제 해결 과정
①	500 mm는 몇 cm인지 구했나요?
②	굵은 선의 길이는 몇 cm인지 구했나요?

6 ⑩ 하루는 24시간이고 24시간이 지나면 10분이 늦어지
므로 12시간이 지나면 5분이 늦어집니다. 오전 10시부
터 다음 날 오후 10시까지는 하루가 지난 후 12시간이
더 지난 것이므로 10＋5＝15(분)이 늦어집니다.
따라서 다음 날 오후 10시가 되었을 때 이 시계가 가리
키는 시각은 오후 10시－15분＝오후 9시 45분입니다.

단계	문제 해결 과정
①	오전 10시부터 다음 날 오후 10시까지 이 시계가 늦어진 시간을 구했나요?
②	다음 날 오후 10시가 되었을 때 이 시계가 가리키는 시각은 오후 몇 시 몇 분인지 구했나요?

7 ⑩ 100 cm＝1 m, 1000 m＝1 km입니다.
민서의 한 걸음이 약 25 cm이므로 1 m를 가려면 약
4걸음을 걸어야 합니다. 100 m는 약 400걸음,
1000 m는 약 4000걸음을 걸어야 합니다.
따라서 민서가 집에서 서점까지 가려면 약 4000걸음
을 걸어야 합니다.

단계	문제 해결 과정
①	100 cm＝1 m, 1000 m＝1 km임을 알고 있나요?
②	민서가 집에서 서점까지 가려면 약 몇 걸음을 걸어야 하는지 구했나요?

8 ⑩ 체험 시간이 짧은 놀이부터 차례로 쓰면 연날리기,
윷놀이, 팽이치기, 제기차기이므로 연날리기와 윷놀이
를 하는 것이 최대한 짧은 시간 동안 체험을 할 수 있습
니다.
(연날리기)＋(윷놀이)＝14분 29초＋17분 45초
＝32분 14초

따라서 최대한 짧은 시간 동안 2가지 체험을 하는 데 걸
리는 시간은 32분 14초입니다.

단계	문제 해결 과정
①	체험 시간이 짧은 전통 놀이 2가지를 구했나요?
②	최대한 짧은 시간 동안 2가지 체험을 하는 데 걸리는 시간을 구했나요?

다시 점검하는 단원 평가 Level ❶
46~48쪽

1 6, 8   **2** (1) mm (2) km

3 ②, ③   **4** (1) 시간 (2) 초 (3) 분

5 (1) 807 (2) 3, 660   **6** 4시 28분 12초

7 (1) 240, 264 (2) 37, 2, 37

8 90 cm   **9** 아버지

10 (위에서부터) 503초, 6분 37초, 476초

11 ⓒ, ㉠, ⓒ   **12** 인재, 주원, 민경

13 4 km 50 m   **14** 4시간 31분 55초

15 6시 26분   **16** 5시 14분 26초

17 (위에서부터) 15, 4, 42   **18** 132 cm 8 mm

19 4 km 730 m   **20** 1시간 38분 46초

1 6 cm에서 작은 눈금 8칸을 더 갔으므로
6 cm 8 mm입니다.

3 ① 30 cm＝300 mm
④ 20 mm＝2 cm
⑤ 50 mm＝5 cm

5 (1) 1 cm＝10 mm이므로
80 cm 7 mm＝800 mm＋7 mm＝807 mm
입니다.
(2) 1000 m＝1 km이므로
3660 m＝3000 m＋660 m＝3 km 660 m
입니다.

6 시계의 시침이 4와 5 사이에 있고 분침이 5에서 작은
눈금 3칸 더 간 곳을 가리키면서 초침이 2에서 작은 눈
금 2칸 더 간 곳을 가리키므로 4시 28분 12초입니다.

7 (1) 1분＝60초이므로 4분＝60초×4＝240초입니다.

8 10 mm=1 cm이므로 900 mm=90 cm입니다.

9 27 cm 9 mm=279 mm이므로
279 mm>272 mm입니다.
따라서 발의 길이가 더 긴 사람은 아버지입니다.

10 형진: 8분 23초=480초+23초=503초
문영: 397초=360초+37초=6분 37초
지아: 7분 56초=420초+56초=476초

11 ㉠ 308 mm=30 cm 8 mm
31 cm 5 mm>30 cm 8 mm>29 cm 6 mm
이므로 길이가 긴 것부터 차례로 기호를 쓰면 ㉡, ㉠, ㉢입니다.

12 132초=120초+12초=2분 12초입니다.
따라서 2분 3초<2분 12초<2분 30초이므로 인재, 주원, 민경의 순서로 기록이 좋습니다.

13 (출발점에서 공원까지의 거리)
=9 km−4 km 950 m
=4 km 50 m

14 (등산을 하는 데 걸린 시간)
=2시간 35분 17초+1시간 56분 38초
=4시간 31분 55초

15 (농구 경기가 시작한 시각)
=(농구 경기가 끝난 시각)−(농구 경기를 한 시간)
=8시 12분−1시간 46분=6시 26분

16 시계가 나타내는 시각은 8시 12분 15초이므로 2시간 57분 49초 전의 시각은
8시 12분 15초−2시간 57분 49초=5시 14분 26초입니다.

17 　13시 　㉡분 26초
　−　㉢시 　36분 ㉠초
　　　8시간 38분 44초

60초+26초−㉠=44초, 86초−㉠초=44초,
㉠=42
60분+㉡분−1분−36분=38분,
23분+㉡분=38분, ㉡=15
13시−1시−㉢시=8시간, 12시−㉢시=8시간,
㉢=4

18 (색 테이프 2장의 길이의 합)
=56 cm 5 mm+83 cm 7 mm
=140 cm 2 mm
(겹쳐진 부분의 길이)=74 mm=7 cm 4 mm
(이어 붙인 색 테이프의 전체 길이)
=140 cm 2 mm−7 cm 4 mm
=132 cm 8 mm

서술형
19 예 3950 m=3 km 950 m이므로
8 km 680 m−3 km 950 m=4 km 730 m입니다. 따라서 앞으로 4 km 730 m를 더 가야 합니다.

평가 기준	배점(5점)
식을 바르게 세웠나요?	2점
몇 km 몇 m를 더 가야 백화점에 도착하는지 구했나요?	3점

서술형
20 예 준석이가 요리를 시작한 시각은 4시 49분 12초이고 요리를 끝낸 시각은 6시 27분 58초입니다.
따라서 준석이가 요리를 한 시간은
6시 27분 58초−4시 49분 12초=1시간 38분 46초입니다.

평가 기준	배점(5점)
시각을 바르게 읽었나요?	2점
요리를 한 시간은 몇 시간 몇 분 몇 초인지 구했나요?	3점

다시 점검하는 단원 평가 Level ❷　49~51쪽

1 ㉢

2 (그림)

3 81 km 182 m, 81 킬로미터 182 미터

4 (　) (○) (　)

5 예 손을 씻는 데 20초가 걸립니다.

6 (1) 5　(2) 2

7 ㉢, ㉡, ㉣, ㉠

8 7시 40분

9 2분 9초, 27초

10 22, 550

11 ㉠

12 3시 25분

13 영화관, 300 m

14 민욱, 12분 45초

15 70 cm 2 mm

16 5시간 41분 4초

17 1시간 7분 34초

18 오후 1시 10분

19 450 m

20 오후 7시 2분 15초

1 ㉠ 냉장고의 높이는 2 m입니다.
ㄴ 누나의 키는 150 cm입니다.

2 7 cm 8 mm＝70 mm＋8 mm＝78 mm
21 cm 3 mm＝210 mm＋3 mm＝213 mm
18 cm 5 mm＝180 mm＋5 mm＝185 mm

3 km는 킬로미터, m는 미터라고 읽습니다.

4 학교 건물의 높이 ➡ m
한라산 둘레길의 전체 길이 ➡ km
손가락의 길이 ➡ cm

6 (1) 320초＝300초＋20초＝5분 20초 ➡ □＝5
(2) 173초＝120초＋53초＝2분 53초 ➡ □＝2

7 ㉠ 1분 30초＝60초＋30초＝90초
ㄴ 2분 3초＝120초＋3초＝123초
130초＞123초＞103초＞90초이므로 시간이 긴 것
부터 차례로 기호를 쓰면 ㉢, ㄴ, ㉣, ㉠입니다.

8 시계가 나타내는 시각은 8시 25분이므로 45분 전의
시각은 8시 25분－45분＝7시 40분입니다.

9
합 :
 $\overset{1}{}$ 51초
＋ 1분 18초
2분 9초

차 :
 $\overset{0}{\cancel{1}}$ 분 $\overset{60}{}$ 18초
－   51초
  27초

10 34 km 300 m－11 km 750 m
＝33 km 1300 m－11 km 750 m
＝22 km 550 m

11 ㄴ 9분 15초－3분 42초＝5분 33초

12 1시 38분＋1시간 47분＝3시 25분이므로 다해가 수
학 공부를 끝낸 시각은 3시 25분입니다.

13 (집에서 소방서를 지나 공원까지의 거리)
＝3 km 600 m＋1 km 200 m＝4 km 800 m
(집에서 영화관을 지나 공원까지의 거리)
＝1 km 700 m＋2 km 800 m＝4 km 500 m
➡ 4 km 800 m－4 km 500 m＝300 m
따라서 영화관을 지나서 가는 것이 300 m 더 가깝습
니다.

14 25분 48초＜38분 33초이므로 민욱이의 모형 자동차
가 38분 33초－25분 48초＝12분 45초 더 빨리 들
어왔습니다.

15 (철사 3개의 길이)＝24×3＝72 (cm)
9 mm씩 겹쳐진 부분은 2군데이므로 겹친 부분의 길
이는 9×2＝18 (mm) ➡ 1 cm 8 mm입니다.
따라서 이어 붙인 철사의 전체 길이는
72 cm－1 cm 8 mm＝70 cm 2 mm입니다.

16 (완주하는 데 걸린 시간)
＝36분 39초＋1시간 39분 47초＋3시간 24분 38초
＝2시간 16분 26초＋3시간 24분 38초
＝5시간 41분 4초

17 하루는 24시간이므로 밤의 길이는
24시간－12시간 33분 47초＝11시간 26분 13초
따라서 밤의 길이는 낮의 길이보다
12시간 33분 47초－11시간 26분 13초
＝1시간 7분 34초 더 짧습니다.

18 (4교시가 끝날 때까지 수업 시간과 쉬는 시간)
＝50분＋15분＋50분＋15분＋50분＋15분＋50분
＝245분＝4시간 5분
(점심시간 시작 시각)
＝9시 5분＋4시간 5분
＝13시 10분＝오후 1시 10분

서술형
19 예 3260 m＝3 km 260 m이므로
3 km 260 m＞2 km 810 m입니다.
따라서 두 땅의 긴 변의 길이의 차는
3 km 260 m－2 km 810 m＝450 m입니다.

평가 기준	배점(5점)
두 땅의 긴 변의 길이를 비교했나요?	2점
두 땅의 긴 변의 길이의 차를 구했나요?	3점

서술형
20 예 오전 10시부터 오후 7시까지는 9시간이므로 시계
는 15×9＝135(초), 즉 2분 15초 빨라집니다.
따라서 이날 오후 7시에 이 시계가 가리키는 시각은
오후 7시＋2분 15초＝오후 7시 2분 15초입니다.

평가 기준	배점(5점)
오전 10시부터 오후 7시까지 시계가 빨라지는 시간을 구했나요?	2점
오후 7시에 시계가 가리키는 시각을 구했나요?	3점

6 분수와 소수

1 예 $\dfrac{4}{10}$ 는 $\dfrac{1}{10}$ 이 4개인 수입니다.

따라서 $\dfrac{4}{10}$ L의 포도 주스를 하루에 $\dfrac{1}{10}$ L씩 마시면 4일 동안 마실 수 있습니다.

단계	문제 해결 과정
①	$\dfrac{4}{10}$ 는 $\dfrac{1}{10}$ 이 몇 개인지 알았나요?
②	포도 주스를 며칠 동안 마실 수 있는지 구했나요?

2 예 8>7>4>2이므로

가장 큰 소수: 가장 큰 수 8을 소수점 왼쪽 부분에, 둘째로 큰 수 7을 소수 부분에 놓습니다.
➡ 8.7

가장 작은 소수: 가장 작은 수 2를 소수점 왼쪽 부분에, 둘째로 작은 수 4를 소수 부분에 놓습니다.
➡ 2.4

단계	문제 해결 과정
①	가장 큰 소수와 가장 작은 소수 중 하나를 구했나요?
②	가장 큰 소수와 가장 작은 소수를 모두 구했나요?

3 예 분자가 모두 1이므로 분모가 클수록 더 작은 분수입니다.

2<3<5<6<8<9이므로

$\dfrac{1}{9} < \dfrac{1}{8} < \dfrac{1}{6} < \dfrac{1}{5} < \boxed{\dfrac{1}{4}} < \dfrac{1}{3} < \dfrac{1}{2}$ 입니다.

따라서 $\dfrac{1}{4}$ 보다 작은 분수는 $\dfrac{1}{9}, \dfrac{1}{8}, \dfrac{1}{6}, \dfrac{1}{5}$ 로 모두 4개입니다.

단계	문제 해결 과정
①	단위분수의 크기를 바르게 비교했나요?
②	$\dfrac{1}{4}$ 보다 작은 분수는 모두 몇 개인지 구했나요?

4 예 0.6은 0.1이 6개입니다. ➡ ㉠=6

$\dfrac{1}{10}$ =0.1이므로 3.4는 $\dfrac{1}{10}$ 이 34개입니다.

➡ ㉡=34

따라서 34>6이므로 ㉠과 ㉡에 알맞은 수의 차는 34−6=28입니다.

단계	문제 해결 과정
①	㉠과 ㉡에 알맞은 수를 각각 구했나요?
②	㉠과 ㉡에 알맞은 수의 차를 구했나요?

5 예 수직선에서는 오른쪽으로 갈수록 큰 수입니다.

➡ $\dfrac{1}{11} < \dfrac{4}{11} < \dfrac{7}{11} < \dfrac{8}{11} < \dfrac{10}{11}$

따라서 수직선에 나타낼 때 가장 오른쪽에 있는 수는 $\dfrac{10}{11}$ 입니다.

단계	문제 해결 과정
①	수직선에서 수의 크기의 관계를 알았나요?
②	수직선에 나타낼 때 가장 오른쪽에 있는 수를 구했나요?

6 예 5.☐>5.3에서 ☐ 안에 들어갈 수 있는 수는 4, 5, 6, 7, 8, 9이고

0.7>0.☐에서 ☐ 안에 들어갈 수 있는 수는 1, 2, 3, 4, 5, 6입니다.

따라서 ☐ 안에 공통으로 들어갈 수 있는 수는 4, 5, 6이므로 모두 3개입니다.

단계	문제 해결 과정
①	☐ 안에 들어갈 수 있는 수를 각각 구했나요?
②	☐ 안에 공통으로 들어갈 수 있는 수는 모두 몇 개인지 구했나요?

7 예 예서와 수현이가 먹은 빵의 모양과 크기가 다르기 때문에 예서가 먹은 빵의 $\dfrac{1}{2}$ 과 수현이가 먹은 빵의 $\dfrac{1}{2}$ 은 양이 서로 다릅니다.

따라서 수현이의 말이 맞습니다.

단계	문제 해결 과정
①	빵의 모양과 크기가 다른 것을 설명했나요?
②	두 사람 중 누구의 말이 맞는지 구했나요?

8 예 0.3 cm=3 mm, 84 mm=8 cm 4 mm, 0.6 cm=6 mm이므로

석주가 가지고 있는 색연필의 길이:
7 cm 8 mm+3 mm=8 cm 1 mm

지영이가 가지고 있는 색연필의 길이:

$8\,cm\,4\,mm - 6\,mm = 7\,cm\,8\,mm$

따라서 석주가 가지고 있는 색연필의 길이가

$8\,cm\,1\,mm - 7\,cm\,8\,mm = 3\,mm = 0.3\,cm$

더 깁니다.

단계	문제 해결 과정
①	석주와 지영이가 가지고 있는 색연필의 길이를 각각 구했나요?
②	누가 가지고 있는 색연필의 길이가 몇 cm 더 긴지 구했나요?

다시 점검하는 **단원 평가** Level ❶

56~58쪽

1 예 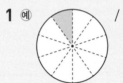 / 0.1, 영점일

2 (1) $\dfrac{7}{8}$ (2) 9   **3** $\dfrac{6}{10}$ cm, 0.6 cm

4 예

/ <

5 (1) 7 (2) 0.4   **6** (   )(○)

7 >   **8** ⑤

9 $\dfrac{1}{13}$, $\dfrac{1}{7}$에 ○표   **10** 2조각

11 지혜

12

/ <

13 4.8   **14** $\dfrac{5}{15}$

15 $\dfrac{21}{27}$, $\dfrac{4}{27}$ **16** $\dfrac{1}{12}$, $\dfrac{1}{9}$

17 0.3   **18** 3개

19 0.4   **20** 재형

---

1 전체를 똑같이 10으로 나눈 것 중의 하나에 색칠합니다. 전체를 똑같이 10으로 나눈 것 중의 하나는 소수로 0.1이라 쓰고, 영 점 일이라고 읽습니다.

2 $\dfrac{1}{▲}$이 ★개인 수는 $\dfrac{★}{▲}$입니다.

3 $1\,mm = \dfrac{1}{10}\,cm = 0.1\,cm$입니다.

4 색칠된 부분의 크기를 비교해 보면 $\dfrac{7}{12} < \dfrac{10}{12}$입니다.

5 (1) 0.■는 0.1이 ■개입니다.

(2) 0.1이 ●개인 수는 0.●입니다.

6 분모가 같을 때에는 분자가 클수록 큰 분수입니다.

7 $\dfrac{1}{30}$이 16개인 수 ➡ $\dfrac{16}{30}$

$\dfrac{1}{30}$이 12개인 수 ➡ $\dfrac{12}{30}$

따라서 $\dfrac{16}{30} > \dfrac{12}{30}$입니다.

8 ⑤ 8 cm = 80 mm

9 분자가 1인 분수를 단위분수라고 합니다.

10 전체의 $\dfrac{1}{3}$은 전체를 똑같이 3으로 나눈 것 중의 1입니다. 전체가 6조각이므로 6조각을 똑같이 3으로 나눈 것 중의 1은 $6 \div 3 = 2$(조각)입니다.

11 0.2 < 0.4이므로 지혜가 주스를 더 많이 마셨습니다.

12 수직선에서 2.2가 1.7보다 더 오른쪽에 있으므로 1.7 < 2.2입니다.

13 소수점 왼쪽 부분이 클수록 더 큰 소수입니다.

➡ 4.8 > 3.2 > 2.9

14 정아와 재민이가 사용한 철사와 남은 철사를 그림으로 나타내면 다음과 같습니다.

정아	재민	남은 철사
$\dfrac{4}{15}$	$\dfrac{6}{15}$	

따라서 남은 철사는 전체의 $\dfrac{5}{15}$입니다.

15 분모가 같으므로 분자가 클수록 더 큰 분수입니다.

따라서 $21 > 15 > 10 > 5 > 4$이므로 가장 큰 수는

$\frac{21}{27}$이고 가장 작은 수는 $\frac{4}{27}$입니다.

16 분자가 모두 1로 같으므로 분모가 작을수록 더 큰 분수입니다.

$9 < 12 < 17 < 20 < 34$이므로

$\frac{1}{34} < \frac{1}{20} < \boxed{\frac{1}{17}} < \frac{1}{12} < \frac{1}{9}$입니다.

따라서 $\frac{1}{17}$보다 큰 분수는 $\frac{1}{12}$, $\frac{1}{9}$입니다.

17 $\frac{8}{10} = 0.8$, $\frac{5}{10} = 0.5$이므로

$0.3 < 0.5 < 0.8 < 1.6$입니다.

따라서 가장 작은 수는 0.3입니다.

18 단위분수는 분모가 작을수록 더 큰 분수이므로

$9 < \square < 13$입니다.

따라서 $\square$ 안에 들어갈 수 있는 수는 10, 11, 12로 모두 3개입니다.

서술형
19 예 $0.6 = \frac{6}{10}$이므로 민수가 먹은 떡은 전체를 똑같이 10으로 나눈 것 중의 6이고 남은 떡은 전체를 똑같이 10으로 나눈 것 중의 $10 - 6 = 4$입니다.

따라서 남은 떡은 전체의 $\frac{4}{10} = 0.4$입니다.

평가 기준	배점(5점)
먹은 떡은 전체를 똑같이 10으로 나눈 것 중의 얼마인지 알았나요?	2점
남은 떡은 전체의 얼마인지 소수로 나타냈나요?	3점

서술형
20 예 $\frac{1}{20}$, $\frac{1}{9}$, $\frac{1}{12}$의 크기를 비교하면 분자가 모두 1로 같으므로 분모가 클수록 더 작은 분수입니다.

$20 > 12 > 9$이므로 $\frac{1}{20} < \frac{1}{12} < \frac{1}{9}$입니다.

따라서 아이스크림을 가장 적게 먹은 사람은 재형입니다.

평가 기준	배점(5점)
분자가 1로 같은 분수의 크기를 비교했나요?	3점
아이스크림을 가장 적게 먹은 사람을 구했나요?	2점

1 (1) $\frac{3}{4}$ (2) $\frac{4}{6}$ **2** ㉡

3 (1) 1 (2) 51 **4** 5.4 cm

5 3배 **6** $\frac{6}{7}$, $\frac{1}{7}$

7 0.3, 0.4 **8** 아람

9 $\frac{1}{3}$ **10** 12.7 cm

11 현철 **12** 12 cm

13 5개 **14** 3, 4

15 0.1 **16** 7

17 ㉣, ㉢, ㉠, ㉡ **18** 0.6

19 8개 **20** 0.3 m

1 (1) 전체를 똑같이 4로 나눈 것 중의 3 ➡ $\frac{3}{4}$

(2) 전체를 똑같이 6으로 나눈 것 중의 4 ➡ $\frac{4}{6}$

2 ㉠ $\frac{5}{11}$는 $\frac{1}{11}$이 $\boxed{5}$개

㉡ $\frac{1}{9}$이 $\boxed{4}$개인 수는 $\frac{4}{9}$

따라서 $\square$ 안에 들어갈 수가 더 작은 것은 ㉡입니다.

4 $1 \text{ mm} = 0.1 \text{ cm}$이므로 $4 \text{ mm} = 0.4 \text{ cm}$입니다.

따라서 색 테이프의 길이는 5 cm와 0.4 cm이므로 5.4 cm입니다.

5 남은 피자는 전체의 $\frac{6}{8}$이므로 $\frac{6}{8}$은 $\frac{2}{8}$의 3배입니다.

따라서 남은 피자는 먹은 피자의 3배입니다.

6 분모가 같은 분수는 분자가 클수록 더 큰 분수입니다.

➡ $\frac{1}{7} < \frac{2}{7} < \frac{6}{7}$

7 아버지: 전체를 똑같이 10으로 나눈 것 중의 3조각

➡ $\frac{3}{10} = 0.3$

어머니: 전체를 똑같이 10으로 나눈 것 중의 4조각

➡ $\frac{4}{10} = 0.4$

8 $11>7>5$이므로 $\dfrac{1}{11}<\dfrac{1}{7}<\dfrac{1}{5}$입니다.

따라서 아람이가 철사를 가장 적게 사용했습니다.

9 단위분수는 분자가 1인 분수이고 단위분수는 분모가 작을수록 더 큰 분수입니다.

10 13 cm보다 3 mm 더 짧은 길이는 12 cm 7 mm이므로 12.7 cm입니다.

11 호연이의 수수깡 길이: 6 cm 7 mm=6.7 cm

따라서 $6.7<6.9$이므로 더 긴 수수깡을 가지고 있는 사람은 현철입니다.

12 전체의 $\dfrac{1}{4}$만큼의 길이가 3 cm이면 전체 철사의 길이는 3 cm의 4배입니다.

➡ $3\times4=12$ (cm)

13 소수점 왼쪽 부분이 같으므로 $\square<6$입니다.

따라서 $\square$ 안에 들어갈 수 있는 수는 1, 2, 3, 4, 5로 모두 5개입니다.

14 $\dfrac{1}{9}$이 2개인 수는 $\dfrac{2}{9}$, $\dfrac{1}{9}$이 5개인 수는 $\dfrac{5}{9}$이므로

$\dfrac{2}{9}<\dfrac{\square}{9}<\dfrac{5}{9}$ ➡ $2<\square<5$입니다.

따라서 $\square$ 안에 들어갈 수 있는 수는 3, 4입니다.

15 혜정, 민수, 가은이가 먹은 케이크의 양을 그림으로 나타내면 다음과 같습니다.

따라서 가은이가 먹은 양은 전체의 $\dfrac{1}{10}=0.1$입니다.

16 $\dfrac{1}{6}>\dfrac{1}{\square}$이므로 $6<\square$이어야 합니다.

따라서 $\square$ 안에 들어갈 수 있는 가장 작은 수는 7입니다.

17 ㉠ 3.1, ㉡ 3.3, ㉢ 2.9, ㉣ 3.6

따라서 $3.6>3.3>3.1>2.9$이므로 큰 수부터 차례로 기호를 쓰면 ㉣, ㉡, ㉠, ㉢입니다.

18 0.2와 0.9 사이의 소수 ■.▲는 0.3, 0.4, 0.5, 0.6, 0.7, 0.8입니다.

이 중에서 0.5보다 큰 수는 0.6, 0.7, 0.8입니다.

따라서 0.6, 0.7, 0.8 중 $\dfrac{7}{10}=0.7$보다 작은 수는 0.6입니다.

서술형
19 ⑩ 분자가 1인 분수는 분모가 작을수록 더 큰 분수이므로 조건에 알맞은 분수의 분모는 3보다 크고 12보다 작아야 합니다.

따라서 $\dfrac{1}{4}$, $\dfrac{1}{5}$, $\dfrac{1}{6}$, $\dfrac{1}{7}$, $\dfrac{1}{8}$, $\dfrac{1}{9}$, $\dfrac{1}{10}$, $\dfrac{1}{11}$로 모두 8개입니다.

평가 기준	배점(5점)
분자가 1이고 분모가 3보다 크고 12보다 작은 분수를 모두 구했나요?	3점
조건에 알맞은 분수는 모두 몇 개인지 구했나요?	2점

서술형
20 ⑩ 남은 리본은 $10-3-4=3$(조각)입니다.

남은 리본의 길이는 전체 리본 1 m를 똑같이 10으로 나눈 것 중의 3이므로 $\dfrac{3}{10}$ m입니다.

따라서 소수로 나타내면 0.3 m입니다.

평가 기준	배점(5점)
남은 리본의 조각 수를 구했나요?	2점
남은 리본의 길이가 몇 m인지 소수로 나타냈나요?	3점